U1013698

装修装饰技术丛书

建筑装修装饰构造与施工

丛书主编　房志勇
编 著 者　樊振和　王嵩明
房志勇　董　堃

金盾出版社

内 容 提 要

本书对墙面装饰、地面装饰和顶棚装饰的构造作法、施工前的准备工作、施工方法、常见施工缺陷及其预防措施，以及施工质量要求和检测方法等作了详细介绍，内容实用，适合于建筑装修装饰工程施工和管理人员阅读，亦可供建筑工程类院校师生参考。

图书在版编目(CIP)数据

建筑装修装饰构造与施工/房志勇主编；樊振和等编著．—北京：金盾出版社，2000．4

(装修装饰技术丛书)

ISBN 7-5082-1175-8

Ⅰ．建… Ⅱ．①房…②樊… Ⅲ．①建筑装饰-工程施工②工程装修 Ⅳ．TU767

中国版本图书馆 CIP 数据核字(2000)第 12124 号

金盾出版社出版、总发行

北京太平路 5 号(地铁万寿路站往南)

邮政编码:100036 电话:68214039 68218137

传真:68276683 电挂:0234

封面印刷:北京精美彩印有限公司

正文印刷:北京 2207 工厂

各地新华书店经销

开本:787×1092 1/32 印张:13.5 字数:293 千字

2000 年 4 月第 1 版第 1 次印刷

印数:1—11000 册 定价:16.50 元

(凡购买金盾出版社的图书，如有缺页、倒页、脱页者，本社发行部负责调换)

前　言

有建筑就有装修装饰，两者是统一的。从一定意义上说，建筑装修装饰的作用，就在于将建筑技术与文化、艺术结合起来，使建筑更加完美，更加实用，更符合人们的使用与审美要求。同时，也促进了建筑技术和建筑业本身的发展。

近年来，新的建筑装修装饰材料不断涌现，新的建筑装修装饰工艺方法不断产生，装修装饰的水平越来越高，在用建筑的装修装饰范围越来越广，伴随着这一切，建筑装修装饰行业也蓬蓬勃勃地发展起来。有鉴于此，国家将建筑装修装饰业确定为建筑业中的三大行业之一。这不仅意味着建筑装修装饰行业已成为建筑业的重要组成部分，而且意味着建筑装修装饰成为建筑产品质量的主要标志之一。

随着建筑装修装饰行业的发展，人们发现有一些问题急需解决。例如：提高从业人员的技术水平，以保证建筑装修装饰工程的质量；普及建筑装修装饰知识，以促进业内、业外人员的沟通；协调装饰设计、装饰材料、装饰施工之间的关系，以利于建筑装修装饰应用技术的健康发展等。在这种情况下，"装修装饰技术丛书"的出版，对解决上述问题是有帮助的。

有必要说明的是，虽然这是一套丛书，但我们无意也不可能做到系统完整，覆盖全部内容。在群书蜂拥、新论迭出的今天，如果该套丛书能对读者起到一些参考、启发、借鉴作用，或能为读者解决一些实际问题，那对于我们就是莫大的安慰和鼓舞了。

丛书编委会

1999 年 10 月

编　委　会

目　　录

第一章　建筑装修装饰概论

随着国家经济的迅速发展和人民生活水平的不断提高，在广大的城市和农村，出现了建筑装修装饰的热潮。本章将从建筑装修装饰的基本功能的分析，建筑装修装饰的类型和等级标准，建筑装修装饰的构造原理及各种作法类型等方面作一概括介绍，使读者对建筑装修装饰有一个总体的了解。

第一节　建筑装修装饰的基本功能

建筑装修装饰的基本功能，主要体现在以下三个方面：

一、保护建筑的结构系统，提高建筑结构的耐久性

由墙、柱、梁、楼板、楼梯、屋顶结构等承重构件组成的建筑物结构系统，承担着作用在建筑物上的各种荷载，以保证整个建筑结构的安全性、适用性和耐久性。对建筑物结构表面进行的各种装修装饰处理，可以使建筑结构免受风霜雨雪以及室内潮湿环境的直接侵袭，提高建筑结构的防潮及抗风化的能力，从而增强结构的坚固性和耐久性。

二、改善和提高建筑物的围护功能，满足建筑物的使用要求

对建筑物各个部位进行的装修装饰处理，可以加强和改善建筑物的热工性能，提高保温隔热的效果；提高建筑物的防潮、防水的性能；对建筑物的室内增加光线的反射，提高室内的亮度；改善建筑物的室内音质效果，提高建筑物的隔音能力。另外，对建筑物各个部位进行的装修装饰处理，还可以改善建筑物内、外的整洁卫生条件，满足人们的使用要求。

三、美化建筑的内、外环境，提高建筑的艺术效果

建筑装修装饰是建筑空间艺术处理的重要手段之一。建筑装修装饰的色彩、质感、线脚和纹样形式等，都在一定程度上改善建筑物的内外形象和气氛。

建筑物的装修装饰可以分为室外装修装饰和室内装修装饰两大部分。由于各部位与人的接近程度及受外界各种因素作用程度的差别，不同部位的装修装饰处理在其基本功能要求上就会有所区别和侧重。这种差别和侧重，必然会直接影响到装修装饰材料的选择和装修装饰设计的不同要求。

对于一般家庭装修装饰来说，基本上甚至全部都是室内装修装饰 因此，侧重谈一下建筑的室内装修装饰的主要功能要求。

室内建筑装修装饰的目的，是要创造良好的室内空间环境，以满足人们在室内进行各种生产、工作、生活、休息等方面的要求。室内装修装饰的设计，就是要针对这些特定的使用功能要求，根据人们在其中的使用活动规律，处理好室内空间的尺度和比例关系，注意室内色调的总体效果，并通过合理配置室内家具与陈设，以及室内的照明、通风和采光，为人们提供一个方便、舒适而又合理、科学的室内空间环境。

室内建筑装修装饰在考虑上述使用功能要求的同时，还必须考虑精神功能要求。不同装修装饰的室内环境，会给人完全不同的印象和感受。室内建筑装修装饰应根据室内空间的性质、用途和使用对象的不同，创造出或热烈、欢快、富丽，或亲切、典雅、轻松，或雄伟、庄严、端重，或平易、放松、活泼的不同的室内气氛。室内装修装饰设计还可以利用人们的感觉(视觉、听觉、嗅觉、触觉)和知觉(记忆、印象、联想)以达到对其所营造的不同的室内环境产生不同的情感和心理感受。比如，通过重点景物、重点装饰与背景的关系、新异或动态的对象，给人造成强烈的视觉冲击和联想；通过对人体接触较多的墙面、地面、栏杆扶手等部位在选材及构造方法上的不同处理，给人以不同的触感及手感。同时，在室内整体设计中，还可以通过在某些场所播放一些音量适宜的背景音乐，给人以轻松愉快、安定幽静之感；通过清新的空气、淡雅的香味，使人情绪松弛、清醒舒适。

室内的建筑装修装饰风格应该同所限定的空间功能相协调，创造出与之相适应的室内环境气氛。显然，这主要不取决于投资的多少以及装修装饰材料的豪华高档与否，关键要做到恰如其分，使室内空间环境美观大方、格调高雅、意境深远、富有个性。

第二节　建筑装修装饰的分类

建筑装修装饰的类型很多，可按需要装修装饰的部位不同分类，也可按装修装饰的材料不同分类，还可以按装修装饰的构造的不同分类。

一、按装修装饰的部位分类

1. 室内装修装饰

室内装修装饰的部位包括楼面、地面、踢脚、墙裙、内墙面、顶棚、楼梯栏杆扶手等。

2. 室外装修装饰

室外装修装饰的部位包括外墙面、散水、勒脚、台阶、坡道、窗台、窗楣、阳台、雨罩、壁柱、腰线、挑檐、女儿墙及压顶等。各部位都有不同的装修装饰作法。

二、按装修装饰的材料分类

目前市场上可用做建筑装修装饰的材料非常多，从普通的各种灰浆材料，到日新月异、层出不穷的各种新型建筑装修装饰材料，材料的种类数不胜数，其中比较常见的有：

1. 各种灰浆材料

如水泥砂浆、混合砂浆、白灰砂浆、石膏砂浆、石灰浆等。这类材料分别可用于内墙面、外墙面、楼地面、顶棚等部位的装修装饰。

2. 水泥石渣材料

即以各种颜色、质感的石渣作骨料，以水泥作胶凝剂的装修装饰材料，如水刷石、干粘石、剁斧石、水磨石等。这类材料中，除水磨石主要用于楼地面作法外，其他材料作法则主要用于外墙面的装修装饰。

3. 各种天然或人造石材

如天然大理石、天然花岗石、青石板、人造大理石、人造花岗石、预制水磨石、釉面砖、外墙面砖、陶瓷锦砖(俗称“马赛克”)、玻璃马赛克等。石材又可分为较小规格的块材以及较大规格的板材。根据石材的质地、特性，可分别用于外墙面、内墙面、楼地面等部位的装修装饰。

4. 各种卷材

如纸面纸基壁纸、塑料壁纸、玻璃纤维贴墙布、无纺贴墙布、织锦缎等，主要用于内墙面的装修装饰，有时也会用于顶棚的装修装饰。另外还有一类主要用于楼地面装修装饰的卷材，如塑料地板革、塑胶地板、纯毛地毯、化纤地毯、橡胶绒地毯等。

5. 各种涂料

如各种溶剂型涂料、乳液型涂料、水溶性涂料、无机高分子系涂料。各种不同的涂料分别可用于外墙面、内墙面、顶棚及地面的涂饰。

6. 各种罩面板材

这里所指的罩面板材,是指除天然或人造石材之外各种材料制成的装修装饰用板材。如各种木质胶合板、铝合金板、钢板、铜板、搪瓷板、镀锌板、铝塑板、塑料板、纸面石膏板、水泥石棉板、矿棉板、玻璃以及各种复合贴面板材等等。这类罩面板材类型有很多,可分别用于外墙面、内墙面以及吊顶棚的装修装饰,有些还可以作为活动地板的面层材料。

三、按装修装饰的构造方法分类

1. 整体式作法

整体式作法的构造方法是,采用各种灰浆材料或水泥石渣材料,以湿作业的方式,分 2～3 层制作完成。分层制作的目的是保证质量要求,为此,各层的材料成分、比例以及材料厚度均不相同。

以 20～25mm 厚的三层作法为例:第一层为 10～12mm 厚的打底层,其作用是使装修装饰层与基体(墙、楼板等)粘结牢固并初步找平;第二层为 6～8mm 厚的找平层,其作用主要是进一步找平,以减少打底层砂浆干缩导致面层开裂的可能性;第三层为 4～5mm 厚的罩面层,其主要的作用就是要达到基本的使用要求和美观的要求。打底层的材料以水泥砂浆(用于室内潮湿部位及室外)和混合砂浆、石灰砂浆(用于室内)为主,罩面层及找平层的材料根据所处部位的具体装修装饰要求而定。

整体式作法是一种传统的墙面、楼地面、顶棚等装修装饰的方法,其主要特点是,材料来源广泛,施工方法简单方便,成本低廉;缺点是饰面的耐久性差,易开裂,易变色,工效比较低，基本上都是手工操作。

2. 块材铺贴式作法

块材铺贴式作法的构造方法是，采用各种天然石材或人造石材，利用水泥砂浆等胶结材料粘贴于基层之上。基层处理的方法一般仍采用10～15mm厚的水泥砂浆打底找平，其上再用5～8mm厚的水泥砂浆粘贴面层块材。面层块材的种类非常多，可根据内外墙面、楼地面等不同部位的特定要求进行选择。

块材铺贴式作法的主要特点是，耐久性比较好，施工方便，装修装饰质量和效果好，用于室内时较易保持清洁；缺点是造价较高，且工效仍然不高，仍为手工操作。

3. 骨架铺装式作法

对于较大规格的各种天然或人造石材饰面材料来说，简单地以水泥砂浆粘贴是无法保证其装修装饰的坚固程度的。还有像非石材类的各种材料制成的装修装饰用板材，也不能靠水泥砂浆作为粘贴层的材料。对于以上这些装修装饰材料，其构造方法是，先以木材（木方子）或金属型材在基体上形成骨架（俗称“立筋”、做“龙骨”等），然后将上述各类板材以钉、卡、压、挂、胶粘、铺放等方法，铺装固定在骨架基层上，以达到装修装饰的效果。像墙面装修装饰中的木墙裙、金属饰板墙（柱）面、玻璃镶贴墙面、干挂石材墙面、隔墙（指立筋式隔墙）等，还有像楼地面装修装饰中架空木地面、龙骨实铺木地面、架空活动地面以及顶棚装修装饰中的吊顶棚等作法，均属于这一类。

骨架铺装式作法的主要特点是，避免了其他常见装修装饰作法中的湿法作业，制作安装简便，耐久性能好，装修装饰效果好，但一般说来造价也都较高。

4. 卷材粘贴式作法

卷材粘贴式作法的构造方法是，首先进行基层处理。基层的种类有水泥砂浆或混合砂浆抹面，纸面石膏板或石棉水泥板等预制板材，钢筋混凝土基体等。对基层处理的要求是，要有一定的强度，表面平整光洁，不疏松掉粉等。基层处理好以后，在经过处理的平整基层上可直接粘贴各种卷材装修装饰材料，如各种壁纸、墙布，以及塑料地毡、橡胶地毡和其他各类地毯等。

卷材粘贴式作法的特点是，装饰性比较好，造价比较经济，施工简便。这类作法仅限于室内的装修装饰处理。

5. 涂料作法

涂料类作法的构造方法，是在对基层进行处理达到一定的坚固平整程度之后，涂刷上各种建筑涂料。建筑涂料具有装饰、保护结构和改善条件的功能。

涂料类作法几乎适用于室内外各种部位的装修装饰，其主要特点是省工省料，施工简便，便于采用施工机械，因而工效较高，便于维修更新；缺点是其有效使用年限相比其他装修装饰作法来说比较短。由于涂料类作法的经济性较好，因此具有良好的应用前景。

6. 清水类作法

这类作法包括清水砖墙（柱）和清水混凝土墙（柱），其构造方法是，在砖砌体砌筑或混凝土浇筑成型后，在其表面仅做水泥砂浆勾缝或涂透明色浆，以保持砖砌体或混凝土结构的材料所特有的装修装饰效果。

清水类作法历史悠久，装饰效果独特，且材料成本低廉，在外墙面及内墙面（多为局部采用）的装修装饰中，仍不失为一种很好的方法。

第三节　建筑装修装饰的等级和标准

一、装修等级

按照国家的有关规定，建筑装修装饰的等级可分为三级，划分的依据是建筑物的类型、建筑物等级以及建筑物的性质。一般来说，建筑物的等级越高，建筑装修装饰的等级也就越高，具体的划分方法见表1-1。

表1-1　建筑装修等级

建筑装修等级	建筑物的类型
一级装修	高级宾馆，别墅，纪念性建筑，大型博览建筑，大型体育建筑，一级行政机关办公楼，市级商场
二级装修	科研建筑，高教建筑，普通博览建筑，普通观演建筑，普通交通建筑，普通体育建筑，广播通信建筑，医疗建筑，商业建筑，旅馆建筑，局级以上行政办公楼
三级装修	中小学和托幼建筑，生活服务建筑，普通行政办公楼，普通居住建筑

二、装饰用材料标准

不同装修等级的建筑物，应分别选用不同档次的装修装饰材料和作法，不得超越建筑装修等级任意选用高档装修装饰材料。为此，国家规定了不同装修等级建筑内外装饰用材料标准，具体规定见表1-2。

要做好施工准备阶段的材料管理，根据预算做好材料计划，为定额供应材料做好准备，为做到核算细、数据准、资料全、管理严创造条件。

表 1-2　建筑内外装饰用材料标准

建筑装修等级	房间名称	部位	内装饰材料及设备	外装饰材料	附　注
一级装修	全部房间	墙面	塑料墙纸(布)、织物墙面、大理石、装饰板、木墙裙、各种面砖、内墙涂料	大理石、花岗石(少用)、面砖、无机涂料、金属墙板、玻璃幕墙	①材料根据国标或企业标准按优等品验收 ②高级标准施工
		楼面、地面	软木橡胶地板、各种塑料地板、大理石、花岗岩、彩色水磨石、地毯、木地板		
		顶棚	金属装饰板、塑料装饰板、金属墙纸、塑料墙纸、装饰吸音板、玻璃顶棚、灯具顶棚	室外雨罩下及悬挑部分的楼板下,可参照内装饰顶棚	
		门窗	夹板门、推拉门,带木镶边板或大理石镶边,设窗帘盒	各种颜色玻璃铝合金门窗、特制木门窗、钢窗,可用光电感应门、遮阳板、卷帘门窗	
		其它设施	各种金属及竹木花格、自动扶梯、有机玻璃栏板、各种花饰、灯具、空调、防火设备、暖气罩、高档卫生设备	局部屋檐、屋顶可用各种瓦件、各种金属装饰物(可少用)	

续表 1-2

建筑装修等级	房间名称	部位	内装饰材料及设备	外装饰材料	附注
二级装修	门厅、楼梯、走道、普通房间	地面、楼面	彩色水磨石、地毯、各种塑料地板、卷材地毯、碎大理石地面		①功能上有特殊要求者除外 ②材料根据国标或企业标准按局部为优等品，一般为一级品验收 ③按部分为高级，一般为中级标准施工
		墙面	各种内墙涂料、装饰抹灰、窗帘盒、暖气罩	主要立面可用面砖，局部大理石，无机涂料	
		顶棚	混合砂浆、石灰膏罩面、板材顶棚（钙塑板、胶合板）、吸音板		
		门窗		普通钢木门窗，主要入口可用铝合金门	
	厕所、盥洗室	地面、楼面	普通水磨石、陶瓷锦砖		
		墙面	水泥砂浆、1.4～1.7m高度内瓷砖墙裙		
		顶棚	混合砂浆、石灰膏罩面		
		门窗	普通钢木门窗		

续表 1-2

<table>
<tr><th>建筑装修等级</th><th>房间名称</th><th>部位</th><th>内装饰材料及设备</th><th>外装饰材料</th><th>附注</th></tr>
<tr><td rowspan="6">三级装修</td><td rowspan="4">一般房间</td><td>地面、楼面</td><td>局部水磨石、水泥砂浆</td><td></td><td rowspan="6">①材料根据国标或企业标准按局部为一级品，一般为合格品验收
②按部分为中级、一般为普通标准施工</td></tr>
<tr><td>墙面</td><td>混合砂浆色浆粉刷，可赛银或乳胶漆，局部油漆墙裙，柱子不作特殊装饰</td><td>局部可用面砖，大部用水刷石、干粘石、无机涂料、色浆粉刷、清水砖</td></tr>
<tr><td>顶棚</td><td>混合砂浆、石灰膏罩面</td><td>混合砂浆、石灰膏罩面</td></tr>
<tr><td>其他</td><td>文体用房、托幼小班可用木地板、窗帘棍。除托幼外，不设暖气罩，不准作钢饰件，不用白水泥、大理石、铝合金门窗。不贴墙纸</td><td>禁用大理石、金属外墙板</td></tr>
<tr><td>门厅、楼梯、走道</td><td></td><td>除门厅可局部吊顶外，其它同一般房间。楼梯用金属栏杆、木扶手或抹灰栏板</td><td></td></tr>
<tr><td>厕所、盥洗室</td><td></td><td>水泥砂浆地面、水泥砂浆墙裙</td><td></td></tr>
</table>

第四节　建筑装修装饰的作法选择

一、选择建筑装修装饰作法应考虑的因素

1. 满足建筑装修装饰的功能要求

建筑装修装饰的功能主要体现在保护建筑物的结构系统、改善和提高建筑物的围护功能、美化建筑物的室内外环境等三个方面。但是，由于所需要装修装饰的各个部位所处的环境条件和使用要求有很大差异，因此，在具体选择装修装饰作法时，就不能笼统的一概而论。举例来说，建筑物外墙有较高的保温要求，而内墙一般则不需要。这样，同样是做内墙面的装修装饰作法的选择，对外墙内侧与内墙两侧就可以采用不同的材料作法，比如，外墙内侧可选择内保温砂浆作法，内墙两侧则选用普通砂浆作法。这样的例子还有很多，不再一一列举。总之，应对建筑每一部位的具体使用要求和环境条件做认真分析，以此作为选择装修装饰作法的重要依据，合理地满足建筑装修装饰的功能要求。

2. 确定建筑的装修等级和标准

根据建筑物的类型、所处规划位置以及造价控制等方面的要求，确定建筑的装修等级。建筑装修装饰工程的造价一般要占到整个工程总造价的三分之一到二分之一。这是我们必须慎重进行建筑装修装饰作法选择的重要原因之一。另外，建筑装修装饰等级和标准的确定也应区别对待，不宜一概而论。同类型的建筑物，当其所处规划位置不同时，比如是在沿城市主要干道的两侧，还是在一般的小区街坊，就可能在装修装饰的标准上有所区别；同一栋建筑中，不同用途的房间，也应采用不同标准的作法进行处理。

3. 合理确定建筑物装修装饰的耐久性

建筑物的装修装饰作法与其结构相比，其寿命要低得多。一般情况下，建筑物主体结构的使用年限在25～100年，而装修装饰作法的耐久年限要想达到这样高的耐久性是不现实的，也是不必要的。当然，也不应太低，一般应综合各种因素合理确定建筑装修装饰的耐久年限。对于多数建筑物来说，宜控制在10年左右较为合理。

4. 充分考虑施工因素的影响

这些因素主要包括施工工期的长短、施工工艺方法、施工现场工作面的大小、施工季节以及施工技术水平与管理水平等。这些因素都会对建筑装修装饰作法的选择产生一定程度的影响，应给予充分的考虑。

二、家庭装修装饰应注意的问题

以上所讨论的内容，原则上对家庭装修装饰也是适用的。但是，家庭装修装饰又有一定的特殊性，如家庭装修装饰的部位主要局限在室内装修装饰上，还有，从行为上来说，它应属于个人消费行为。同时，如果某些作法处理不当，后果可能是既增加了经费支出，又没有达到理想的效果，还有可能造成一些有危害性的后果。因此，在家庭装修装饰中，还应注意以下一些问题。

1. 不能破坏原有结构

有些人在进行家庭装修时，对自己住房的原有布局不满意，想做一些大的改动，但又不太清楚原有布局的结构关系以及对之任意改动的利害关系，任意拆改结构墙体，结果使建筑物的结构系统遭到了极大破坏。这样做的严重后果可能一时看不出来，但是祸根却埋下了。它实际上是一颗随时可能会“爆炸”的定时炸弹，一旦引发条件出现，严重的后果将不可避免。因此，在你动手对自己的住房进行改动之前，应认真地向有关专家进行咨询。

2. 处理好实用性与观赏性的关系

“实用”和“观赏”可以说是家庭装修装饰的主要功能，两者缺一不可。但也有一个以谁为主的问题。家是人们学习、工作劳累一天后停泊休息的港湾，温馨、舒适、随意是家的特点。家庭装修装饰应在充分满足实用性的前提下追求适当的观赏效果。照搬旅馆设计、堆砌豪华装修装饰材料的作法，既大大增加了成本费用开支，又成了天天在家而离“家”住“旅馆”了。

3. 有利于身心健康

一方面，在选择家庭装修装饰材料时，尽量选择无害无毒的材料；另一方面，在刚刚装修完成之后，应对装修的房间充分进行通风，以使对人体有害的气体浓度降低到安全的程度，以保证使用者的身心健康。

第二章　墙面装饰施工

第一节　壁纸、墙布装饰施工

在室内平整光洁的墙面上或其它构件表面上粘贴壁纸、墙布的装饰作法，也称为裱糊工程。裱糊工程具有以下特点。

粘贴方便：多数壁纸均采用纸基，用普通的粘结剂施工，操作简单。

保养方便：大多数壁纸都可以耐擦洗和耐污染，墙面保洁要求比较简单。

使用寿命长：只要保养得当，多数壁纸比传统的油型涂料寿命长，一般在10年以上。

功能全面：壁纸、墙布除装饰作用外，还具有吸声、隔热、防菌、防霉、耐水等多种功能。

装饰效果好：由于壁纸、墙布具有各种颜色、花纹、图案，可以仿木纹、石纹、锦缎、瓷砖、面砖等，质感强，效果好，新颖别致。

一、构造作法

裱糊工程的构造作法比较简单，就是通过胶粘剂把壁纸、墙布粘贴于基层上。但基层不同，构造层次也略有变化。下面以华北地区建筑设计标准化办公室和西北地区建筑标准设计协作组办公室联合编制的《工程作法》(88J1)为依据，介绍一些常用裱糊装修作法的构造层次。

1. 基层为砖墙(总厚度为18mm)

（1）面层。贴壁纸（墙布），在纸背面及墙面上均刷胶，胶粘剂的配合比为107胶：纤维素＝1：0.3，并稍加水。刷（喷）一道107胶水溶液，配合比为107胶：水＝3：7。满刮腻子一道。

（2）中层。5mm厚1：0.3：2.5水泥石灰膏砂浆罩面压光。

（3）底层。13mm厚1：0.3：3水泥石灰膏砂浆打底扫毛或划出纹道。

2. 基层为混凝土墙（总厚度为18mm）

（1）面层。贴壁纸（墙布），在纸背面和墙面上刷胶，胶粘剂的配合比为107胶：纤维素＝1：0.3，并稍加水。（喷）一道107胶水溶液，配合比为107胶：水＝3：7。满刮腻子一道。

（2）中层。5mm厚1：0.3：2.5水泥石灰膏砂浆罩面压光。

（3）底层。13mm厚1：0.3：3水泥石灰膏砂浆打底扫毛或划出纹道。刷素水泥浆一道（内掺水泥重3％～7％的107胶）。

3. 基层为大模板混凝土墙（不计厚度）

（1）面层。同于混凝土墙面。

（2）中层。满刮腻子二道。

（3）底层。聚合物水泥砂浆修补。

4. 基层为加气混凝土墙（一）（总厚度为16mm）

（1）面层。同于混凝土墙面。

（2）中层。5mm厚1：0.3：2.5水泥石灰膏砂浆罩面压光。6mm厚1：1：6水泥石灰膏砂浆划出纹道。

（3）底层。5mm厚2：1：8水泥石灰膏砂浆打底扫毛或划出纹道。

刷(喷)一道107胶水溶液,配合比为107胶∶水=1∶4。

5. 基层为加气混凝土墙(二)(总厚度为16mm)

(1)面层。同于混凝土墙面。

(2)中层。同于加气混凝土墙(一)。

(3)底层。用5mm厚TG胶砂浆打底扫毛。TG胶砂浆的配合比为水泥∶砂∶TG胶∶水=1∶6∶0.2∶适量。涂刷TG胶浆一道。TG胶浆的配合比为TG胶∶水∶水泥=1∶4∶1.5。

6. 基层为石膏板墙(不计厚度)

(1)面层。贴壁纸(墙布),在纸背面及墙面上均刷胶,其配合比为107胶∶纤维素=1∶0.3,并稍加水。

(2)中层。刷(喷)一道107胶水溶液,配合比为107胶∶水=3∶7。

(3)底层。墙面刮腻子找平。

二、施工前的准备工作

1. 施工机具

裱糊工程的施工机具主要有以下几种:

(1)活动剪纸刀。这种刀的刀片由多节组成,可以伸缩,刀片用钝后可以截去,这种工具携带方便,使用安全。

(2)薄钢片刮板。这种刮板用0.35mm厚的硬中带软的钢片自制。规格是边长120~140mm,宽75mm,用红松作木把。

(3)胶皮刮板。这种刮板为3~4mm厚半硬质胶皮,用红松作木把。

(4)塑料刮板胶辊。这种胶辊可以用油印机胶辊代替,用来粘贴壁纸、墙布时滚压用。

(5)铝合金直尺。这种直尺长900mm以上,宽40mm,厚

10mm。尺面中线有凹槽，两边划有尺度，用于压裁壁纸、墙布。

(6)其它工具。包括裁纸案台、钢卷尺、普通剪刀、2m 直尺、水平尺、注射用针管及针头、粉线包、软布、毛巾、排笔、板刷及小台秤等。

2. 材料

(1)壁纸类材料。包括塑料壁纸(PVC 壁纸)、复合纸质壁纸、纺织纤维壁纸、金属面壁纸、木片壁纸等。

①塑料壁纸。它是以纸为基层，以聚氯乙烯塑料(PVC)薄膜为面层，经复合、印花、压花等工艺而制成的壁纸。塑料壁纸有普通型、发泡型、特种型等数个品种。

塑料壁纸的特点是：有一定的伸缩性和耐压强度，裱糊时允许基层结构有一定程度的裂缝；花色图案丰富，有凹凸花纹，富有质感及艺术感，装饰效果好；强度高，可以承受一定的拉拽，施工简单，易于粘贴，易于更换；表面不吸水，可用布擦洗。

塑料壁纸适用于各种建筑物的内墙、梁柱的贴面装饰。

②复合类壁纸。它是采用双层纸(表纸和底纸)通过施胶、加压复合到一起后，再经印刷、压花、涂布等工艺印制而成的壁纸。

复合类壁纸的特点是：色彩丰富，层次清晰，花纹深，花型持久，图案具有强烈的主体浮雕效果；造价低，施工简单，可直接拼花；无塑料异味，燃烧时发烟低，不产生有毒气体；表面涂覆透明涂层，并达到“耐擦洗级”的标准。

复合类壁纸适用于一般饭店、住宅等建筑内墙和梁柱的贴面装饰。

③纺织纤维壁纸。它是用棉、毛、麻、丝等天然纤维及化纤

制成的各种色泽的粗细纱或织物，再与基层纸贴合而成的壁纸。用扁草竹丝或麻丝与棉线交织后同纸基贴合制成的植物纤维壁纸与此相似。

纺织纤维壁纸的特点是：无毒、吸音、透气，有一定的调湿、防霉效果；视觉效果好，特别是天然纤维以它丰富质感产生诱人的装饰效果，有贴近自然的感觉；防污染和耐擦洗性能较差，维护与保养的要求较高，易受机械损伤。

纺织纤维壁纸是近年来国际流行的新型高级墙面装饰材料，主要用于会议室、接待室、剧院、饭店、酒吧及商店的橱窗等墙面。

④金属类壁纸。它是以铝箔为面层，纸为底层粘合而成的壁纸。其面层可经印花、压花等工艺而得到各种图案。

金属面壁纸的特点是：表面具有不锈钢、黄铜等金属质感与光泽；寿命长、不老化、耐擦洗、耐污染。

金属面壁纸主要用于高级的室内装饰。

⑤木片壁纸。它是以很薄的软性木片为面层，并可以经弯曲而贴于圆柱面上。

木片壁纸的特点是：可以形成真实的木质墙面，不易老化，并可涂刷清漆进行保护。

木片壁纸主要用于仿古建筑物的装饰。

(2)墙布类材料。包括玻璃纤维墙布、无纺贴墙布、装饰墙布、化纤装饰墙布、锦缎墙布等。各类墙布都具有色泽鲜艳、图案清晰的特点。

①玻璃纤维墙布。它是以玻璃纤维为基材，表面涂以耐磨树脂并印上彩色图案而成的墙布。

玻璃纤维墙布的特点是：色泽鲜艳，有布纹质感；防火、防潮，在室内使用时不褪色、不易老化；粘贴方便，施工简单，可以用肥皂水清洗；盖底性能差，涂层磨损后易散发出少量纤维。

玻璃纤维墙布适用于招待所、旅馆、饭店、宾馆、展览馆、会议室、餐厅、工厂净化车间和居室等内墙装饰。

②无纺贴墙布。它是采用棉、麻等天然纤维或涤纶、腈纶等合成纤维，经无纺成型、上树脂、印花而制成的墙布。

无纺贴墙布的优点是：色泽鲜艳，图案雅致，表面光洁，有羊毛感；挺括，有弹性，不易折断，能擦洗，不褪色；纤维不老化，不散失，对皮肤无刺激作用；有一定的透气性、防潮性，粘贴方便。

无纺贴墙布价格昂贵。它虽然适用于各种建筑的室内装饰，但使用时应考虑条件，如涤纶棉无纺墙布特别适合于高级宾馆和高级住宅。

③装饰墙布。它是以纯棉墙布经过处理、印花、涂层而制成的墙布。

装饰墙布的特点是：强度大，静电小；无光、吸音、无毒、无味；花色繁多、美观大方。

装饰墙布主要应用于宾馆、饭店、公共建筑和较高级民用建筑的内墙装饰。

④化纤装饰墙布。它是以化纤为基材，经一定处理后印花制成的墙布。

化纤装饰墙布的特点是：无毒、无味；透气、防潮；耐磨、无分层。

化纤装饰墙布适用于各级宾馆、旅馆、办公室、会议室和居室的内墙装饰。

⑤锦缎墙布。它是丝织物的一种，可以直接用于墙面。

锦缎墙布的优点是：花纹图案绚丽多彩，精致典雅，可创造高雅的环境。

锦缎墙布的缺点是：造价昂贵，不能擦洗，易发霉。

锦缎墙布只适用于重点建筑的室内高级饰面。

(3)胶粘剂。裱糊用的胶粘剂应按以下要求进行选择：

①胶粘剂应选择水溶性类型，以使操作方便，并便于清洗工具。

②胶粘剂必须对墙体基层和底部有良好的粘结力。

③有一定的防潮性，在基层未干时仍可采用。

④胶粘剂干燥后有一定的柔性，以适应基层和壁纸(墙布)的伸缩。

⑤胶粘剂应有一定的防霉性，因为霉菌滋生将影响粘结力并容易产生霉斑。

⑥若有防火要求，胶粘剂应防火、耐高温、不起层。

裱糊用的胶粘剂可以购买成品或者现场调制。

成品胶粘剂有粉状和液体两种。目前市场供应的有金虎牌胶粉、SG8104 胶粘剂等。

现场调制胶粘剂是用聚乙烯醇缩甲醛、聚醋酸乳液、羧甲基纤维素等常用材料进行调制而成。

裱糊壁纸胶粘剂的配合比见表 2-1。

裱糊墙布胶粘剂的配合比见表 2-2。

表 2-1 裱糊壁纸胶粘剂的配合比

壁纸类型	成分	配合比	备注
塑料壁纸(PVC)	聚乙烯醇缩甲醛：2.5%羧甲基纤维素液：水	100：30：50～100	
	聚乙烯醇缩甲醛：白乳胶：水	1：0.2：适量	
	乳液(可加入少量107胶)：2.5%羧甲基纤维素液(CMC)	1：3	用于阴角及拼缝处
	SJ801胶：水	1：1	
	ALCAFIEX墙纸粉：水：白乳胶	1：15～40：适量	只适合德国壁纸
	聚乙烯醇缩甲醛：水	1：0.25～1	
普通壁纸及复合型壁纸	聚乙烯醇缩甲醛：4%羧甲基纤维素液	6：4	
	面粉：明矾：水	1：0.1：适量	调制后煮成糊状
	面粉：甲醛：水	1：0.002：适量	调制后煮成糊状
	面粉：酚醛：水	1：0.0002：适量	调制后煮成糊状
	面粉：硼酸：水	1：0.002：适量	调制后煮成糊状
麻草壁纸	聚乙烯醇缩甲醛：2%羧甲基纤维素液：白乳胶	7：2：1	加3～4倍水刷墙 加1/3水刷纸背
纺织纤维壁纸	聚乙烯醇缩甲醛或丙烯酸胶粘剂	加水适量	
各种壁纸	SGB104或金虎牌胶粉	加水适量	成品粘结剂

表 2-2 裱糊墙布胶粘剂配合比

墙布类型	成　分	配合比	备　注
玻璃纤维墙布	聚醋酸乙烯酯乳液：2.5%羧甲基纤维素液(化学浆糊)	6：4	若基层颜色较深时，可掺10%白色乳胶漆
	801胶：淀粉糊(也可不掺)	1：0.2	
无纺贴墙布	聚醋酸乙烯酯乳胶：化学浆糊：水	4：5：1	
	聚醋酸乙烯酯乳液：25%羧甲基纤维素液：水	5：4：1	
锦缎	107胶或金虎牌胶粉(成品)	加适量水	
装饰墙布	107胶：4%羧甲基纤维素液：白乳胶：水	1：0.3：0.1：适量	

(4)腻子和涂料。在基层上必须打腻子、刷涂料。

①腻子。用来修补填平基层表面的麻点、凹坑、接缝、钉孔等不平的地方，其配合比见表2-3。

表 2-3 常用腻子配合比

名　称	乳液腻子	乳液石膏腻子	油性石膏腻子	胶油腻子
石　膏		10	20	10
滑石粉	100			
熟桐油				5
羧甲基纤维素液	20～30（浓度10%）	6（浓度2%）		
聚醋酸乙烯乳液	8～10	0.5～0.6	50	
白菜胶				7.5
福粉				1000
备　注		用于无纸面石膏板	用于无纸面石膏板	

②基层涂料。它起底油层作用，以利于下一步涂刷胶粘剂及减少基层的吸水率。基层涂料也可以用稀乳胶漆代替。

基层涂料的配合比见表 2-4。

表 2-4 基层涂料配合比

涂料名称	107 胶涂料(一)	107 胶涂料(二)	清油涂料
107 胶	1	1	
甲基纤维素	0.2	0.5	
酚醛清漆			1
松节油			3
水	1	1.5	
备　注	用于抹灰墙面	用于油漆墙面	用于石膏板及木基层

③基层处理。壁纸、墙布裱糊前，应将基层表面的污垢、尘

土清除干净。凡具有一定强度，表面平整干净，不疏松掉粉的基层或基体都可以作裱糊。宜使用9%的稀醋酸中和、清洗。

基层不得有飞刺、麻点、砂粒和裂缝，阴阳角应垂直和方正，允许偏差均为2mm，立面垂直允许偏差为3mm。

基层或基体的含水率不得超标，即混凝土和抹压面不得大于8%，木材制品不得大于12%。

对粘结牢固、表面平整的旧溶剂型涂料墙面，裱糊前应打毛。

基层或基体表面的处理方法见表2-5。

表2-5 基层或基体表面的处理方法

序号	基层或基体表面类型	处理方法						
		确定含水率	刷洗或漂洗	干刮	干磨	钉头补防锈油	填充接缝钉孔裂缝	刷胶
1	混凝土	+	+	+	+		+	+
2	泡沫聚苯乙烯	+					+	
3	石膏面层	+		+	+		+	+
4	抹压面层	+		+	+		+	+
5	石膏板	+				+	+	+
6	加气混凝土板	+				+	+	+
7	硬质纤维板	+				+	+	+
8	木质板	+			+	+	+	+

注：刷胶是为了避免基层吸水过快将涂于基面的胶液迅速吸干，使壁纸来不及裱糊在基层面上。表中“+”号表示应进行的工序。

(5)衬纸。在高级建筑物室内裱糊壁纸时，有的还先粘贴衬纸后再裱糊壁纸。

①粘贴衬纸。一般采用无纹理的白色纸，涂刷乳胶漆。其作用是：为壁纸提供均匀的吸收面；可使不同吸收面的孔隙率

均匀；可以掩盖底层表面凹凸不平的地方。

②防水沥青衬纸。涂有沥青或夹有泡沫聚氯乙烯的衬纸，可增强防潮能力。衬纸的沥青面必须对墙面，其作用是：能保护罩面壁纸；用在已干，但尚未完全干燥需粘贴壁纸的基层表面。

三、施工方法

裱糊的主要工序与基层材料有关。常用的基层材料有抹压面混凝土、石膏板面和木料面。下面分别介绍壁纸、墙布在这些基层上的操作程序：

1. 抹压面混凝土的裱糊

在抹压面混凝土墙面上裱糊，是指在现浇混凝土的外表面抹水泥石灰膏砂浆，或在预制混凝土的外表面用聚合物水泥砂浆修补，并满刮腻子之后在墙上进行裱糊施工。

抹压面混凝土裱糊的操作程序见表 2-6。表中“+”号表示应进行的工序。

表 2-6　壁纸、墙布在抹压面混凝土上裱糊的操作程序

项次	工　序　名　称	复合壁纸	PVC 壁纸	墙　布	背胶壁纸
1	清扫基层，填补缝隙，砂纸打磨	+	+	+	+
2	满刮腻子磨平	+	+	+	+
3	涂刷底胶一遍	+	+	+	+
4	墙面划准线	+	+	+	+
5	壁纸浸水润湿		+		+
6	壁纸涂刷胶粘剂	+			
7	基层涂刷胶粘剂	+	+	+	
8	纸上墙裱糊	+	+	+	+

续表 2-6

项次	工 序 名 称	复合壁纸	PVC 壁纸	墙 布	背胶壁纸
9	拼缝搭接、对花	+	+	+	+
10	赶压胶粘层气泡	+	+	+	+
11	裁边		+		
12	擦净挤出的胶液	+	+	+	+
13	清理修整	+	+	+	+

2. *石膏板面的裱糊*

在石膏板面上裱糊是指在预制纸面石膏板上进行的裱糊施工。壁纸、墙布在石膏板面上裱糊的操作程序见表 2-7。

表 2-7 壁纸、墙布在石膏板面上裱糊的操作程序

项次	工 序 名 称	复合壁纸	PVC 壁纸	墙 布	带背胶壁 纸
1	清扫基层，填补缝隙，磨砂纸	+	+	+	+
2	接缝处糊条	+	+	+	+
3	找补腻子磨砂纸	+	+	+	+
4	涂刷底胶一遍	+	+	+	+
5	墙面划准线	+	+	+	+
6	壁纸浸水润湿		+		+
7	壁纸涂刷胶粘剂	+			
8	基层涂刷胶粘剂	+	+	+	
9	纸上墙、裱糊	+	+	+	+
10	拼缝、搭接、对花	+	+	+	+
11	赶压胶粘剂、气泡	+	+	+	+
12	裁边		+		
13	擦净挤出的胶液	+	+	+	+
14	清理修整	+	+	+	+

注：表中“＋”号表示应进行的工序。

3. 木料面的裱糊

裱糊木料面是指在木板墙、木板柱表面进行的裱糊施工。壁纸、墙布在木料面上的裱糊操作程序详见表 2-8。

表 2-8　壁纸、墙布在木料面上裱糊的操作程序

项次	工　序　名　称	复合壁纸	PVC 壁纸	墙　布	带背胶壁　纸
1	清扫基层、填补缝隙、磨砂纸	+	+	+	+
2	接缝处糊条	+	+	+	+
3	找补腻子、磨砂纸	+	+	+	+
4	涂刷底胶一遍	+	+	+	+
5	墙面划准线	+	+	+	+
6	壁纸浸水润湿		+		+
7	壁纸涂刷胶粘剂	+			
8	基层涂刷胶粘剂	+	+	+	
9	纸上墙、裱糊	+	+	+	+
10	拼缝、搭接、对花	+	+	+	+
11	赶压胶粘剂、气泡	+	+	+	+
12	裁边		+		
13	擦净挤出的胶液	+	+	+	+
14	清理修整	+	+	+	+

注:表中“+”号表示应进行的工序。

4. 其它要求

(1)纸基塑料壁纸裱糊有如下要求:

①先贴长墙面,后贴短墙面。每个墙面要从显眼的墙角以整幅纸开始,即从主要的自然光源照射处开始粘贴。在裱糊第一幅壁纸的位置,应先弹垂直线。不满整幅的窄条壁纸应贴在不显眼的阴角处。

②涂刷胶粘剂，关键是要保证胶层无气泡，不缺胶。通常在不缺胶的情况下，胶层薄的为好，并要遵守一定的停歇要求。粘贴后，应防止位移，并擦去溢流胶液。如需要涂两遍胶的，应待第一遍胶干后再涂刷第二遍胶。

③纸基塑料壁纸裱糊时，基层表面和壁纸背面均应涂刷胶粘剂。

④裱糊每幅壁纸应由上而下进行，上端齐线，不留余量。先在一侧对缝，对好花纹，拼缝到底，压实后再抹平大面。

⑤幅面较长的壁纸，涂刷胶粘剂后向顶棚或墙面粘贴时，应采用蛇形折叠法折叠。

⑥粘贴顶棚壁纸时，为防止涂刷过胶粘剂的壁纸因折叠而弯曲或起皱，应用纸卷、纸板卷或直尺进行支撑。

⑦为确保粘贴好顶棚角或踢脚板角的壁纸，应在每幅壁纸的两端，作记号进行剪切。

⑧垂直粘贴壁纸时，可使用端部到中心折叠法，这样可以使未涂刷胶粘剂的地方外露着，便于壁纸传递和推迟胶粘剂的干燥时间。

⑨为使壁纸与基层表面上非圆形障碍物相吻合，壁纸应进行星形剪切。

⑩壁纸在墙的拐弯处的搭接，由于完全平整的墙角面很少。如果搭接大于 15mm，干燥时的收缩会引起起泡，故拐角处的壁纸搭接宽度应小于 15mm。

(2)玻璃纤维贴墙布裱糊有如下要求：

①玻璃纤维贴墙布的基料全部是玻璃纤维，不伸缩。裱糊前不需用水湿润，仅将墙布背面清扫干净，便可以与基层粘贴牢固。若预先湿润，反而会使表面树脂涂层受湿而使墙布起皱，即使贴上墙后也难以平伏。

②玻璃纤维贴墙布裱糊时，仅在基层或基体表面涂刷胶粘剂，墙布背面可不涂胶。这是因为玻璃纤维贴墙布本身吸湿性小，又有细小孔隙，如墙布背面涂胶，胶液会渗透墙布，使表面出现胶迹，影响面层美观。

③玻璃纤维贴墙布，材料与纸基塑料壁纸不同，胶粘剂宜采用聚醋酸乙烯酯乳胶，以保证粘结强度。

④玻璃纤维贴墙布裁切成段后，宜存放于箱内，以防止沾污和碰毛布边。

⑤玻璃纤维贴墙布不伸缩，对花时切忌横拉斜扯，如硬拉将使整幅墙布歪斜变形，甚至脱落。

⑥玻璃纤维贴墙布盖底力差，如基层表面颜色较深时，可在胶粘剂中掺入适量的白色涂料(乳胶漆类)，以使完成后的裱糊的面层色泽无明显差异。

四、常见的施工缺陷及预防措施

1. 裱糊层由房屋内部环境条件引起的缺陷

裱糊层由房屋内部环境条件引起的缺陷见表 2-9。

表 2-9 裱糊层由房屋内部环境条件引起的缺陷

序号	原　　因	出现的缺陷
1	含碱性的表面没有被封闭，仍起作用，可使印色脱色或变色	污染变色
2	湿冷房间可使胶粘剂干燥缓慢	油污、起泡
3	冷凝使胶粘剂干燥缓慢，促使霉菌生长，壁纸或印色变色	起泡、长霉菌、沾污
4	湿墙有与冷凝相同的作用	起泡、长霉菌、沾污
5	晶化作用可阻碍粘结，使壁纸变黑或对印色中的颜料起化学作用	剥落、卷边、沾污
6	孔隙过多易于吸收胶粘剂，使裱糊层粘结松弛，但不易移动壁纸，故对正图案花纹较难	卷边剥落，壁纸间的图案和花纹不够整齐
7	暴露在过强的阳光下可使某些颜料脱色、变色	变色
8	粘结性差的衬纸，由于胶粘剂的湿润作用和裱糊层本身的重量，使粘结性进一步变弱	起泡、剥落
9	遗落的胶粘剂痕迹，在粘贴乙烯基塑料前没有除去	长霉菌
10	不平整的表面使壁纸变形起伏和拉紧	起皱纹、壁纸间的图案花纹不齐整、接缝裂口
11	铁钉没有被封闭，木材或墙板被侵蚀，沾染壁纸	锈斑点、沾污
12	染色剂没有被封闭，而被胶粘剂溶解	沾污

2. 裱糊层由胶粘剂和涂胶引起的缺陷

裱糊层由胶粘剂和涂胶引起的缺陷见表 2-10。

表 2-10 裱糊层由胶粘剂和涂胶引起的缺陷

序号	原因	出现的缺陷
1	粘贴时不仔细，把胶粘剂弄到壁纸表面上	沾污变色，光泽斑点发亮(特别是接缝处)
2	胶粘剂渗透壁纸太快	沾污、胶层撕裂
3	粘贴方法错误，壁纸浸泡不够或浸泡过度，降低粘性阻碍移动，使粘贴困难，并可促使霉菌生长	起泡、剥落、卷边、变色，壁纸间图案花纹不齐整、长霉菌
4	壁纸浸泡不够，平整困难，使壁纸上的拉力不匀	起泡、卷边
5	浸泡过度，壁纸过分膨胀，粘结困难	沾污、起泡，壁纸间的图案花纹不齐整、撕裂
6	涂刷胶粘剂时引起不均匀的隆起	起泡，壁纸间图案花纹不齐整
7	陈旧胶粘剂变黄，含酸高，含有细菌，随着时间变稀	沾污，使含金属类涂料变黑，生长霉菌、剥落
8	胶粘剂过稀降低粘结性，浸泡过度	剥落、沾污、撕裂、卷边
9	胶粘剂涂刷不均匀或重复引起不均匀的隆起	起泡、重叠，壁纸间图案花纹不齐整

3. 裱糊层由粘贴而引起的缺陷

裱糊层由粘贴而引起的缺陷见表 2-11。

表 2-11 裱糊层由粘贴而引起的缺陷

序号	原因	出现的缺陷
1	不锋利的工具	撕裂
2	不小心粘贴损坏壁纸，把胶粘剂或脏物沾到壁纸表面	沾污、撕裂
3	过度的刷抹、滚压使裱糊层拉紧和使壁纸面发亮	壁纸间图案和花纹不齐整，起皱，发亮，表面的凸纹减少
4	涂色不仔细	颜色范围有变化
5	平整工序做得不好	起泡、接缝裂口、起皱纹
6	前后连接顺序颠倒，没有注意使用说明	相邻范围的颜色和纹理出现变化
7	在压纹壁纸上使用有接缝的滚子	壁纸表面的凹凸线变平
8	在粘贴后马上使用有接缝的滚子滚压或未用垫纸	胶粘剂沾污、发亮
9	修整不精确	壁纸间图案及花纹不整齐
10	双层纸壁纸之间粘结性差	起泡、脱层
11	涂色的壁纸由于使用不同色调的印花，贮存时受垢沾污或受日光照射	颜色有变化，边缘变浅或变深

4. 裱糊层的质量问题及其产生原因

裱糊层的质量问题及其产生原因见表 2-12。

表 2-12　裱糊层的质量问题及其产生原因

序　号	原　　　因	出现质量问题
1	基层表面起碱	变色、沾污
2	湿冷房间	起泡、沾污
3	冷凝水表面	起泡、长霉菌、沾污
4	潮湿基层	起泡、长霉菌、沾污
5	晶化作用基层	卷边、剥落、沾污
6	孔隙过多基层	变色、卷边、剥落
7	无衬纸、无孔隙面	起泡、沾污
8	粘结差的衬纸面	起泡、剥落
9	表面不平整	起皱、接缝裂口
10	没有封闭的铁钉	锈斑、沾污
11	没有封闭的水性涂料	沾污
12	涂胶不仔细	变色、胶污染、发亮、光泽斑点、沾污
13	粘贴不正确	变色、卷边、长霉菌、剥落、花纹图案不齐
14	壁纸浸泡不够	起泡、卷边
15	涂胶有遗漏处	起泡
16	胶粘剂老化	含金属涂料变黑、长霉菌、剥落、沾污
17	胶粘剂过稀	接缝裂口、撕裂
18	壁纸浸泡过度	起泡、含金属涂料变黑、剥落、发亮
19	涂胶不均匀	起泡、重叠
20	刀刃不锋利	边缘裁切不齐、撕裂
21	滚压接缝不仔细	胶粘剂污染
22	粘贴后刷平过分	起泡、起皱、发亮、花纹图案不齐
23	基层表面不平	起泡、起皱、接缝裂口、凸图纹收缩、重叠
24	纸幅顺序颠倒	明暗变化
25	滚压压纹壁纸	凸图纹收缩
26	修整不仔细	发亮
27	粘结差的双层壁纸	脱离

5. 壁纸、墙布的修补措施

(1)纸边张口,由于涂胶不均匀或胶液过干,可以加胶后重新粘贴压实。如有微小的张口,可用油画笔蘸聚乙烯醇缩甲醛(107胶)粘贴,然后压实。

(2)纸面出现皱折时,可在胶粘剂未干前,掀起纸幅重新张贴。

(3)纸面出现气泡或胶粘剂聚集产生鼓泡时,可以用裁纸刀切开,挤出气体及多余的胶粘剂,再行压平压实;纸面有气泡而纸下无胶,可用医用注射针,注进一些稀的聚乙烯醇缩甲醛(107胶),然后再行压实。

(4)壁纸接缝如因干缩露有白裙,可采用乳胶漆找色。

(5)在施工过程中,因碰撞损坏壁纸、墙布,可对纹、对色,挖空填补,花纹、图案、缝隙应吻合。

五、施工质量要求及检测方法

1. 裱糊工程的质量要求

裱糊工程的质量要求见表2-13。

表2-13 裱糊工程的质量要求

项次	项　目	质量等级	质量要求
1	裱糊墙面	合格	色泽一致无斑污
		优良	色泽一致无斑污,无胶痕
2	各幅拼接	合格	横平竖直,图案端正,拼缝处图案花纹基本吻合,阳角处无接缝
		优良	横平竖直,图案端正,拼缝处图案花纹吻合,距墙1.5m处正视,不显拼缝,阴角处搭接要顺光,阳角处无接缝

续表 2-13

项次	项　目	质量等级	质 量 要 求
3	裱糊与挂镜线、贴脸板、踢脚板、电线槽盒等的交接	合格	交接紧密，无偏贴，不糊盖需拆卸活动件
		优良	交接紧密，无缝隙，无偏贴和补贴，不糊盖需拆卸的活动件

注：还应符合以下几点规定：①壁纸、墙布必须粘贴牢固，不得有气泡、空鼓、裂缝、翘边、皱折；②表面平整、无波纹起伏；③壁纸、墙布边缘平直整齐，不得有纸毛、飞刺。

2. 裱糊工程的检验方法

裱糊工程完工并干燥后方可验收。检验时，抽 10％的具有代表性的自然间进行检查，但不得少于 3 间。

第二节　塑料墙面装饰板施工

塑料墙面装饰板包括塑料空心板材、塑料实心板材、塑料波形板材、塑料格子板、塑料复合板材、塑料踢脚板、塑料挂镜线等多种。

塑料墙面装饰具有表面光洁、高雅华丽、绝缘、隔音、防水、阻燃、耐腐蚀等特点，是一种新型的塑料墙面装饰板材。

一、构造作法

塑料墙面装饰构造大体分为两个部分，即基层和面层。

基层为木骨架，由纵、横木龙骨编织而成。木龙骨钉于墙体的木砖上。

木砖的尺寸为 120×120×60(mm)，中距 500mm。木砖应采用氯化钠水溶液或焦油进行防腐处理。

木龙骨的截面尺寸一般为 25mm 宽、20mm 厚，间距

500mm，龙骨亦应注意防腐处理。龙骨用钉子钉于木砖上。

面层为预制板材，通过木螺丝与龙骨连接。木螺丝的中距为 500mm。

面层的底部应作好防腐处理，常用作法为填 1∶2.5 水泥砂浆或 1∶3 水泥砂浆。面层的顶部应伸入顶棚内，若为半截高度（墙裙）时，应作好封边处理。

1. 塑料墙裙

图 2-1 为塑料墙裙的四种类型（见第 38～39 页）。

2. 塑料踢脚板

图 2-2 为塑料踢脚板的构造（见第 40 页）。

3. 塑料挂镜线

图 2-3 为塑料挂镜线的构造（见第 41 页）。

二、施工前的准备工作

1. 施工工具

塑料墙面装饰板的安装大多采用普通木工工具，如锯、刨子、螺丝刀等，这里不作详细介绍。

2. 材料

（1）塑料装饰壁板。这种材料是采用聚乙烯树脂为主要原料，加入稳定剂、加工改性剂、色料等助剂，经捏合、混炼、造粒、挤出成型而成。

这种产品的规格为：

厚度 9mm，宽度 100mm，长度有 1000、2000、2500、3500mm 等。

颜色有乳白、奶黄、湖绿、天蓝、咖啡等多种颜色。

这种产品的性能是：

密度 1.45～1.60g/cm^3

腐蚀度（60℃±2℃，5 小时）：

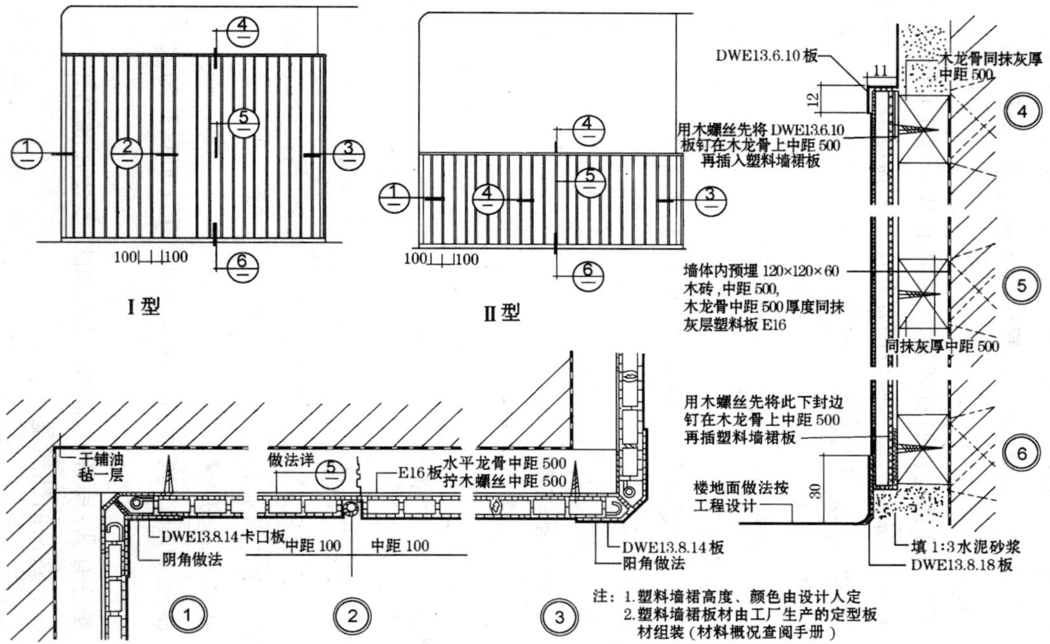

注：1. 塑料墙裙高度、颜色由设计人定
2. 塑料墙裙板材由工厂生产的定型板材组装（材料概况查阅手册）

图 2–1(a)　塑料墙裙 I 型和 II 型

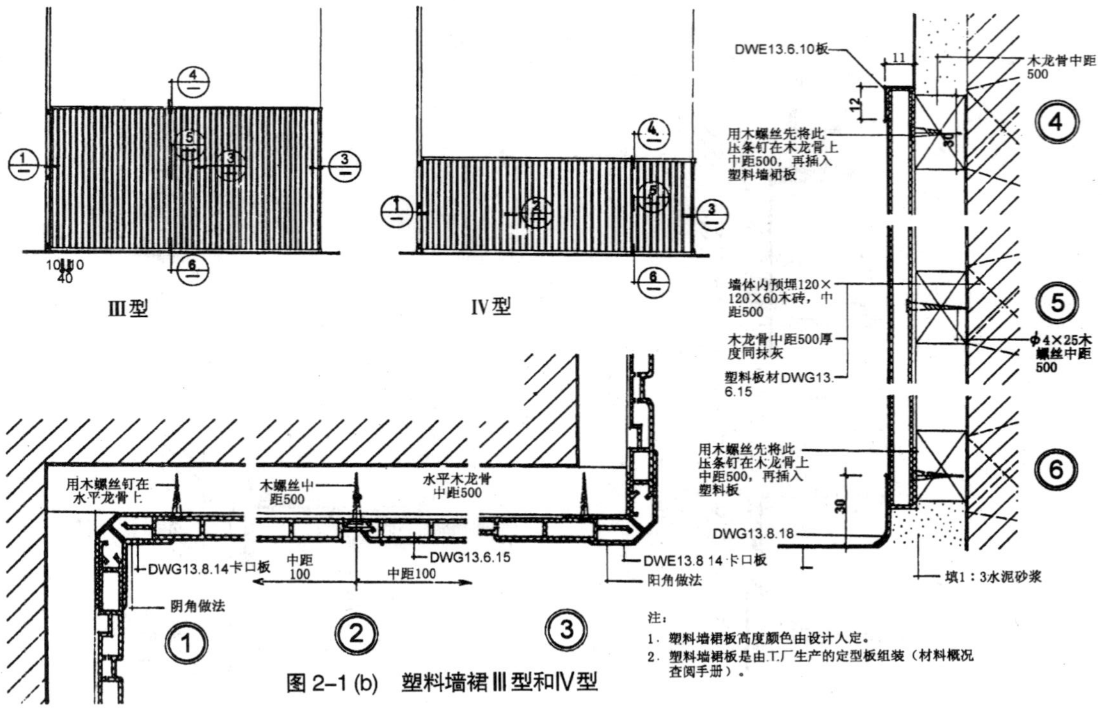

图 2-1 (b)　塑料墙裙 III 型和 IV 型

注：

1．塑料墙裙板高度颜色由设计人定。
2．塑料墙裙板是由工厂生产的定型板组装（材料概况查阅手册）。

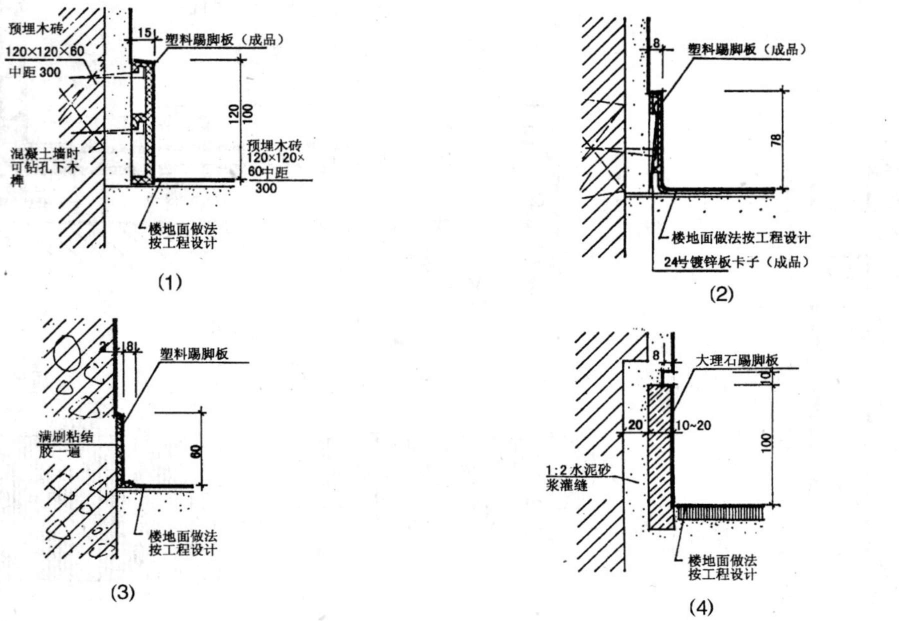

预埋木砖
120×120×60
中距 300
15
塑料踢脚板（成品）
120
100
混凝土墙时
可钻孔下木
榫
预埋木砖
120×120×
60中距
300
楼地面做法
按工程设计
(1)
8
塑料踢脚板（成品）
78
楼地面做法按工程设计
24号镀锌板卡子（成品）
(2)
2
18
塑料踢脚板
满刷粘结
胶一遍
60
楼地面做法
按工程设计
(3)
8
大理石踢脚板
10
20
10~20
100
1:2水泥砂
浆灌缝
楼地面做法
按工程设计
(4)

图 2-2　塑料踢脚板

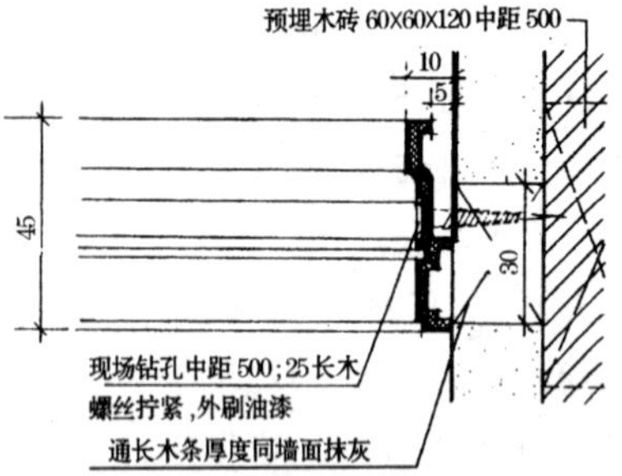

(a) 塑料挂镜线（成品）

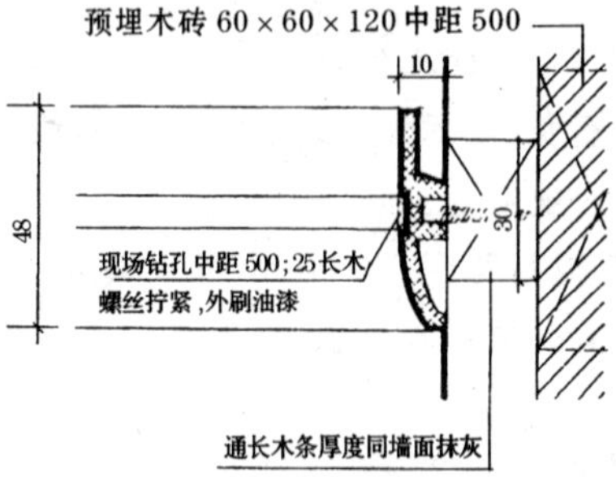

(b) 塑料挂镜线（成品）

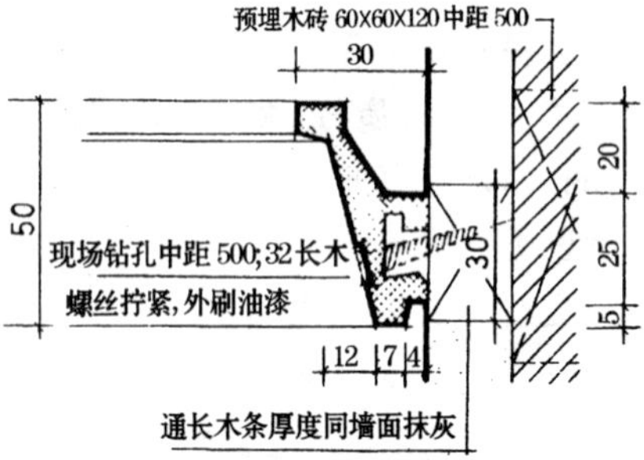

(c) 塑料挂镜线（成品）

图 2-3　塑料挂镜线

40% $NaOH$ ≤1.5(g/m^2)

40% HNO_3 ≤1.5(g/m^2)

30% H_2SO_4 ≤1.5(g/m^2)

30% HCl ≤3(g/m^2)

燃烧性：离火自熄，属难燃烧材料。

允许使用温度：-20℃～60℃

(2)聚氯乙烯薄膜饰面板。这是一种复合板，其面层为聚氯乙烯木纹薄膜，基层为人造板、刨花板、中密度纤维板、胶合板、普通纤维板。

聚氯乙烯薄膜饰面板的特点是强度高、抗老化、表面平整光洁、不开裂、不变形、木纹清晰、质感强、装饰效果好。

这种产品的规格为：

基材(刨花板)：宽度 1220mm，长度 2440mm，厚度有 12、16、19mm。若基材采用胶合板、纤维板时，其规格可根据需要加工。

面材：面膜约为 0.2mm 厚。

(3)室内装饰塑料异型材。它采用聚氯乙烯树脂为主要原料，加入适量助剂，经挤出成型。

装饰塑料异型材具有质轻、耐腐蚀、抗油污、防潮湿、保温、隔热、消音、隔音、尺寸稳定等特点。

该产品包括以下几大类：

①中空装饰板。主要用于内墙装饰和活动隔板。规格尺寸为 114×6.5(mm)。

②凹槽装饰板。主要用于内墙装饰(包括墙裙)，规格尺寸为 14×57(mm)。

③踢脚板。主要用于各种墙面的根部装饰，规格尺寸为 130×14(mm)。

④低发泡踢脚板。主要用于各种墙面的根部装饰，规格尺寸为 150×5(mm)。

⑤腰线(底部)。主要用于配套装饰或单独作点缀使用，规格尺寸为 44×1.7(mm)。

⑥腰线(顶部)。主要用于配套装饰或单独作点缀使用，规格尺寸为 27×1.2(mm)。

⑦外角线。主要用于与中空装饰板配套，规格尺寸为 12×9(mm)。

塑料异型材的主要性能为：

断裂伸长率(%)≥100

抗拉强度(MPa)≥36

低温落球冲击破裂试样个数≤1

维卡软化温度(℃)≥33

加热后状态：无气泡、无裂痕、无麻点

加热尺寸变化率(%)≤2.5

高低温反复冷热尺寸变化率：普通型≤0.2，阻燃型≤0.8。

弯曲弹性模量(MPa)≥2.0×10^3

氯指数(%)阻燃型≥35

表面电阻值(Ω)阻燃型≤1×10^{10}

吸灰量：阻燃型微量

本产品的应用范围为：可以广泛应用于礼堂、影剧院、会议室、客厅、休息室、商场、宾馆及住宅的内墙装饰。它可以与壁纸、墙布及其它墙体装饰材料配合使用。

使用本产品还应注意以下几点：

塑料装饰异型材安装使用过程中要注意避开 60℃以上热源。

用于砖墙面时，最好在墙面内加木塞，以利于安装施工。

踢脚板和腰线在拐角处，按建筑的角度采用斜面插接。

腰线盖条在装饰板上下固定以后，穿入或用力插入装饰板即可。

三、施工方法

塑料装饰板的板材之间常见的作法有插接、扣接和搭接，结构层采用竖向贴墙龙骨和架空龙骨。

板材与骨架之间采用特别的固定卡子或紧固件柔性连接，亦可以采用钉子作固定连接。连接配件大多为不锈钢制品。

龙骨的间距应根据塑料装饰板的宽度、厚度和自身刚度来确定。一般在600～1500mm之间。厚板和中空板可以取用大值。

异型塑料板在横向的温度变形自身可以吸收，而纵向的温度变形必须依靠扩大安装钉孔的办法来解决。格子板的横向与纵向的温度变形自身均能吸收，故采用刚性连接比较合适。

下面分别介绍格子板与异型板的施工方法。

1. 格子板的安装

格子板的接缝处理有盖缝条法和搭接法两种。

(1)盖缝条法。在格子板接缝处的外部，用盖缝条卡入插口固定或用钉子固定，如图2-4所示。

从图2-4中可以看到，下面的卡座与格子板一起用螺钉固定在龙骨上，上面的盖缝条卡入卡座的槽内，达到盖缝和固定的目的。

(2)搭接法。这种作法接缝是外露的，在四块板重叠的四个角上，其中互成对角的第2、3块，在搭接处各切去一个角或对接，再盖上第4块，将第2、3块的对接缝盖住；或者将四块的角均斜切成45°角，成对角接缝，再用有花饰钉帽的螺钉，在格子板中心钉入龙骨，即可将四块格子板的一角固定，将中心缝隙封严，如图2-5所示。

(3)格子板的转角处理。转角包括阳角和阴角两大部分，其具体作法见图2-6。

2. 异型板的接缝处理

异型板的接缝可采用搭接、扣接和插接，在转角处和接缝处采用与板材配

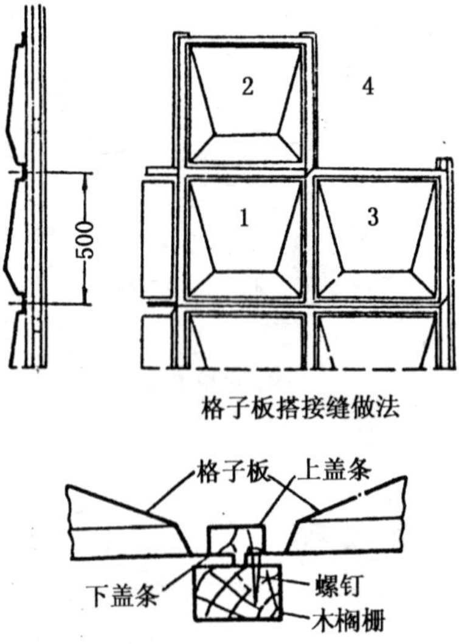

图2-4 格子板盖缝条接缝处理

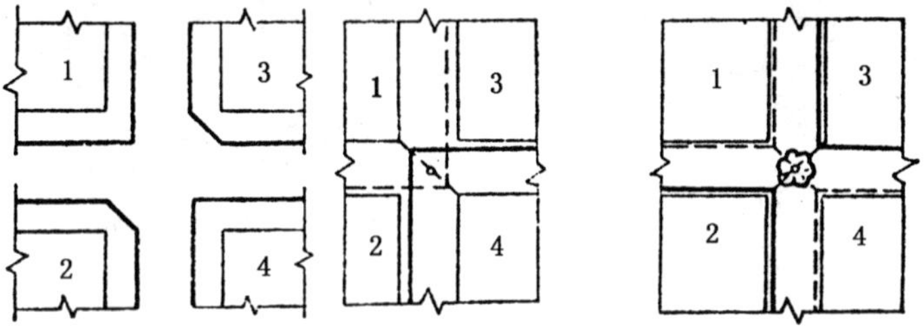

(a) 搭接　　(b) 双层对接

图2-5 格子板交叉点接缝处理

套的专门卡式连接件(分为卡子和扣板条)。使用时将卡子座固定在基层上，然后将板材就位，最后将扣板条通过舌簧卡子插在卡座的凹节上，具体作法见图2-7。

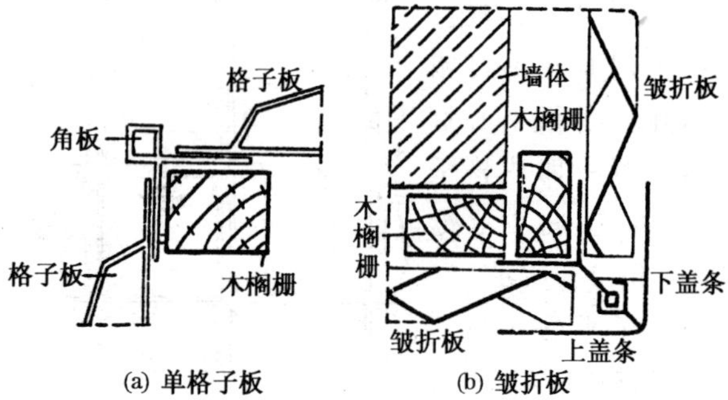

(a) 单格子板　　　(b) 皱折板

图 2-6　格子板转角接缝处理

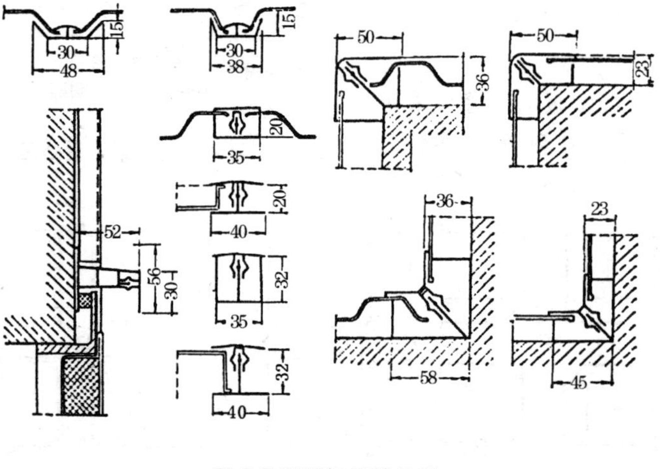

图 2-7 异型板接缝处理

第三节　木制饰面板施工

木制饰面板包括胶合板、纤维板、高密板等，表面刷漆或作雕花。木制饰面板装饰典雅、华丽、富贵，属于高级装修作法的一种，多用于室内装修中。

一、构造作法

木制墙面装饰物构造大体分为两个部分，即基层和面层。

1. 基层

基层为木骨架，由纵、横木龙骨编织而成。木龙骨钉于墙体的木砖上。

木砖的尺寸为120×120×60(mm)，中距450mm。木砖应采用氯化钠水溶液或焦油进行防腐处理。

木龙骨的截面尺寸为24×30(mm)，主龙骨中距450mm，次龙骨中距450～600mm。为保证干燥和通风，除龙骨自身需作防腐处理外，还需在水平木龙骨上全部穿φ10mm通气孔，中距900mm左右。踢脚板亦应作通气孔，三个一组，中距25mm，孔径φ12mm，每组中距900mm左右。

近年来，出现了大心板等实心板材，有些部位(如筒子板、木窗台板、踢脚板……)可不用木龙骨，而用此类实心板材直接固定在基层上，并在其上直接贴各种贴面板即可，施工更方便。

2. 面层

面层为木制板材，厚度应不小于5mm，通过钉子进行连接。

面层的底部应作木踢脚板，亦通过钉子与木砖连接。

随着钢筋混凝土结构的逐渐增多，传统的在砖墙内预留防腐木砖的作法已不适宜，再加上手提电钻及射钉技术的普遍采用，用木榫进行连接固定的作法也得到广泛应用。

3. 墙身防潮

墙身防潮多采用刷热沥青一道，铺油毡一层，以保证木制饰面板干燥，减少变形。

4. 构造图示

图2-8至图2-10为木墙面几种作法。

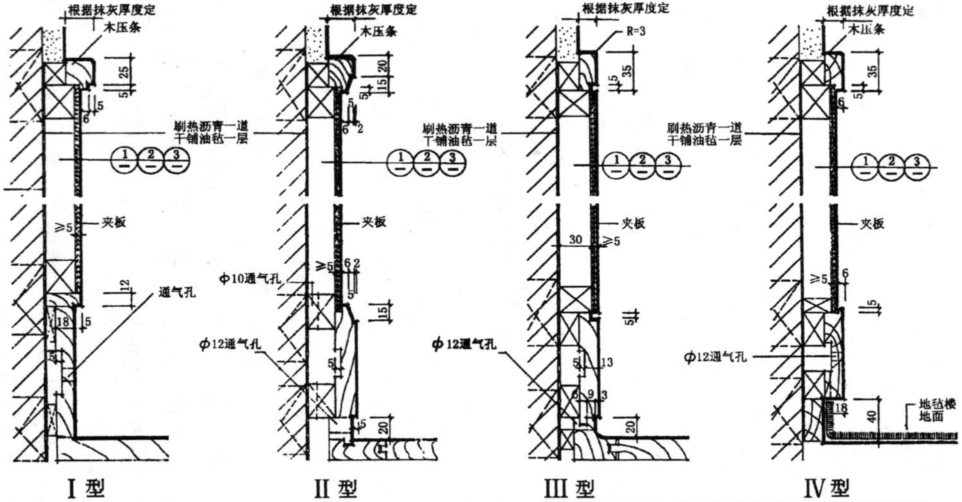

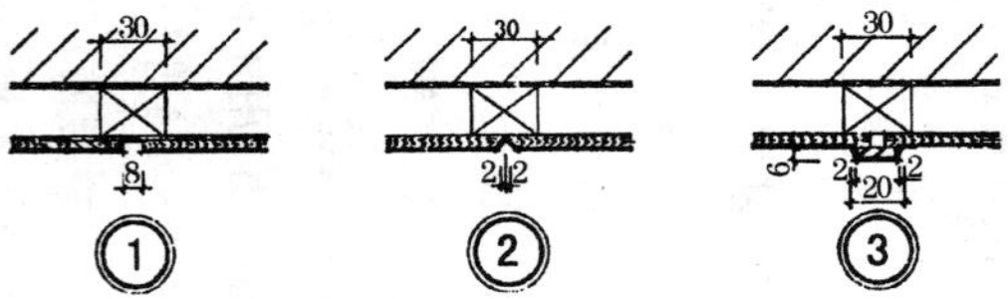

注：1.木墙裙、木墙面、木柱面及踢脚高度、面板分格按工程设计。
2.预埋防腐□形木砖 120×120×60,主龙骨中距 450 左右，次龙骨中距 450~600(按夹板分格需要决定主次龙骨方向）木龙骨按 24×30 下料，垫木按具体情况下料。
3.混凝土墙亦可用射钉固定木龙骨或钻孔下木楔。
4.夹板材料、油漆及颜色由设计人定。
5.面材亦可改用塑料贴面或防火贴面板，由设计人定。
6.水平木龙骨全部穿 φ10 通气孔中距 900 左右，踢脚通气孔 φ12，中距 25，三个一组，每组中距 900 左右。

图 2-8 木墙面作法(一)

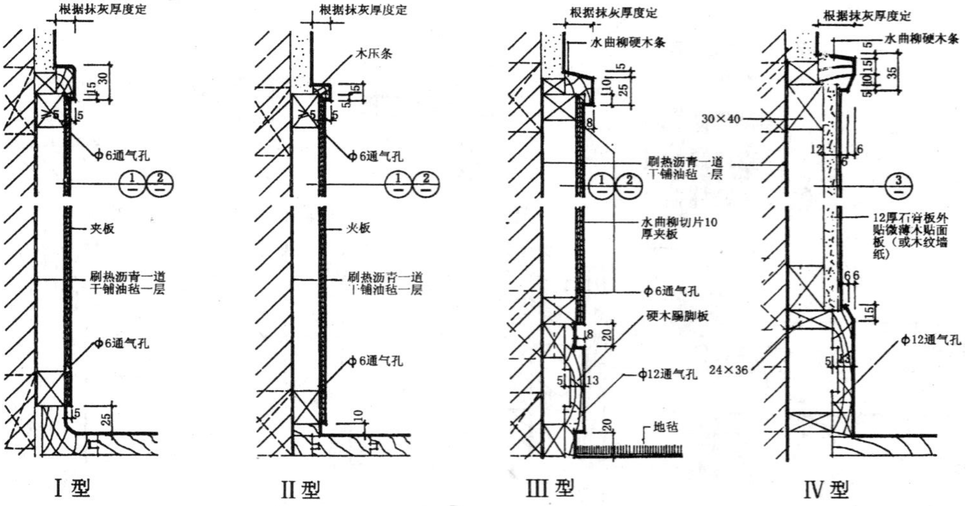

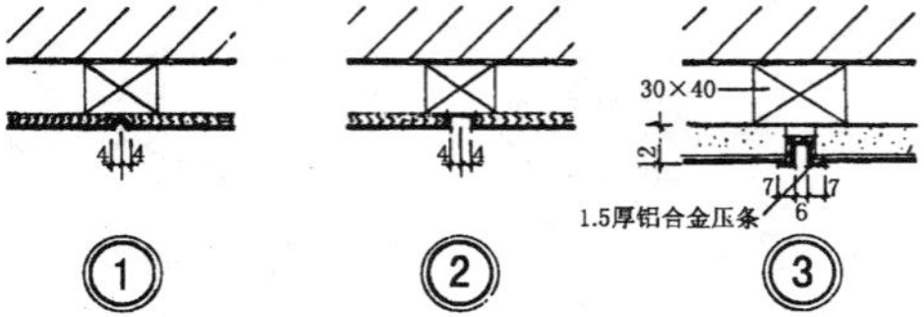

注：1. 木墙裙及踢脚高度、板面分格按工程设计。
2. 预埋防腐▽形木砖120×120×60主龙骨中距450左右，次龙骨中距450～600(按夹板分格需要决定主次龙骨方向)木龙骨除注明者外，其余按24×30下料，垫木按具体情况下料。
3. 混凝土墙亦可用射钉固定木龙骨或钻孔下木楔。
4. 夹板材料、油漆及颜色由设计人定。
5. Ⅲ Ⅳ型亦可改用石膏板或七夹板、九夹板，由设计人定。
6. 水平木龙骨全部穿⌀10通气孔，中距900，踢脚通气孔⌀12中距25，三个一组，每组中距900左右。面板需留通气孔时为⌀6中距1000左右分匀。

图 2-9　木墙面作法(二)

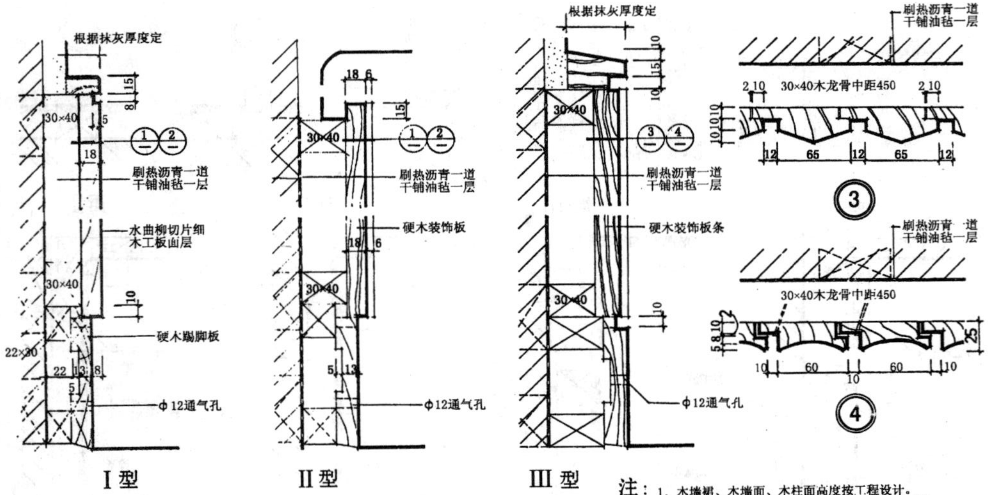

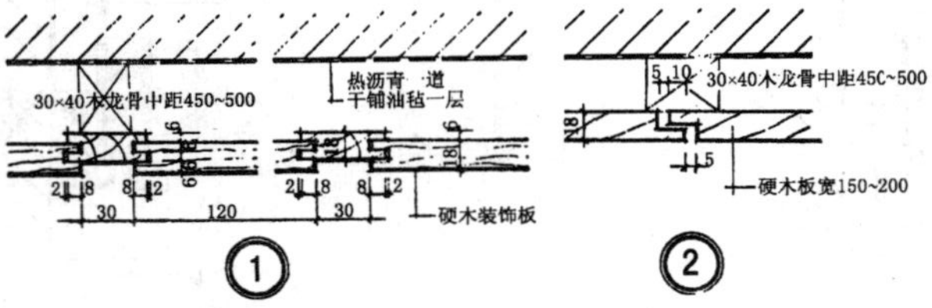

注：

1. 木墙裙、木墙面、木柱面高度按工程设计。
2. 预埋防腐木砖120×120×60中距450～500双向混凝土墙亦可用射钉固定木龙骨或钻孔下木榫。
3. 木材、油漆及颜色由设计人定。
4. 水平木龙骨全部穿⌀10通气孔中距900左右，踢脚通气孔⌀12中距25，三个一组中距900左右。
5. ①②③④节点为面板水平节点由设计人选用。①②节点亦可改用车厢板。

图 2–10　木墙面作法（三）

二、施工前的准备工作

1. 施工工具

木制饰面板墙面的安装大多采用普通木工工具，如锯、刨子、螺丝刀等，这里不作详细叙述。

2. 材料

(1)胶合板。胶合板的规格品种很多，有阔叶树材胶合板、针叶树材胶合板等。厚度有3层、5层、7层、9层，分别称为三合板、五合板、七合板、九合板等。规格尺寸有915×915(mm)，915×1830(mm)，1220×2440(mm)等。

胶合板的材质轻，可钉、可粘贴，施工方便，在一般中级和高级装饰装修工程中均可采用。

胶合板的物理力学性能分为四类：其中Ⅰ类为耐气候胶合板，Ⅱ类为耐水胶合板，Ⅲ类为耐潮胶合板，Ⅳ类为不耐潮胶合板。

胶合板的胶合强度指标值如下：

椴木、杨木、拟赤杨，Ⅰ、Ⅱ类≥0.70MPa，Ⅲ、Ⅳ类≥0.70MPa。

水曲柳、荷木、枫香、槭木、柞木，Ⅰ、Ⅱ类≥0.80MPa，Ⅲ、Ⅳ类≥0.70MPa。

桦木，Ⅰ、Ⅱ类≥1.00MPa，Ⅲ、Ⅳ类≥0.70MPa。

马尾松、云南松、落叶松、云杉，Ⅰ、Ⅱ类≥0.80MPa，Ⅲ、Ⅳ类≥0.70MPa。

(2)纤维板。它是由碎木加工成纤维状，经处理除去有害杂质，按一定比例加入胶粘剂(常用酚醛树脂胶)，在高温下用压力机压缩制成的。这种板材可节省木材，加工后是整张板材，无缝无节，材质均匀，纵横方向的强度相同。纤维板可分为硬质板和软质板两种。两种板隔声、隔热性能均较好。

纤维板的厚度分为3mm,4mm,5mm三种。规格有915×1830(mm),915×2135(mm),1220×1830(mm),1220×2440(mm)等多种。纤维板的密度小,强度高,具有耐磨、耐酸、耐碱、易加工等特点,钻孔后还可以作为吸声板。

硬质纤维板分为特级、一级、二级、三级。其物理力学性能见表2-14。

表2-14 硬质纤维板的物理力学性能

指标项目	单位	特级	一级	二级	三级
密度大于	g/cm^3			0.80	
吸水率不大于(%)		15	20	30	35
含水率(%)		3~10			
静弯强度不小于	MPa	49.0	39.0	29.0	19.0

(3)胶粘剂。应按罩面板的品种选用。如现场配制胶粘剂,其配合比应由试验决定。

3. 施工注意事项

(1)安装前对基体应进行处理,其表面如用油毡、油纸防潮时,应铺设平整,接触严密,不得有皱折、裂缝和透孔等。

(2)安装时应先按分块尺寸弹线,墙与顶棚的接缝应交圈一致。

(3)湿度较大的房间,不得使用未经防水处理的胶合板和纤维板。

(4)生活电器等的底座,应装嵌牢固,其表面应与罩面板的底面齐平。

(5)门框或筒子板与罩面板相接处应齐平,并用贴脸板覆盖。

(6)墙和柱的罩面板下端,如用木踢脚板覆盖,罩面板应离地面 20～30mm；用大理石、水磨石踢脚板时，罩面板下端应与踢脚板上口齐平，接缝严密。

(7)胶合板面层作清色油漆时，施工前应挑选板材，相邻面的木纹、颜色应近似，以保证安装后的美观。

(8)用钉子固定时，胶合板钉距为 80～150mm，钉长为 25～35mm，钉帽应打扁并钉入板面 0.5～1mm，钉眼应用油性腻子抹平。硬质纤维板钉距为 80～120mm，钉长为 20～30mm，钉帽打扁后钉入板面 0.5mm。这样，才可防止板面空鼓、翘曲，钉帽不致生锈。

(9)用木压条固定胶合板或硬质纤维板，钉距不应大于 20mm，钉帽亦应打扁钉入木压条面 0.5～1mm，但选用的木压条应干燥无裂纹，打扁的钉帽应顺木纹钉入，以防开裂。

(10)墙面用胶合板、纤维板装饰，在阳角处应作护角，以防使用中损坏墙角。

三、常见的施工缺陷及预防措施

起鼓、翘曲是当前胶合板、纤维板安装中常见的质量问题，特别是硬质纤维板。其主要问题是安装前没有将硬质纤维板用水浸泡处理，由于这种板材有湿胀、干缩的性能，故容易发生质量问题。据实测，将硬质纤维板放入水中浸泡 24 小时后，可伸胀 0.5%左右。如纤维板未经浸泡，安装后因吸收空气中水分产生膨胀，但其四周已有钉子固定，无法伸胀，故造成起鼓、翘曲等质量问题。将其经浸泡处理，安装后能达到板面平整。

四、施工质量标准及检验方法

木制饰面板的施工质量标准及检验方法见表 2-15。

表 2-15　木制饰面板的施工质量标准及检验方法

<table>
<tr><th rowspan="2">项次</th><th rowspan="2">项　目</th><th colspan="2">允许偏差(mm)</th><th rowspan="2">检验方法</th></tr>
<tr><th>胶合板</th><th>纤维板</th></tr>
<tr><td>1</td><td>表面平整</td><td>3</td><td>3</td><td>用 2m 直尺和楔形塞尺检查</td></tr>
<tr><td>2</td><td>立面垂直</td><td>3</td><td>4</td><td>用 2m 托线板检查</td></tr>
<tr><td>3</td><td>接缝平直</td><td>3</td><td>3</td><td rowspan="2">拉 5m 线检查,不足 5m 时拉通线检查</td></tr>
<tr><td>4</td><td>压条平直</td><td>3</td><td>3</td></tr>
<tr><td>5</td><td>接缝高低</td><td>0.5</td><td>1</td><td>用直尺和楔形塞尺检查</td></tr>
<tr><td>6</td><td>压条间距</td><td>2</td><td>2</td><td>用尺检查</td></tr>
</table>

第四节　天然石材装饰板施工

建筑饰面所用的天然石材主要有大理石和花岗石两大类。天然石饰面板是由大块天然石荒料(通常为 $1m^3$)经锯切、研磨、酸洗、抛光等工序,按所需规格、形状切割加工而成。

天然石材饰面属于高级装饰作法的一种。经常用于高级建筑物的内外饰面。大理石色彩花纹丰富多样,绚丽美观,装饰效果富丽堂皇、光彩夺目。但由于大理石中含有一定的杂质,且硬度、强度和耐久性均不如花岗石,故一般多用于室内装修。花岗石质地坚硬、强度高、耐久性能好,用来作饰面层显得庄重大方、高贵豪华。一般多用于宾馆、饭店、纪念性建筑的内外墙面。

天然石材的下脚料,经过适当的分类加工,可以用来制作碎拼大理石(花岗石)墙面。这是一种别具风格、造价较低的高级饰面。也可用碎拼大理石点缀高级建筑的庭院走廊等部位,使建筑装饰丰富多采。碎拼石材墙面，由于块料较小，不需用连接件和锚固件，从而简化了施工技术和降低了成本。

一、构造作法

天然石材与主体结构的连接作法大体有以下几种：整块石材有挂贴法和粘贴法两种。挂贴法又分为干挂与湿挂两种作法。碎拼石材以粘接为主。下面以华北地区建筑设计标准化办公室、西北地区建筑标准设计协作组办公室联合编制的《工程作法》(88J1)中有关天然石材的构造作法作一分析。

1. 湿挂法

湿挂法适用于石材厚度为20、25、30mm。其长宽尺寸为500～800×500～1500(mm)。

湿挂法通常采用8号铜丝或φ4不锈钢挂钩，把石材拴挂在墙体表面的钢筋网上，钢筋网一般采用φ4钢筋，双向间距200mm左右。钢筋网则用φ6钢筋固定于墙体上，其长度应在150mm左右。

石材与墙面的空隙一般在50mm左右，其间用1∶2.5水泥砂浆填缝。

图2-11为固定件连接法，图2-12为钢筋网连接法。

2. 干挂法

干挂法适用的石材厚度为30mm左右，其长宽尺寸为500～800×500～1000(mm)。干挂法对板材尺寸、规格要求很严，因而必须在加工厂生产。板材的连接件，采用钢板及φ5～φ6的钢筋，与石材挂孔连接。

干挂法的构造作法为：先在墙体或柱子表面用角钢作骨架，再在骨架表面焊接连接角钢，端部用螺栓固定连接钢板，钢板前端打孔，用来穿钢筋固定石材。石材与墙面(柱面)的距离一般以100mm为宜。

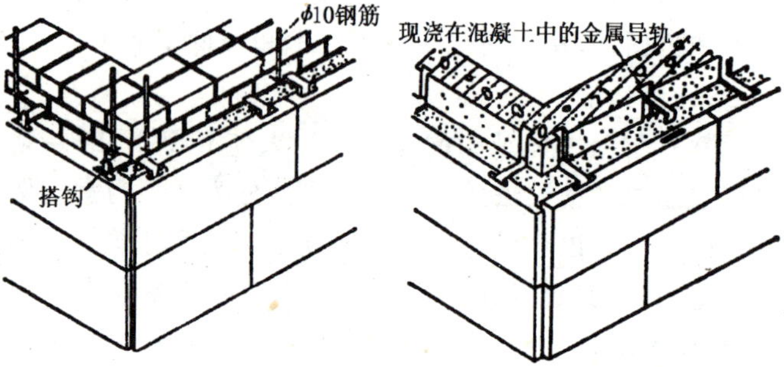

(a) 砖墙包块石　　(b) 混凝土墙包块石

图 2-11 固定件连接法

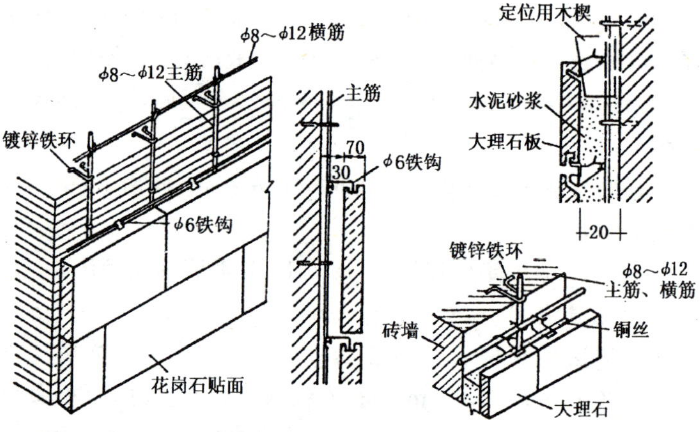

图 2-12 钢筋网连接法

图 2-13 为石材干挂法的构造。

3. 粘贴法

粘贴法适用于石材厚度为 8～12mm 时，其长宽尺寸亦为小规格，常用尺寸为 300～500×300～500(mm)。

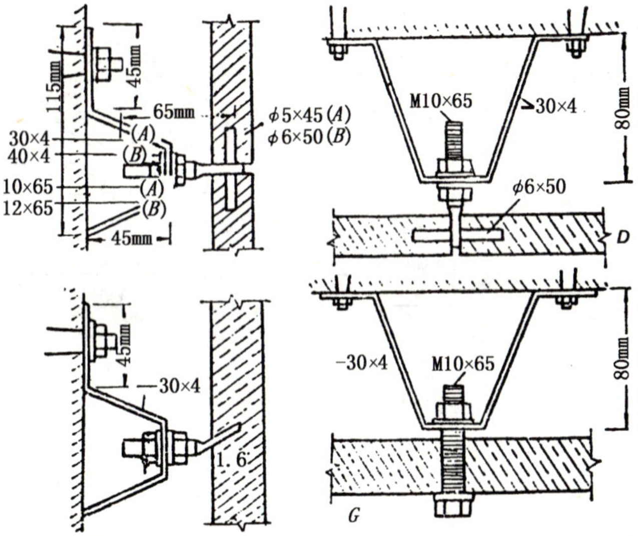

图 2-13　石材干挂法的构造

粘贴法通常是在墙柱等基体上用 1∶2.5 水泥砂浆抹平，为粘结牢固可在抹水泥砂浆前先刷 YJ-302 型混凝土界面处理剂一道。随后在石材背面刷 2～3 厚 YJ-Ⅲ型建筑粘结剂，然后粘贴。石材粘贴后用稀水泥浆擦缝。图 2-14 为粘贴大理石的构造。

4. 碎拼石材墙面

碎拼石材墙面是利用石材的边角废料，不成规则形状的板材，色泽多样，厚薄也不一。其厚度一般为 20mm 左右。其构造作法是用 1∶2.5 水泥砂浆将墙面找平，并扫毛或划出纹道。粘贴石材前先刷一道掺有 107 胶的素水泥浆，其配比为 107 胶∶水＝0.03～0.05∶1。粘接石材的砂浆为 1∶0.2 水泥石灰膏砂浆（内掺水泥重量 5%的 107 胶），厚度为 12mm。

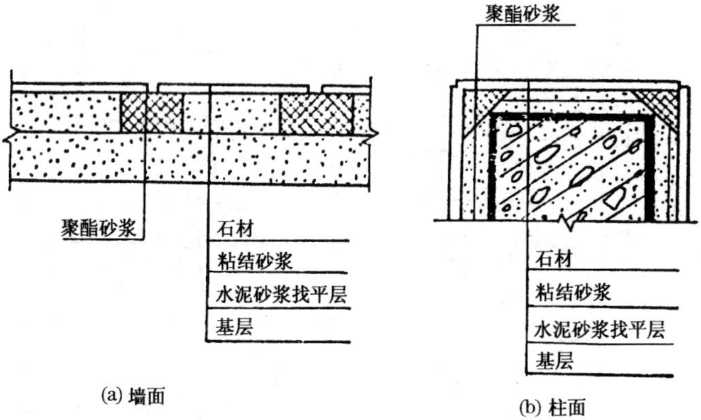

图 2-14　粘贴大理石的构造

石材粘贴后再用 1∶1 水泥细砂砂浆勾缝。勾缝可以作平缝或凹缝，缝宽也可以不一致。因为缝隙也是构图的一部分，但边部必须整齐。图 2-15 为碎拼石材墙面。

二、施工前的准备工作

1. 施工机具

(1)手动切割器。这是专门用来切割石材的工具。操作时手握压把，将要切割的石材按已整好的标尺位置，下压手压把，使合金刀片对正切割线，前后沿滑道推拉，即将石面划出口纹，然后提起压把，翻转石板将口纹对正压板，搬动手压把用力压，石材即按纹线断裂。动作应快捷、熟练，以使石材切割顺直，尺寸准确。

(2)打眼器。供石材打眼用。使用时按饰面砖孔眼位置及大小，定好中心孔眼及半径。用合金钢钻头在石材上反复转动，孔眼即成。

(3)电热切割器。用来切割非整块石材。

(4)台式切割机。它是电动切割石材的专用机械。该机电

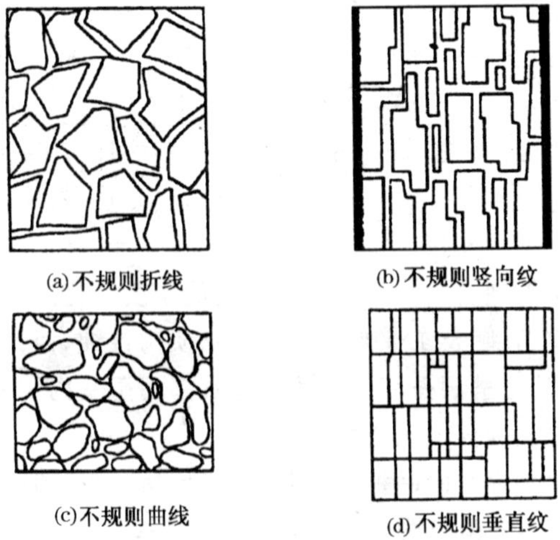

图 2-15　碎拼石材墙面

动切割石板非常方便，速度快，但移动不太方便。

(5)电动切割机。该机工作头上装有金刚石刀片，用来切割石材。

(6)手电钻。用于石材安装时钻孔。

(7)电锤(冲击钻)。主要用于在混凝土等硬质基体上钻孔，以安装膨胀螺栓。

2. 材料

(1)天然大理石。它是一种变质岩，多呈层状结构，属于中等硬度石材。其纹理有斑状与条状之分，其成分50%以上是碳酸钙，另外有碳酸镁、氯化钙、氯化镁及氯化硅等。天然大理石的色泽比较丰富，常见的有纯白、纯黑、纯灰等，有时也呈现出朝霞、晚霞、云雾、山水、海浪、红花等自然景观，色彩斑斓、图案逼真。

大理石的物理力学性能指标如下：

密度　$2500\sim2600kg/m^3(2.5\sim2.60g/cm^3)$

抗压强度　$68.67\sim107.91MPa(68.67\sim107.91N/mm^2)$

抗折强度　$5.88\sim15.70MPa(5.88\sim15.70N/mm^2)$

抗剪强度　$6.87\sim11.77MPa(6.87\sim11.77N/mm^2)$

吸水率　<1%

由于大理石中一般都含有一定的杂质，因此容易受到风、雨、雪、霜、日晒及工业废气等有害物质的侵蚀，而使其表面失去光泽，甚至遭到破坏。天然大理石多用于室内装修，易受有害气体侵蚀的环境也应慎重选用。

天然大理石的品种常以其荒料(原始材料)的产地和花纹特征命名。一般分为普通型(N)和异型板材(S)。

普通型的板材，其规格常有以下类型：

长度(mm)300、305、400、600、610、900、915、1067、1070、1200。

宽度(mm)150、152、200、300、305、400、600、610、750、762、900、915。

厚度(mm)不小于20。

异型板材的规格则根据用户的要求进行加工，包括磨边、启槽、打眼、挖网、拼花等工艺要求。

天然大理石的品种有以下几种：

汉白玉	乳白色带少量隐斑，花岗结构
雪浪	白色、灰白色、颗粒变晶、镶嵌结构
雪野	灰白色
秋景	灰白色、浅棕色带条状花纹、微晶结构
粉荷	浅粉红色带花纹
墨壁	黑色带少量白色条纹

咖啡	咖啡色
苏黑	黑色间少量白格
杭灰	灰色、白花纹
皖螺	灰红色底、红灰色相间的花纹
云南灰	灰白色间有深灰色晕带
莱阳绿	灰白色底,间深草绿色斑点状
丹东绿	浅绿色、翠绿、墨绿
岭红	玫瑰红、深红、棕红、紫红、杂白斑
东北红	绛红色
晚霞	白黄间土黄、芝麻白、白色晶粒
艾叶青	青底深灰间白色叶状,间片状纹缕
螺丝转	深灰色底,青白相间螺纹状花纹
川绿玉	油绿、菜花黄绿

(2)天然花岗石。它是一种火成岩,由长石、石英和云母组成。花岗石质地密实、坚硬、强度高、耐久性好。花岗石的颜色有深青、紫红、浅灰、纯黑、花皮和白底黑点等。花岗石作外墙或内墙饰面均属于高级装饰材料。

天然花岗石饰面板有四种类型:第一种是斧剁板材,经斧剁加工,表面粗糙,具有条状斧纹,多用于台阶、基座处;第二种是机刨板材,经机械加工,表面平整,有相互平行的机械条纹,多用于基座、檐口处;第三种是粗磨板材,经过粗磨,表面平滑、无光泽,多用于墙面、柱面处;第四种是磨光板材,经过磨细加工和抛光,表面光亮,晶体裸露,有鲜明的色彩和美丽的花纹,多用于墙面、柱面处。

花岗石的物理力学性能指标如下:

密度　2500～2600kg/m^3(2.5～2.7g/cm^3)

抗压强度　117.72～245.25MPa(117.72～245.25N/

mm²)

抗折强度　8.34～14.72MPa(8.34～14.72N/mm²)

抗剪强度　12.75～18.64MPa(12.75～18.64N/mm²)

吸水率　<1%

花岗石饰面板(磨光和粗磨)的规格尺寸如下:

长度(mm)300、305、400、600、610、900、915、1067、1070。

宽度(mm)300、305、400、600、610、750、762。

厚度(mm)不小于20。

天然花岗石的品种有以下几种:

白虎涧	粉红色、黄色、红色
浅灰花岗石	浅灰、条纹状
红灰花岗石	红灰色、灰白色
宝山石	浅灰色
日中石	灰白色
峰日石	灰色
大黑白点	灰白色
粉红花岗石	粉红色
花色花岗石	黑黄白色
砻石	浅红色
桃花红	黑白花、桃花红

(3)薄型大理石饰面板。规格有100×200×7(mm),150×300×7(mm),300×300×10(mm),400×200×10(mm)等。薄型大理石的厚度仅为7～10mm,比部标(JC79—76)规定的厚度(20～25mm)减少了近2/3。

薄型大理石饰面板,其外形为一面抛光,四边倒角,板的背面有开槽和不开槽两种。开槽的目的是为使安装时结合牢固。槽的宽度和深度为2～3mm。

薄型大理石饰面板，一般均采用胶粘剂粘贴，不采用挂贴法。

(4)碎拼大理石块料。它是生产整块石材的边角余料，可用来制作庭园、走廊等部位的墙面和地面装饰。

碎拼大理石的块料，按其形状可分为下列三种：

①非规格块料：形状为长方形或正方形，尺寸不一，每边均应切割整齐。

②冰裂状块料：形状为几何状多边形，大小不一，每边均切割整齐。

③毛边碎块：不定型的碎块，毛边。

以上三种材料都是大小不一，颜色各异，形状不同的块料，但必须是一面经过抛光或磨成光面的。

(5)胶粘剂有如下几种类型：

①EE-1、EE-2、EE-3 系列界面胶粘剂，其配合比和性能介绍如下：

EE-1 高效耐水建筑胶，主要用于粘贴天然石和人造石材类。其配合比为乳液：水泥：细砂：固化剂：水＝100：330：660：18～20：15～25，使用时操作顺序为乳液加固化剂搅匀后，加入混合好的水泥砂中，再加水充分搅拌。主要性能指标为：抗剪强度＞3.0MPa，扯离强度＞9.0kPa，抗拉强度＞3.0kPa，使用温度＞10℃。

EE-2 室外界面处理剂配合比为乳液：固化剂＝10：0.9～1，抗剪强度＞3.0MPa。

EE-3 建筑粘结胶配合比为乳液：固化剂＝10：0.9。

经 EE 系列胶处理之墙面饰面，耐水性试验在 80℃、相对湿度在 95％，一周湿热试验后，粘结强度仍然≥1.57kPa；经 100 次冻融试验后，其粘结强度仍可保持在 0.4～0.5MPa。

②YJ-302 型界面胶粘剂为水乳型胶液，粘结强度高，耐水性好，并有耐湿热、冻融以及抗老化性能。经 YJ-302 型界面胶粘剂处理后有以下优点：

a. 混凝土基层与水泥砂浆粘结强度比未经处理的粘结强度增加 10～20 倍，比凿毛处理增加 2～3 倍。以混凝土基层抹灰为例，未处理前粘结面强度仅为 0.032～0.069MPa，经 YJ-302 型界面胶粘剂处理后界面粘结强度可达 1.27～1.47MPa。

b. 经 YJ-302 处理的混凝土水泥砂浆试件，通过 75 个冻融循环对比，处理的结合面粘结强度仍有 0.49～0.59MPa，未处理件则为 0。

c. 耐水性好。经 70℃温度和相对湿度为 95%的一周试验后，被处理的界面粘结强度仍有 1.47MPa，而用 107 胶和聚醋酸乙烯乳液配制的各种粘结面已无强度。

YJ-302 型界面胶粘剂使用时应现场配制，随用随配，有效操作时间为 60～90 分钟。配合比为：甲液：乙液：石英粉（过 60～120 目筛）＝100：250～300：700～900（重量比），每 m^2 耗胶 200～300g。

3. 材料的包装、储存与验收

（1）包装。饰面石材多采用轻钢框架、枋木框箱包装，包装时板材的磨光面相对立放于箱中。箱内空隙用富有弹性的柔软物填紧，当需远距离运输时，常用泡沫塑料作缓冲垫，并加塑料薄膜外套，以防止石材撞击框箱，造成缺棱断角。

饰面石材亦可采用草绳捆扎，应作好防潮、防雨，以避免草绳遇水形成黄色污染斑块，影响使用和美观。运输距离较长时，宜用框箱或用聚苯乙烯塑料盒包装。

各种包装方法均应用挂板写清编号、名称、规格、数量。

(2)储存。各种饰面石材均应在室内储存。在室外储存时，必须遮盖，不得露天堆放。

堆放地点应放置垫木与垫板，必要时应干铺一层油毡，使箱底离地 100～200mm 空隙，保证有良好的通风，防止受潮。

板材面积≥0.25m^2 时，一律直立搬运堆放。

(3)验收。各种饰面石材，必须进行外观与内在质量的验收。包括清点数量、对比样品的外观、颜色与内在质量。

4. 基层处理

(1)混凝土表面处理。当基体为混凝土时，先剔凿凸出部分，使基体基本平整、毛糙。然后用火碱水或"洗洁精"类洗涤剂，配以钢丝刷将表面上附着的脱膜剂、油污等清除干净，最后用清水刷净。

基体表面如有凹入部位，则需用 1∶2 或 1∶3 水泥砂浆补平。如为不同材料的结合部位，例如填充墙与混凝土面结合处，还应用钢板网压盖接缝，射钉钉牢。为防止混凝土表面与抹灰层结合不牢，发生空鼓，还可用 107 胶 30%加水 70%拌和的水泥素浆，满涂基体一道，以增加结合层的附着力。

(2)加气混凝土表面处理。应在基体清净后，先刷一道 107 胶水溶液，为保证块料镶贴牢固，最好满钉丝径 0.7mm，孔径 32×32(mm)或以上的机制镀锌铁丝网一道。用ϕ6U 形钉每隔 600mm 左右钉一个，梅花形布置。

(3)砖墙表面处理。应用钢錾子剔除砖墙面多余压浆，然后用钢丝刷清除浮土，并用清水将墙体充分湿润，使润湿深度约 2～3mm。

打点凿毛应注意：一是受凿面积应≥70%(即 1m^2 面积打点 200 个)，打点凿毛深度为 0.5～1.5mm，绝不能象征性的打坑；二是凿点后，应清理被凿部位，并用钢丝刷清刷一道。

最后用清水冲净。

三、施工方法

1. 大理石板材的安装

(1)传统湿作业法工序如下:

①按施工排板图要求的板块横竖距离弹线、焊接和绑扎钢筋骨架。先剔出墙、柱内预埋钢筋,使其裸露于墙、柱外,然后焊接或绑扎φ6~φ8mm竖向钢筋,再点焊或绑扎φ6mm横向筋,其位置应在饰面石材竖向尺寸下20~30mm处。

②饰面板背面钻孔、挂丝。孔径5mm左右,孔深15~20mm,孔位一般距板材两端1/4~1/3处。直孔应钻在板厚中心。如板宽≥600mm时,应在中间加钻一孔。

另一种方法是只打直孔,挂丝后孔内填充环氧树脂或用铅皮卷好挂丝挤紧,再灌入胶粘剂将挂丝嵌固于孔内。

还有一种方法是在板材厚度面上与背面的边长1/3~1/4处锯三角形锯口,在锯口内挂丝。

挂丝宜用铜丝或不锈钢丝。

③墙面与柱面安装。首先确定下部第一层板的安装位置。其方法是先用线锤吊线,考虑留出板厚及灌浆厚度,以及钢筋网所占位置,以准确定出饰面板的位置。将此位置投影到地面,在墙下划出第一层板的轮廓尺寸线,作为基准线。

依基准线在墙、柱上弹出第一层板标高。如有踢脚板,应将踢脚板的上沿线弹好。

根据预排编号的饰面板材,对号入座,进行安装。方法是:理好铜丝,将石板就位,并将板材上口略向后仰,单手伸入板材后把石板下口铜丝扭扎于横筋上,然后将板材扶正,将上口铜丝扎紧,再用木楔塞垫稳,随后用靠尺与水平尺检查表面平整与上口水平度。发现问题时上口用木楔调整,下沿加垫铁皮或铁丝进行找平。完成第一块板后，其它依此进行。柱面可按顺时针方向逐层安装，一般先从正面开始，第一层装完，应用靠尺调整垂直度，用水平尺调整平整度和阴阳角方正。

④临时固定。板材自下而上安装完毕后，为防止水泥砂浆灌缝时板材移动、错位，必须采取固定措施。固定柱面多用方木或角钢，比柱面尺寸大 30～50mm 夹牢，并用木楔塞紧。外墙面固定板材，应充分利用外脚手架的横、立杆，以脚手架作支撑点，在板面设横木枋，然后用斜木枋支顶横木撑牢。内墙面由于无脚手架可利用，目前比较常用的是用纸或熟石膏外贴。石膏在调制时应掺入 20％水泥加水搅拌成粥状，并贴于板边处。

⑤灌浆。板材经校正垂直、平整、方正度后，临时固定也已完成，即可灌浆。灌浆以 1∶3 水泥砂浆为宜，稠度(坍落度)80～150mm，并应≤1/3 板材高，1～2 小时以后再灌第二次，第二次灌至 1/2 板材高，第三次灌至距板材上沿 50mm 处。

⑥清理。一层石板灌浆完毕，待砂浆凝固后，方可清理上口余浆，并将表面清理干净，隔日再拔除上口木楔和有碍上层安装板材之石膏饼。

⑦嵌缝。全部板材安装完毕后，清洁表面，然后用与板材相同颜色调制的水泥砂浆，边嵌边擦，使缝隙嵌浆密实，颜色一致。

⑧抛光。板材安装完毕后，应进行擦拭或用高速旋转帆布擦磨，抛光上蜡。

(2)改进湿作业法。传统湿作业法工序多，操作复杂，而且容易产生粘贴不牢，表面接茬不平等质量通病。改进湿作业法克服了传统方法的不足而被广泛应用。改进湿作业法与传统湿作业法的不同点为：

①基层处理。先清扫墙、柱基层，并用水湿润，抹 1∶1 水

泥砂浆(砂子应为粗砂或中砂)。大理石板背面应清去浮尘,用清水洗净,以提高其粘结性。

②石板钻孔。用固定木架夹具,配合手电钻距板端 1/4 处,板厚中心钻孔。孔径φ 6mm,深 35~40mm。板宽≤500mm 钻两个孔,大板酌加 1~2 孔,然后在板两侧各打直孔,孔距板下端约 100mm,孔径φ 6mm,深 35~40mm,上孔与下侧孔均用金属錾凿槽,槽深 7~8mm,以便安装"U"形钉卡。

③基层钻斜孔。用冲击钻按分块弹线位置,对应于板材上下直孔位置打 45°斜孔,孔径φ 6mm,孔深 40~50mm。

④板安装就位固定。板钻孔后将大理石安放就位,依板与基层相距的孔距,用加工好的φ 5mm 不锈钢"U"形钉钩进大理石板的直孔内,另一端钩入斜孔内,并用硬木小楔楔紧"U"形钉锚具。达到标准平整度后,并检查各拼缝是否紧密,最后敲紧小木楔,用大木楔固定板材基体间孔隙,作临时固定。

⑤灌浆。上述步骤完成后,即可分层灌注粘结砂浆,随后清理,擦缝。

图 2-16 为U形钉改进作业法。

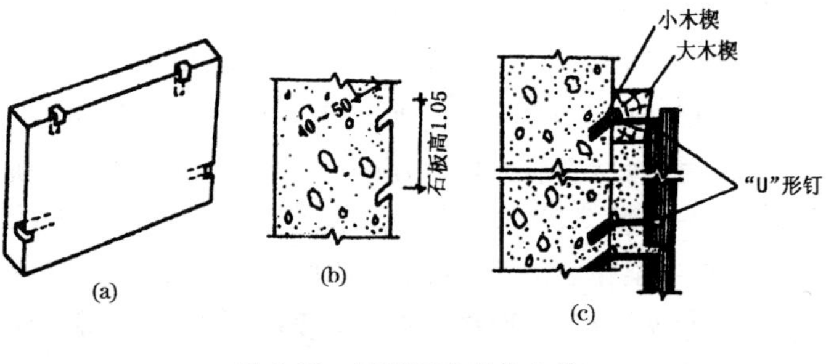

图 2-16 U形钉改进作业法

(a)打直孔 (b)基体斜孔 (c)"U"形钉固定

(3)碎拼大理石的镶贴的方法如下:

①基层处理。先将墙面清扫干净，预湿处理。然后冲筋吊线，用1∶3水泥砂浆打底，并养护1～2天，最后用1∶2.5水泥砂浆找平。

②选料和预拼。因碎拼大理石的块料大小不一，形状不规则，颜色各异。因而在镶贴前应先选料和预拼，以使其装饰效果更佳。

③镶贴大理石碎块。镶贴前，应拉线找方挂直，作灰饼。门窗口转角处应留出镶贴块料的厚度。若要求有图案，应先放好图案形状并先镶贴图案部位，然后再贴其它部位。镶贴前应将大理石块料用水浸透，用1∶2水泥砂浆镶贴平稳，用木锤或橡皮锤轻轻敲实，用直尺找平。镶贴厚度不宜超过20mm，每天镶贴高度不宜超过1.2m。

镶贴时，应先贴大块，然后根据间隙形状，选用合适的小块补入，使缝大小基本一致。为保证面层清洁，应随贴随清除表面尘埃。

④拼缝。采用非标准块料时，可用干缝，缝宽1～1.5mm。镶贴完后用同色水泥浆嵌缝，可嵌平缝或凸缝，并擦干块料面，打蜡出亮。镶贴冰裂状块料时，既可作成凹凸缝，也可作成平缝。凹凸缝的宽度为10～20mm，凹进或凸出为3～4mm。镶贴毛边碎块时，因其不能密切吻合，拼贴时应大小搭配，作到自然优美。

⑤图案搭配。应注意大小块搭配，色泽柔和，突出装饰效果。

⑥嵌缝。用白水泥和耐碱颜料配成色浆嵌缝，色浆的颜色应与大理石相配。

2. 花岗石板材的安装

(1)湿作业工艺。这种方法多用于多层建筑和高层建筑的首层施工，适用于砖基层和混凝土基层。其具体作法与大理石湿作业相同。

(2)干挂法工艺。它是直接在饰面板的反面开孔，然后用不锈钢连接器与埋在钢筋混凝土墙体内的膨胀螺栓(角钢)相连。花岗石饰面板距墙面形成80～90mm的空气层。连接器上开孔，并用钢销与上下板材连接。干挂法工艺多用于30m高以下的钢筋混凝土结构，砖墙和加气混凝土墙体不宜选用。

(3)G、P、C法工艺。这种方法是以钢筋混凝土作衬板、花岗石作饰面的复合墙板，通过连接器将这种板材吊挂到结构的钢骨架上。

G、P、C施工方法主要用于30m以上的高层建筑中。

3. 镜面花岗石的G、P、C法

(1)花岗石复合板的制作工艺流程如下：花岗石板进场检验→板材钻孔打眼剔凿→安装金属夹→花岗石板基层处理→石板就位→安装金属网片及埋件→浇捣底板细石混凝土→脱内膜→复合板养护→复合板脱模→擦缝→运输及成品养护。

(2)花岗石复合板的安装工艺流程：定位放线→基层处理→清理结构埋件→焊连接件→连接件刷防腐涂料→固化处理→抛光处理→吊装复合板→连接件固定→吊装检验→嵌缝→清理面层并打蜡。

①定位放线是按立面图在室外地面、山墙和女儿墙顶弹出复合板位置线及分块线。每层复合板位置线和标高均设标高轴线和标准点。楼高四大角用钢丝花篮螺栓拉垂线，标出全楼长、宽、高的控制线。

②基层处理是指检查预埋件的位置，缺棱掉角处用1∶2.5水泥砂浆抹平修整。

③焊接连接件是按分块线焊接刷过JTL防腐涂层的连

接件。

④连接件用毛刷涂刷防腐涂层 JTL-4 涂料两道。

⑤固化处理是指在烤箱内对混凝土表面升温固化。

⑥复合板安装前应在板的两端弹好中线，在墙面或柱面弹上对应的中心及标高分块线，用钢丝绳外裹尼龙带作临时固定复合板的卡箍，使复合板上下对准中线，校正垂直及方正后即可拧紧连接件螺栓。

⑦嵌缝是在胶封复合板安装完毕后，用抹布擦净表面，预留缝中用聚苯乙烯板填嵌，用 XM-38 室温硫化型密封材料封闭缝隙，并用整形工具将其修整成一定形状，最后涂光蜡一道。

四、常见的施工缺陷及预防措施

1. 接缝不平、板面纹理不顺、色差大

(1)原因分析如下：

①饰面板翘曲不平，角度不方正。

②安装时，钢丝绑扎不牢或无固定措施而使灌浆时走偏。

③未及时用靠尺检查调平。

④大理石、花岗石板等未试拼、未编号、未选配颜色。

(2)预防措施如下：

①安装前应先将缺棱掉角和翘曲板剔出，每块石材均应作套方检查。

②铜丝应绑扎牢固，依施工程序作石膏水泥饼或夹具固定后灌浆。

③每道工序都用靠尺检查调整，使表面平整。

④天然块材必须试拼，使板与板之间纹理结晶通顺、颜色协调，并编号备用。

2. 板材开裂

(1)原因分析如下：

①板材有色纹、暗缝、隐伤等缺陷，凿洞、开槽受外力后，由于应力集中引起开裂。

②结构产生沉降或地基不均匀下沉。

③灌浆不严，侵蚀性气体和潮湿空气透入板缝，使挂网锈蚀造成外推塌落。

(2)预防措施如下：

①板材选料时应剔除有色纹、暗缝、隐伤等缺陷者；加工孔洞、开槽应仔细操作。

②镶贴块料应待结构沉降稳定后进行，在顶部、底部安装块料时，应留出一定缝隙，以防结构压缩变形，导致破坏开裂。

③块材接缝缝隙应≤0.5～1mm，灌浆应饱满，嵌缝应严密，避免腐蚀性气体侵入锈蚀挂网损坏板面。

3. 空鼓、脱落

(1)原因分析如下：

①结合砂浆不饱满。

②安装饰面板时灌浆不严实。

(2)预防措施如下：

①结合层水泥砂浆应满抹满刮，厚薄要均匀，水泥砂浆中宜掺入水泥重量5%的107胶，提高砂浆的粘结性。

②灌浆应分层，插捣必须仔细，接合部位应留出50mm不灌，使上下板结合紧密。

4. 墙面碰损、污染

(1)原因分析如下：

①运输中搬运不当。

②包装和施工中受污染。

③贴面后未加保护。

(2)预防措施如下：

①石材较脆，搬运和堆放过程中必须直立搬运，避免一角着地使棱角受损。大尺寸块材应平运。

②浅色石材避免板面被包裹湿绳污染，施工中板面应用塑料膜遮盖。如沾上砂浆，应当即抹净。

③贴面完成后，所有阳角部位，用 2m 高的木板保护。

五、施工质量标准及检查方法

天然石材的允许偏差及检查方法见表 2-16。

表 2-16　天然石材的允许偏差及检查方法

<table>
<tr><th rowspan="2">项次</th><th rowspan="2" colspan="2">项　　目</th><th colspan="3">允许偏差(mm)</th><th rowspan="2">检查方法</th></tr>
<tr><th>光面镜面</th><th>粗磨面、麻面、条纹面</th><th>天然石</th></tr>
<tr><td rowspan="2">1</td><td rowspan="2">立面垂直</td><td>室内</td><td>2</td><td>3</td><td></td><td rowspan="2">用 2m 托线板检查</td></tr>
<tr><td>室外</td><td>3</td><td>9</td><td></td></tr>
<tr><td>2</td><td colspan="2">表面平整</td><td>1</td><td>3</td><td></td><td rowspan="2">用 2m 靠尺和楔形塞尺检查</td></tr>
<tr><td>3</td><td colspan="2">阳角方正</td><td>2</td><td>4</td><td></td></tr>
<tr><td>4</td><td colspan="2">接缝平直</td><td>2</td><td>4</td><td>5</td><td>用 200mm 方尺检查</td></tr>
<tr><td>5</td><td colspan="2">墙裙上口平直</td><td>2</td><td>3</td><td>3</td><td>拉 5m 线检查，不足 5m 时拉通线检查</td></tr>
<tr><td>6</td><td colspan="2">接缝高低</td><td>0.3</td><td>3</td><td></td><td>用直尺和楔形塞尺检查</td></tr>
<tr><td>7</td><td colspan="2">接缝宽度</td><td>0.5</td><td>1</td><td>5</td><td>用尺检查</td></tr>
</table>

第五节　人造石材装饰板施工

人造石材装饰板包括人造大理石、人造花岗石、预制水磨石、玉石合成石、彩色石英砂装饰板等。人造石材装饰板的花纹图案可以人为进行控制，其效果有时可以胜过天然石材，而且重量轻、强度高、耐腐蚀、耐污染、施工方便，是现代装修的理想材料，国际上已大量使用，其中以日本居领先地位。

人造石材装饰板与天然石材装饰板比较，造价约低40％，而且重量轻，有利于建筑物自重的降低。

一、构造作法

人造石材装饰板与主体结构连接的构造作法有两大类：中小规格石材多以粘贴为主；大规格石材，则以挂贴为主。

1. 粘贴法

粘贴法是指用水泥砂浆粘贴、聚酯砂浆粘贴、有机胶粘剂粘贴等作法。

对聚酯型人造大理石板，可以采用水泥砂浆或聚酯砂浆粘贴，但最理想的粘结剂则是有机胶粘剂。为了降低成本，可以采用与大理石相同组分的不饱和聚酯树脂加入中砂，树脂与中砂的比例为1∶4.5～5，掺入引发剂制成有机粘结砂浆，其效果比较理想。

对烧结型人造大理石，由于其性质基本接近陶瓷制品，其粘结方法和釉面砖相近。粘结层采用2～3mm厚的聚合物水泥砂浆。其配合比是1∶2.5水泥砂浆并加入水泥重量5％的107胶。

对无机胶结材人造大理石和复合型人造大理石，主要根据其板厚来确定构造作法。薄型板的厚度只有4～6mm，板材重量只有8.5～12.5kg/m^2，其粘结层可采用水泥砂浆或聚合物水泥砂浆，砂浆厚度为6～8mm。厚型板的厚度为8～12mm，板材重量为17～25kg/m^2，其粘结层应采用聚酯砂浆粘贴。聚酯砂浆胶砂比为1∶4.5～5.0，并掺入固化剂，聚酯砂浆每m^{2}的耗用量为4.6kg。

聚酯砂浆费用偏高，大面积采用会提高造价，因而多采用聚酯砂浆粘贴边角，水泥砂浆粘贴平面的作法，以降低成本并达到基本的粘结强度。

2. 挂贴法

对预制水磨石板则多采用挂贴的方法，其构造顺序为：

(1)20mm 厚预制水磨石板，用稀水泥浆擦缝。

(2)穿 8 号铜丝(或φ 4 不锈钢挂钩)安装板材。

(3)50mm 厚 1∶2.5 水泥砂浆灌缝。

(4)电焊或绑扎φ 6 双向钢筋网，钢筋间距视板材尺寸而定，一般 200mm 双向为宜。

(5)钻孔剔槽预埋φ 6 钢筋长 150mm(用于砖墙)或采用射钉 YD62S8(直径 3.7mm，长 62mm)射入深度 30mm(用于钢筋混凝土墙)。

以上构造作法为由外而内，它是华北地区建筑设计标准化办公室和西北地区建筑标准设计协作组办公室联合编制的《工程作法》(88J1)推荐的作法。

二、施工前的准备工作

1. 施工机具

(1)手工工具。人造石材装饰板用的手工工具有开刀、木垫板、木锤、橡皮锤、硬木拍板、铁铲、合金钢钻头、弹线用的墨线和墨斗等。

(2)电动机具。人造石材装饰板用的电动机具有切割锯类、电钻类、磨光类等。

①切割锯类包括电动曲线锯、型材切割机和手提式电锯等。

②电钻类包括微型电钻、冲击电钻(电锤)等。

③磨光机类包括电动磨光石子机、电动角向磨光机等。

2. 材料

(1)人造石材装饰板有以下几种:

①水泥型人造大理石。这种大理石是以水泥或石灰磨细为粘结剂,碎大理石屑、花岗石屑、工业废渣等为粗骨料,砂子为细骨料,经配料、搅拌、成型、加压蒸养、磨光、抛光制成。水泥为硅酸盐水泥居多,若采用高铝水泥则成品是优质产品。这种石材表面光泽度高,花纹耐久,抗风化性、耐火性、防潮性等都优于一般人造大理石。这是因为铝酸盐水泥在水化中产生的氢氧化铝胶体,在硬化过程中不断填塞表面毛细孔隙,形成致密结构层,因此表面光滑如镜,呈半透明状,它是人造大理石中的佳品。

②树脂型人造大理石。这种大理石是以不饱和聚酯树脂为粘结剂,石英砂、大理石、方解石、花岗石粉为填充料,加入固化剂,促进剂、颜料等添加剂,按一定比例在搅拌机中混合均匀,注入模具中成型,然后固化脱模、烘干,表面处理利用抛光而制成。成型的方法有振动成型、压缩成型和挤压成型等方法。树脂型人造大理石的光泽好、颜色明快,而且固化快、易于成型。这种产品属于高档产品,可以和天然大理石媲美,是高级建筑首选的装修材料。

③复合型人造大理石。这种大理石是用无机材料将填料粘结成型后,再将坯体浸渍于有机单体中,使其在一定条件下聚合。对板材而言,其结构层用低廉的无机粘结材料与骨料、各种添加剂搅拌浇注成型、固化而成。无机粘结材料是用快硬或超快硬水泥、白色水泥、普通硅酸盐水泥、铝酸盐水泥、矿渣水泥等。面层用有机材料如聚酯和大理石粉制作。有机单体可以单独使用,也可以组合使用,还可以和聚合物混合使用。板材的有机面层可以先做,后浇注结构层;也可以先做结构

层，待固化后再做面层。然后经脱模、养护、修整、抛光而成人造大理石。这种板材是水泥型人造大理石和树脂型人造大理石的综合，既有水泥型的物美，又有树脂型的表面技术性能和美观光亮。

④烧结型人造大理石。这种大理石的制作工艺和陶瓷工艺相似，由斜长石、石英、辉石、方解石粉和赤铁矿粉及部分高岭土等混合，一般配比为粘土40%，石粉60%，用泥浆法制作坯料，用半干压法成型，在窑中以1000℃左右的高温焙烧而成。

上述各种人造石材的技术性能指标如下：

抗折强度	38.0MPa
抗压强度	＞100MPa
密度	2.1g/cm^3 左右
硬度	40HB 左右
成型吸水率	＜0.1%
线膨胀系数	0.0002～0.0003
光泽度	＜100 度
抗冲击强度	15J/cm^2 左右

上述各种人造石材的常用规格为200×200(mm)直到1200×1800(mm)，厚度有10、15、20mm三种规格。

(2)其它类型装饰板。这种类型的装饰板多以水泥为胶结材料，由结构层和面层组成。分为水磨石板、水刷石板、玉石合成板、彩色石英砂装饰板等，这类板材只作饰面镶嵌而不起承重作用，如果装饰面层与墙板结构层一次浇注完成，则称为装饰混凝土。

①水磨石预制板。它水磨石预制板是由水泥、砂子、石渣和添加剂混合搅拌均匀，浇注成型、养护、研磨抛光加工成产

品。石渣可用白石子或彩色石子，亦可以在白石子中加入某些颜料。如果浇注成型而不研磨，并用水冲洗掉表面的水泥砂浆则获得水刷石板；如果成型后作拉假石加工，可获得拉假石板。水磨石预制板则必须研磨和抛光。

水磨石预制板的规格尺寸有 300×300(mm)，400×400(mm)，600～800×1000～1200(mm)，板厚为 20～30(mm)。作外墙饰面的板材，制作时要预埋铁丝甩头，以利于安装。当板材尺寸在 500×500(mm)以上时，板材内部还应配置钢筋或铁丝网，以加强板材的抗折性能。

水磨石预制板的性能指标：

抗压强度　27～30MPa

抗折强度　5.0～10.5MPa

光泽度　35～65.6 度

色泽　各种花色

②玉石合成装饰板。它是以不饱和聚酯树脂为粘结剂，采用名贵的各种色彩的天然玉石石渣或石粉为骨料，按一定配方及先进工艺进行生产的，是近年来新开发的一种新型装饰板。这种装饰板色彩丰富鲜艳、光泽度高，可以作装饰板或工艺品及生活用品。板材的常用尺寸有 300×300(mm)和 400×400(mm)，厚度为 10mm。

玉石合成装饰板可以按设计要求生产异型板材。

玉石合成装饰板的主要技术性能指标如下：

抗压强度　62.0MPa

抗折强度　21.0MPa

密度　1.8g/cm^3

光泽度　90.3 度

吸水率　0.10%

由于玉石合成装饰板比人造大理石板和天然大理石板价格贵得很多，属于一种特高级装饰板料，因而不宜大面积使用，只能在重点部位作点缀用。

③彩色石英砂装饰板。它是以白水泥或彩色水泥为胶结材料，以天然彩色石子、着色石英砂、人工合成彩色颗粒为骨料，经配料、搅拌、浇注成型，水刷后养护脱模、修整制成的板材。也可以采用干粘石的方法，将着色石英砂直接轻抹在板面上。彩色石英砂砂浆的配合比是：水泥∶石膏∶水∶粉砂（彩砂）＝1∶0.25∶0.35∶1.2。着色砂粒是各种粒径的石英砂、白云石。颜料按比例配合后混合，再经焙烧后而取得。

粘结剂除采用水泥外，还可以在水泥中加入一定量的树脂或只用树脂。此外，还应加入一定比例的添加剂。

这种人工彩色石英砂和彩色石子，外观晶莹、光洁度高、色彩艳丽、色调多变，经久耐用而不褪色，并能在80℃高温和－20℃低温下不变色，并具有良好的耐酸碱性。

3. 基层处理

(1)水磨石、水刷石板。基层和基体应有足够的稳定性和强度，光滑的基层或基体表面应作处理，使其平整粗糙，残留的砂浆、尘土和油渍应清除干净。

(2)人造大理石板。镶贴人造大理石板的基层必须平整，并有足够的稳定性和强度。对光滑的基层应注意凿毛；对粗糙的表面应用砂浆找平。采用挂贴法施工时，应预留好铁丝固定位置。

三、施工方法

1. 水磨石、水刷石的安装

(1)安装前应先抄平，分块弹线，并按弹线尺寸进行预拼和编号。

(2)系固饰面板用的钢筋网，应与锚固件连接牢固。锚固件应在结构施工时预埋。

(3)饰面板安装前，应将其侧面和背面清扫干净，并修边打眼。

(4)室外勒脚镶贴饰面板，应待上层的饰面工程完工后进行。

(5)接缝宽度：水磨石板为2mm，水刷石板为10mm。

2. 人造大理石的安装

(1)人造大理石一般均采用水泥砂浆粘贴。

(2)粘贴前应进行划线，横竖预排，使接缝均匀，基体或基层应充分湿润。

(3)用1∶3水泥砂浆打底，找平划毛。用1∶2水泥砂浆粘贴。

(4)在板背面抹一层水泥砂浆进行对位，由下往上逐一粘贴在基层上。

(5)水泥砂浆凝固后，板缝和阴阳角部分用建筑密封胶或用1∶0.05∶2.6(水泥∶107胶∶水)的水泥浆掺入与板材颜色相同的颜料进行处理。

(6)人造大理石的接缝宽度为1mm。

四、常见施工缺陷及预防措施

1. 接缝不平，板面纹理不顺，色泽差异大

(1)原因分析如下：

①饰面板翘曲不平，角度不方正。

②安装时，钢丝绑扎不牢或无固定措施，灌浆时移动。

③未及时用靠尺检查调平。

④水刷石板、人造石板未选配颜色。

(2)预防措施如下：

①安装前应先将有缺棱掉角翘曲板剔出，每块石材必须套方检查。

②铜丝应绑扎牢固，依施工程序作石膏水泥饼或夹具固定灌浆。

③每道工序都用靠尺检查调整，使表面平整。

④人造石材必须试拼，使板与板间纹理结晶通顺，协调颜色，并进行编号。

2. 板材开裂

(1)原因分析如下：

①板材有色纹、暗缝、隐伤等缺陷，以及凿洞、开槽受外力后，由于应力集中引起开裂。

②结构产生沉降或地基不均匀下沉。

③灌浆不严，侵蚀气体和潮湿空气透入板缝，使挂网锈蚀造成板材外斜塌落。

(2)预防措施如下：

①板材选料时应剔除色纹、暗缝、隐伤等缺陷；加工孔洞，开槽时应仔细操作。

②镶贴块料前，应待结构沉降稳定后进行。在顶部、底部安装块料时应留出一定缝隙，以防止结构压缩变形，导致破坏开裂。

③板材接缝缝隙应符合要求，灌浆饱满，嵌缝应严密，避免腐蚀气体进入侵蚀挂网，损坏板面。

3. 板材空鼓、脱落

(1)原因分析如下：

①结合层砂浆不饱满。

②安装饰面板时灌浆不严实。

(2)预防措施如下：

①结合层水泥砂浆应满抹、满刮，厚薄要均匀，水泥砂浆中宜掺入水泥重量5%的107胶，提高砂浆的粘结性。

②砂浆应分层，插捣必须仔细。接合部位应留30mm不灌，使上下密合。

4. 墙面碰损、污染

(1)原因分析如下：

①运输中搬运不当。

②包装和施工中受污染。

③贴面后未加保护。

(2)预防措施如下：

①石材搬运和堆放过程中必须直立搬运，避免一角着地棱角受损。尺寸较大的板材应平运。

②浅色石材不宜用草绳捆扎，避免板面被湿绳色素污染。施工中板面应用塑料膜遮盖。如沾上砂浆，应立即擦净。

③贴面完成后，所有阳角部位用2m高木板保护。

五、施工质量标准及检查方法

人造石材的允许偏翘曲差及检查方法见表2-17。

表2-17 人造石材的允许偏翘曲差及检查方法

项次	项目		允许偏差(mm)			检查方法
			人造大理石板	水磨石板	水刷石板	
1	表面平整		1	2	4	2m靠尺及楔尺检查
2	立面垂直	室内	2	2	4	2m托线尺检查
		室外	3	3	4	同上
3	阳角方正		2	2		20cm方尺和楔尺检查

续表 2-17

项次	项　　目	允许偏差(mm)			检查方法
		人造大理石板	水磨石板	水刷石板	
4	接缝平直	2	3	4	拉 5m 线检查,不足 5m 拉通线和尺量检查
5	墙裙上口平直	2	2	3	同上
6	接缝高低	0.5	0.5	3	用直尺和楔形塞尺检查
7	接缝宽度偏差	0.5	0.5	2	尺量检查

第六节　饰面砖装饰施工

饰面砖多为陶瓷类产品,在我国一般认为是传统的陶瓷制品。从产品的种类来讲,陶瓷应是陶器和瓷器的总称,但从材质来区别,陶瓷制品有的属陶质,有的属炻质。

饰面砖广泛用于墙体的内外装修和地面装修,是一种中档装修作法。

一、构造作法

饰面砖的基本构造是由底层砂浆、粘结层砂浆和饰面砖面层三部分构成。底层砂浆俗称找平层,其目的是使饰面层与墙体基层之间起粘附和找平作用。粘结层砂浆使饰面材料牢固地与底层形成良好的连接。饰面砖有陶瓷制品、釉面砖、劈离砖、缸砖等。

1. 排砖与布缝

影响饰面砖装饰效果的因素，除面砖自身的质量外，还有面砖的排列方式及对不同部位的特殊处理。

饰面砖竖向排列与横向排列的装饰选择，要与立面设计的艺术处理相一致。面砖排列的缝隙大小、颜色深浅、分块尺寸也都会影响立面的装饰效果。

饰面砖常见的分缝方法有：不留缝、横向与竖向均留缝、水平留缝、垂直留缝、交错布缝等几种。图 2-17 所示为饰面砖留缝的几种形式。

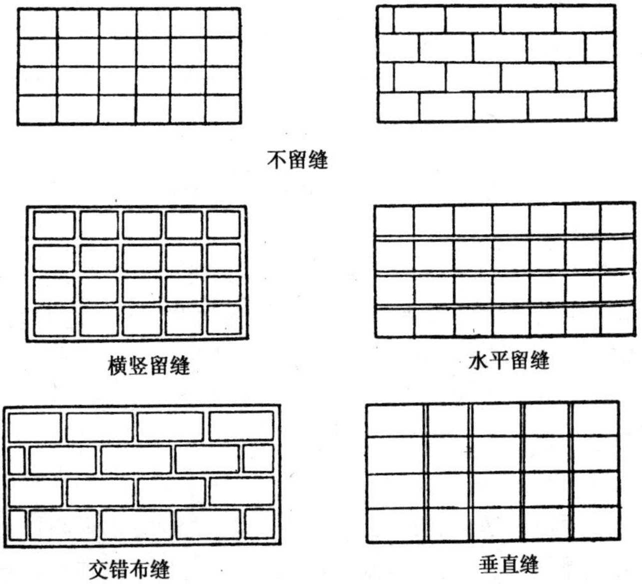

图 2-17　面砖排列方式与布缝

2. 水泥砂浆的选择

饰面砖各层采用的砂浆均不尽相同。底层砂浆多用 1∶3 或 1∶2.5 水泥砂浆。粘结层砂浆可用 1∶2 或 1∶1 水泥砂浆、素水泥浆、聚合物水泥砂浆以及903特制胶等。聚合物水泥砂浆的配合比为1∶0.2∶2(水泥∶石灰膏∶砂子),内掺水泥重5%的107胶。为保证边角部位的粘结质量和面砖修补时的强度,一般选用环氧树脂水泥浆。其配合比为:环氧树脂∶乙二胺∶水泥=100∶6～8∶100～50。

砂浆厚度一般为:底层5～8mm(其中砖墙8mm、混凝土墙5mm,加气混凝土块墙6mm),结合层12mm。砂浆过厚会造成干缩变形过大,形成开裂,甚至面砖连同砂浆层一起脱落;砂浆过薄则不容易粘结牢固。

下面是华北地区建筑设计标准化办公室和西北地区建筑标准设计协作组办公室联合编制的《工程作法》(88J1)列举的饰面砖装饰施工的构造层次。

(1)贴面砖墙面(基层为砖墙)。其施工构造层次如下:

①1∶1水泥砂浆(细砂)勾缝。

②贴6～12mm厚面砖。

③12mm厚1∶0.2∶2水泥石灰膏砂浆结合层(内掺水泥重5%的107胶)。

④刷素水泥浆一道(内掺水泥重3%～5%的107胶)。

⑤8mm厚1∶3水泥砂浆打底扫毛或划出纹道。

(2)贴面砖墙面(基层为混凝土墙)。其施工构造层次如下:

①1∶1水泥砂浆(细砂)勾缝。

②贴6～12mm厚面砖。

③12mm厚1∶0.2∶2水泥石灰膏砂浆结合层(内掺水泥重5%的107胶)。

④5mm厚1∶0.5∶3水泥石灰膏砂浆打底扫毛。

⑤刷素水泥浆一道(内掺水泥重3%～5%的107胶)。

(3)贴面砖墙面(基层为加气混凝土墙)。其施工构造层次如下:

①1∶1 水泥砂浆(细砂)勾缝。

②贴 6～12mm 厚面砖。

③12mm 厚 1∶0.2∶2 水泥石灰膏砂浆结合层(内掺水泥重 5%的 107 胶)。

④刷素水泥浆一道(内掺水泥重 3%～5%的 107 胶)。

⑤6mm 厚 TG 砂浆打底扫毛,配比为:水泥∶砂∶TG 胶∶水=1∶6∶0.2∶适量。

⑥涂刷 TG 胶浆一道,配合比为:TG 胶∶水∶水泥=1∶4∶1.5。

为增强粘结力,还可以在面砖的背面随贴随刷一道 YJ-302 型混凝土界面处理剂。

(4)贴锦砖墙面(基层为砖墙)。其施工构造层次如下:

①水泥擦缝。

②贴 5mm 厚锦砖(陶瓷锦砖或玻璃锦砖)。

③3mm 厚 1∶1∶2 纸筋石灰膏水泥混合灰浆结合层(内掺水泥重 5%的 107 胶)。

④刷素水泥浆一道(内掺水泥重 3%～5%的 107 胶)。

⑤12mm 厚 1∶2.5 水泥砂浆打底刮平扫毛。

(5)贴锦砖墙面(基层为混凝土墙)。其施工构造层次如下:

①水泥擦缝。

②贴 5mm 厚锦砖。

③3mm 厚 1∶1∶2 纸筋石灰膏水泥混合灰浆结合层(内掺水泥重 5%的 107 胶)。

④刷素水泥浆一道(内掺水泥重 3%～5%的 107 胶)。

(6)贴锦砖墙面(基层为加气混凝土墙)。其施工构造层次如下：

①水泥擦缝。

②贴 5mm 厚锦砖。

③3mm 厚 1∶1∶2 纸筋石灰膏水泥混合灰浆结合层(内掺水泥重 5%的 107 胶)。

④刷素水泥浆一道(内掺水泥重 3%～5%的 107 胶)。

⑤6mm 厚 1∶2.5 水泥砂浆打底刮平扫毛。

⑥6mm 厚 TG 砂浆打底扫毛,配合比是:水泥∶砂∶TG 胶∶水=1∶6∶0.2∶适量。

⑦涂刷 TG 胶浆一道,配合比为:TG 胶∶水∶水泥=1∶4∶1.5。

为增强粘结力,还可以在锦砖的背面随贴随刷一道 YJ-302 型混凝土界面处理剂。

上述 6 种构造作法均为外墙面作法。

(7)釉面砖(瓷砖)墙面(基层为砖墙)。其施工构造层次如下：

①白水泥擦缝。

②贴 5mm 厚釉面砖。

③8mm 厚 1∶0.1∶2.5 水泥石灰膏砂浆结合层。

④12mm 厚 1∶3 水泥砂浆打底扫毛或划出纹道。

(8)釉面砖(瓷砖)墙面(基层为混凝土墙)。其施工构造层次如下：

①白水泥擦缝。

②贴 5mm 厚釉面砖。

③8mm 厚 1∶0.1∶2.5 水泥石灰膏砂浆结合层。

④10mm 厚 1∶3 水泥砂浆打底扫毛或划出纹道。

⑤刷一道 YJ-302 型混凝土界面处理剂(随刷随抹底灰)。

(9)釉面砖(瓷砖)墙面(基层为大模板混凝土墙面)。其施工构造层次如下:

①白水泥擦缝。

②贴 5mm 厚釉面砖。

③8mm 厚 1∶0.1∶2.5 水泥石灰膏砂浆结合层。

④刷一道 YJ-302 型混凝土界面处理剂(随刷随抹底灰)。

⑤聚合物水泥砂浆补墙面。

(10)釉面砖(瓷砖)墙面(基层为加气混凝土墙)。其施工构造层次如下:

①白水泥擦缝。

②贴 5mm 厚釉面砖。

③8mm 厚 1∶0.1∶2.5 水泥石灰膏砂浆结合层。

④7mm 厚 2∶1∶8 水泥石灰膏砂浆打底扫毛或划出纹道,亦可采用 7mm 厚 TG 砂浆打底扫毛。配合比为水泥∶砂∶TG 胶∶水=1∶6∶0.2∶适量。

⑤刷(喷)一道 107 胶水溶液,配合比为:107 胶∶水=1∶4,亦可采用涂 TG 胶浆一道,配合比为 TG 胶∶水∶水泥=1∶4∶1.5。

(11)釉面砖(瓷砖)墙面(基层为纸面石膏板墙)。其施工构造层次如下:

①白水泥擦缝。

②粘贴 5mm 厚釉面砖(在釉面砖背面刷 2～3mm 厚 YJ-Ⅲ型建筑粘结剂,然后粘贴)。

(12)釉面砖(瓷砖)墙面(基层为石膏空心板墙)。其施工构造层次如下:

①白水泥擦缝。

②粘贴 5mm 厚釉面砖(在釉面砖背面刷 2～3mm 厚 LZ-2 型粘结剂,然后粘贴),配合比为 LZ-2∶石英粉∶水泥＝1∶2∶1。

二、施工前的准备工作

1. 施工机具

饰面砖施工常用的机具有:釉面砖切割机、切砖刀、胡桃钳、手凿、水平尺、墨斗、灰起子、靠尺板、木锤、薄钢片及抹灰工具等。

2. 材料

饰面砖施工的主要材料是饰面砖。

饰面砖一般是由陶瓷材料制成的,包括陶质制品、炻质制品和瓷质制品。这些制品有外墙面砖、陶瓷锦砖、陶瓷壁画、琉璃陶瓷等等。

下面分别对面砖材料和面砖种类作一介绍:

(1)陶质制品。具有一定的吸水性,断面粗糙多孔,无光泽不透明,密实度差,气孔率高,敲之声音粗哑,可以加釉或不加釉,表面平滑或有花纹。

陶质制品按制作原料的不同,可分为粗陶和精陶,如外墙面砖、内墙面砖、陶瓷锦砖、美术陶瓷等,其断面呈白色、象牙色,有的呈半透明状。

(2)炻质制品。介于陶质和瓷质之间,吸水率较小,密度较高,气孔率低,断面细密,颜色深浅不一,敲之声音清脆,如缸砖、铺地砖、通体砖等均属炻质制品。

(3)瓷质制品。吸水率极低,质地细密,呈透明或半透明状,敲之声音清脆悦耳,断面呈纯白色,如景德镇瓷砖等。

上述各类陶瓷的原料种类繁多,包括粘土及硅酸盐矿物原料(天然矿物原料和经过化学处理的化工原料)。按制品所用原料不同的陶瓷分类见表2-18。

表2-18 按原料不同的陶瓷分类

名称	别 称	吸水率%	颜 色	用 途
精陶	石灰质、长石质陶瓷	18～12	白色	日用瓷、卫生瓷、釉面砖
粗陶	粘土砖、陶管	30～22	砖红、土黄、原色	日用缸、盆、砖瓦、管
炻器	半瓷	0～1.0 4～8	橘红、红黄、棕色、白色等	外墙面砖、烯砖、劈离砖、电器、工业用品、日用瓷、化学用瓷
瓷器	长石质瓷、滑石、骨灰瓷、云田瓷	0～0.5	白色	茶具、电器用品、美术瓷、硅线石瓷、滑石瓷
特种	高铝瓷、镁质瓷、磁性瓷、金属瓷	0～0.5	白色及其它色	镍锌磁性瓷,铁、镍、钴金属瓷

(4)饰面砖种类。应用于外墙装修的饰面砖有以下几种:

①外墙面砖。一般属于陶质,少量属于炻质。

面砖的坯体质地密实,颜色丰富,花样繁多。它的表面分有釉和无釉两种,有釉的面砖耐磨,具有耐水、耐腐蚀、抗冻融性能,密度为2.0～2.1g/cm^3,吸水率为22%～28%。面砖用压制法成型。

面砖的品种及规格见表2-19。

表 2-19　面砖的品种及规格

名　　称	常用规格(mm)	颜色和特点	备　　注
无釉面砖	200×100×12 150×75×12	白、浅黄、深黄、红、绿等，吸水性较大，耐污染，强度高	
有釉面砖	75×75×8 108×108×8	粉红、蓝、绿、白、金黄等，表面光泽，不吸水，白洁，强度高	
线砖	100×100×15～10 50×100×10	有釉表面有花纹，黄、绿、白等	
主体彩釉砖	100×100×10	颜色同上，有釉表面为立体图案，每块有二种或二种以上的颜色	
劈离砖	100×100×10～5 150×150×10～5	红、黄、棕、灰、咖啡、浅蓝等，无釉表面呈平面或麻面花纹	

②陶瓷锦砖。俗名马赛克，1975 年国家建材局正式定名为陶瓷锦砖，属炻质产品，分有釉和无釉两种。颜色丰富，形状多样，有长方形、正方形、六角形、梯形、棱形等，规格尺寸在 15～40mm×15～40mm 之间，厚度为 4～5mm。为了便于施工，一般在工厂将单块锦砖拼成各种图案，粘贴于牛皮纸上，每联约 305×305(mm)，其面积约 0.09m^2，重量为 0.65kg，每 40 联为一箱。

③陶瓷壁画。它是以陶瓷锦砖、面砖或陶板为载体，将画稿分格分块经放大、制板、刻画、配釉、施釉、烧制等一系列工序制成陶板。施釉方法采用浸、点、涂、喷、填等多种途径，通过烧制而取得绘画的艺术效果。将制成的分块陶板按画稿嵌贴

在墙面上，即拼成一幅壁画。每块尺寸以300×300(mm)为宜。陶瓷壁画是具有较高的艺术价值的现代建筑装饰材料，可以镶嵌在高层建筑外墙上，也可以用在公共活动场所、园林及旅游建筑中。

④琉璃陶瓷。俗称“琉璃瓦”，在古代建筑中大量采用。现代建筑中为了取得某些艺术效果，也在局部采用了一些琉璃瓦装饰。琉璃陶瓷属于有釉陶瓷，制品的坯体泥质细腻坚实，焙烧温度高，表面涂的釉质为铅釉，颜色种类多，一般是将釉彩涂在烧过的坯体表面，再经焙烧即可获得棕色、绿色、黄色、蓝色等彩色琉璃件。这种彩釉与坯体之间的附着力强，抗风雨侵蚀能力高，不易剥落、不褪色、色彩丰富、装饰效果极佳。

近年来，一种新的琉璃产品正在各地推广。它是以菱苦土加入粘结剂，压制成坯体，表面涂以新型化工瓷釉。晾干后不经焙烧即可获得与琉璃瓦相似的效果。这种产品色泽耐久，比琉璃陶瓷轻，且强度高，它是取代琉璃陶瓷的新型材料。

3. 基层处理

(1)处理墙面。包括混凝土墙面、加气混凝土墙面、砖墙面和旧建筑墙面的处理。

①混凝土墙面。用火碱或其它洗涤剂将模板上留下的隔离剂清洗干净，并用清水洗净。甩上1∶1水泥砂浆，再用30%的107胶和70%水拌成水泥浆，甩成小拉毛，二天以后抹成1∶3水泥砂浆底层。

②加气混凝土墙面。应在基体清洗干净后，先刷107胶水溶液一道，为保证饰面砖镶贴牢固，可满钉机制镀锌铁丝网一道。

③砖墙面。先剔除砖墙上多余的灰浆并清扫浮土，然后用清水湿润墙面，抹1∶3水泥砂浆底层。

④旧建筑物墙面。彻底铲除并清洗油渍等污垢，用钢凿把墙面稀稀拉拉地凿毛，以保证饰面砖不脱落。

(2)找平层施工。包括以下几大方面：

①贴饼、冲筋。找平层应吊垂线、贴灰饼。外墙面作找平层时，应在房屋小角用经纬仪和线锤，按找平层的厚度，从顶到底测定垂直线，沿垂线作标志。每隔 1200～1500mm 作灰饼。内墙面作找平层时，应在四角吊垂线、拉通线、确定抹灰厚度后贴灰饼，连通灰饼，进行冲筋，作为找平层砂浆的垂直度和平整度的标准。

②抹底层砂浆。底层砂浆应严格控制材料，抹灰前应润湿基体，并保证每层抹灰厚度不超过 7mm，为克服混凝土抹灰层的空鼓，可在抹灰前在基体表面刷界面胶粘剂(YJ-302 和改性环氧树脂 EE-1,EE-2,EE-3 等)。找平层抹完后，应洒水养护 3～7 天。

③抹中层砂浆。中层砂浆的作用在精确找平，一般厚度不大于 5mm。操作时应随手带平，俗称“铁板糙”。

三、施工方法

在基层“铁板糙”完成后，即可进行内外墙面饰面砖的镶贴。

1. 外墙饰面砖的镶贴

(1)按设计图纸要求进行排列镶贴。常见的排列方法有水平排列、竖直排列和混合排列等。接缝有关尺寸为：密缝 1～3mm，离缝 4mm 以上。

(2)阳角部位必须都是整块砖，并将拼缝留在侧边，亦可采取整砖对角镶贴。

(3)突出墙面的窗台、腰线阳角和滴水线等排砖方法应按第 87 页图 2-17 处理。但正面面砖要往下突出 3mm 左右，底面面砖要留有排水坡度。

(4)镶贴前应有专人对面砖进行挑选，凡外形歪斜、缺棱、掉角、翘棱、颜色不匀的应剔除。不同规格的面砖要分别堆放。同号的面砖用套板分大、中、小三类，再根据面砖的数量分别使用在不同部位。

(5)基层表面上的杂质、油污应清除干净，光滑的基层要凿毛。抹找平层前浇水湿润，特别是暑期要浇足，否则找平层的砂浆会酥松脱壳。当基层或基体的偏差较大时，找平层应分遍进行，若一次抹得太厚，砂浆易于开裂。涂抹应平整，表面要粗糙。平整可减少镶贴砂浆的厚薄不匀；粗糙可增强砂浆的粘结力。

门窗口及其它钢木等配件、预埋件应安装正确，不能漏项。门窗口标高位置必须准确，务必作到上下、左右、进出一条线。混凝土墙柱、过梁等，如有凹凸不平，要凿平或用 1∶3 水泥砂浆分层补平。

(6)分格弹线，用线锤吊线后，在外墙阳角用钢丝花篮螺丝拉垂线，根据阳角钢丝出墙面标志，墙角上每隔 1.5～2.0m 间距(墙应考虑拉通挂直及阴阳角方正)用粉袋按设计进行弹线。一般可弹出分层水平线，在山墙面每隔 1m 左右弹一根垂直线(根据面砖块数定)，在层高范围内，应根据实际选用面砖的尺寸，划出分层皮数。

弹线应根据面砖的实际尺寸分别排列，分块线应以整砖为准，不得在墙中留找砖，若有应留在两边。如为砖柱，应留在侧壁内侧，其正面如有找砖，应对称放置。外墙面砖饰面的找砖，如位置留得不妥，则会影响饰面效果。一般应先分好块，不能赶到哪里就是哪里。

(7)面砖应按设计要求进行排列，尺寸误差较大的面砖，不能大面积无缝镶贴，宜采用划块留缝镶贴，以使用接缝大小调整面砖尺寸的误差。

(8)面砖镶贴前应清扫干净，并浸水湿润(一般不少于2小时)。如不经湿润，干的面砖吸水性强，会吸去砂浆中的水分，使镶贴砂浆早期脱水，失去粘结作用。如面砖过湿，表面的明水会使镶贴砂浆水灰比加大，粘结力降低。因此，外墙墙面砖浸水湿润后，必须待其表面晾干后方可使用。这样的面砖是外干内湿，不吸水，表面又无明水，即可保证镶贴质量。

(9)镶贴面砖。有如下几种方法：

①砂浆粘贴法。用1∶2水泥砂浆粘贴，因它粘结力强，操作容易掌握，即使面砖厚度偏差较大，平整度也容易控制，一般均采用此法。砂浆的厚度应控制在6～10mm，为了改善操作条件，砂浆中可掺入不大于水泥重量15%的石灰膏或纸筋石灰膏，以增加砂浆的和易性。砂浆的稠度要适当，不能时稀、时稠，以防砂浆硬化时收缩不一致。

镶贴的砂浆应饱满，否则难以贴平。镶贴时，要减少敲击和挪动，否则砂浆中的水分会浮到面砖背面上，使该处水灰比变大，粘结力降低，镶贴不牢。多敲多挤，还能使相邻面砖移动，甚至脱落。

②水泥浆粘贴法。用此法贴面砖，其基层或找平层必须分层涂抹，然后在表面随手划纹，待其七、八成干后，再洒水涂抹2～3mm厚水泥浆粘贴面砖。对面砖厚度要求比较高，不得厚薄不均，否则表面平整度就差。这种方法贴面砖的速度快，适宜于粘贴厚度在10mm以内的面砖。

③环氧水泥粘贴法。环氧水泥的配合比为环氧树脂∶乙二胺∶水泥＝100∶6～8∶100～150。环氧树脂是一种具有高度粘结力的高分子合成材料，用来粘贴面砖，具有操作方便、

工效高、粘结强度高，以及防潮、耐高温、密封好等特点。但亦要求基层和找平层必须分层涂抹，并需待其干燥后才能进行粘贴面砖。这种方法对面砖厚度的要求比较严格，厚薄必须均匀，才能保证表面的平整度。此外，这种方法的造价偏高，一般大面积镶贴不宜采用，修补使用此法比较方便。

(10)起分格条。分格条在镶贴前应用水充分浸泡，以防胀缩变形。起分格条时要轻巧，避免碰动面砖，不能用小铁皮上下撬动。这是因为起分格条时，镶贴砂浆已收水，有移动会使面砖脱落。

(11)勾缝。勾缝是外墙面砖饰面镶贴的最后一道工序，在贴完一个墙面或全部墙面完工并检查合格后进行。勾缝应用1：1水泥砂浆，分皮嵌实，一般分两遍进行。头遍用水泥砂浆，二遍用与面砖同色的彩色水泥砂浆勾凹缝，凹进深度一般为3mm。面砖勾缝处残留的砂浆，必须清除干净，不留痕迹。

(12)养护。面砖镶贴后应注意养护，防止砂浆早期受冻和烈日曝晒，以免砂浆酥松。

2. 釉面砖的镶贴

釉面砖又称瓷砖，适用于建筑物的墙面装饰，是薄片状精陶建筑材料。其形状各异，常见的形状有长方形、矩形、异形边角配件砖等。按其成分组成可分为石灰石质、长石质、滑石质、硅灰石质、叶腊石等。釉面砖有白色、彩色、印花、图案等多种。其表面光滑、易于清洗、色泽多样、美观耐用。

釉面砖的镶贴工序为：

(1)基层的要求。镶贴釉面砖的基层，必须平整而粗糙。镶贴前应清理干净并加以湿润。

(2)釉面砖的挑选。应按厂牌、型号、规格、色泽进行挑选。砖面应平整、边缘棱角整齐，不得缺损。

(3)釉面砖的湿润。釉面砖镶贴前应放入清水中浸泡2小时以上,晾干后方可镶贴。若釉面砖浸泡时间不够,镶贴后吸收粘结砂浆中的水分,使粘结砂浆早期脱水,减弱了粘结力,导致釉面砖起壳。若浸泡后未晾干就镶贴,由于砖的粘结面附有一层水膜,不但影响砂浆的粘结力,还会使镶贴后的釉面砖产生浮动,影响砖缝的横平竖直。

(4)粘结砂浆的种类和配合比。可采用体积比为1∶2的水泥砂浆或在1∶2的水泥砂浆中掺入不大于15%水泥重量的石灰膏,以改善砂浆的和易性。也可以采用在1∶2的水泥砂浆中加入水泥重量的2%～3%的107胶,使其具有较好的和易性和保水性,并具有一定的缓凝作用。

(5)排砖。釉面砖的接缝宽度规范规定为1.5mm。缝隙过大则美观较差。横竖缝宽度一致才比较美观。

3. 陶瓷锦砖饰面镶贴

陶瓷锦砖是选用优质瓷土磨细成泥浆,经脱水干燥至半干时压制成型,入窑焙烧而成。制品如需着色,可在泥料中掺入各种着色剂。陶瓷锦砖外形规格薄而小,质地坚实,经久耐用,色泽多样,耐酸、耐碱、耐磨、不渗水、抗压力强、吸水率小、不易破裂,可以用于室内外装饰工程。

陶瓷锦砖有无釉和有釉两种,但以无釉为多。陶瓷锦砖可以组成各种装饰图案,形状与大小不一,截面分为凸面和平面两种,其中凸面用于墙面装饰,平面可用于墙面和地面装饰。

陶瓷锦砖的镶贴工序为:

(1)选料。陶瓷锦砖因配料和烧制温度有出入,因而颜色有深有浅。镶贴前,应逐箱打开检查并比较其色泽,深、浅颜色应分开存放,然后确定镶贴部位,以免在一片墙面上出现颜色不均匀。

(2)基层处理。陶瓷锦砖镶贴前，基层表面应先清扫干净并浇水湿润，然后涂抹1∶3或1∶2.5水泥砂浆找平层。

(3)弹线。陶瓷锦砖镶贴时，应根据标高弹出若干道水平线，两线之间的陶瓷锦砖应为整块数，按设计要求与陶瓷锦砖的规格确定分格缝宽度，并准备好分格浆。

(4)镶贴。陶瓷锦砖宜用水泥浆或聚合物水泥浆镶贴，一般应自上而下进行，整间或独立部位宜一次完成。镶贴时应仔细拍实，并使其表面平整，待稳固后，将纸面湿润、撕净。接缝宽度应在水泥浆初凝前调整，并用水泥浆把缝嵌平。

(5)清洗。陶瓷锦砖镶贴后应清洗，但应待嵌缝材料硬化后进行。

4. 玻璃锦砖饰面镶贴

玻璃锦砖又称为玻璃马赛克，是半透明的玻璃质装饰材料，由玻璃制品厂生产。玻璃马赛克质地坚硬，性能稳定，耐热、耐寒、耐酸碱和大气侵蚀，表面光滑，不易积尘，日晒雨淋不褪色，质感丰富多采，色泽、花式品种多。

镶贴玻璃锦砖的工序为：

(1)选材。玻璃锦砖选材很重要，应有专人负责逐块剔选颜色、规格、棱角等，要分类装箱。验收玻璃锦砖饰面时，除注意颜色、规格等质量以外，还应注意表面洁净，以免影响光泽度。

(2)基层处理。玻璃锦砖镶贴前，对钢模浇注的混凝土基层，应用10%浓度的火碱溶液清洗表面隔离剂，再用钢丝刷和清水刷去污垢，然后涂抹3mm厚1∶1水泥砂浆一层。在光滑的混凝土表面上镶贴，砂浆中要掺水泥重量的3%～5%的乳液或适量的107胶。

(3)镶贴玻璃锦砖。基层表面必须平整，横平竖直，棱角方正，涂抹的水泥砂浆结合层，要用靠尺刮平，作出横竖标志，用粉线弹出分格线。

玻璃锦砖是半透明的，故底层砂浆的颜色应一致，以防止深色透出，避免产生一团一团不均匀的颜色。所以用白色玻璃锦砖应在软底子灰表面抹薄薄一层白水泥，使面层颜色洁白整齐。

玻璃锦砖四周边呈斜面，背面呈凹形，镶贴时不能在背面缝里撒灌干水泥砂，而应在背面抹一层薄的白水泥浆。

擦缝时，应在缝隙处仔细刮浆，不能在砖表面满涂满刮，以防水泥浆将晶体毛面填满，而失去表面光泽。擦缝时，应用棉纱及时擦干净，以免污染。

修补个别损坏或脱落的玻璃锦砖时，应选择同样颜色的玻璃锦砖贴补。修补前应仔细清理脱落处的基层，镶贴后表面应平整，切忌因方向倾斜而影响美观。

5. 装饰外墙板的施工

装饰外墙板主要应用于大板体系、大模体系（内浇外挂作法）和隧道模体系中，这种构件在加工厂制作，运至施工现场后进行安装并作接缝处理，以减少施工现场的湿作业。

外墙板的主体材料为普通钢筋混凝土和轻骨料钢筋混凝土板，其外饰面作法除可沿用传统的抹面作法外，现在还广泛采用在外墙成型阶段进行“印花”、“压花”，或浇注成“蘑菇石”、“条形”纹之后进行养护，成为具有装饰性的外墙板。

装饰外墙板采用平模方法进行生产，方式有“正打”和“反打”两种。

(1)“正打”装饰外墙板。是指在预制墙板时，外墙板的内墙板的外墙面向下，接触平模的底模，外墙面向上，便于在墙面上作各种花饰图案，分为“印花”和“压花”两种。

①“印花”外墙板的作法是在平模“正打”的外墙板面上，先铺砂浆，然后将带有花纹图案的模板铺在砂浆层上，用抹子拍打模板，使模板下沉，下面的砂浆从模板的图案孔缝中挤出，用抹子抹光后揭去模板即成。亦可在外墙板面上先铺模板，再铺抹砂浆，使砂浆从模板的花纹图案孔隙中漏落于墙板面上，拍实压平，揭去模板即成。

②“压花”外墙板的作法是在外墙板浇注成型后，上铺砂浆并用铁模或胶模压出花纹图案即成。

(2)“反打”装饰外墙板。是将外墙板面向下与底模接触，将外墙面所需的装饰花纹图案线条雕刻或塑造在底模上，或在钢平底模上铺垫所需装饰图案的橡胶板、塑料板等模具，用铸造的方式浇注外墙板，经养护出池后，将橡胶板、塑料板等模具取下，即成为具有装饰面的外墙板。模具经过清理后可重复使用。

无论“正打”外墙板还是“反打”外墙板均应在装饰面外侧喷刷涂料，以增加装饰效果。

四、常见的施工缺陷及预防措施

1. 外墙饰面砖空鼓、脱落

(1)原因分析如下：

①饰面砖自重大，找平层与基层有较大剪应力，粘结层与找平层间亦有剪应力，基层面不平整，找平层过厚使各层粘结不牢。

②加气混凝土基层未作处理，不同结构的接合处未作处理。

③砂浆配合比不准，稠度不合要求，砂中含泥量过大，在同一施工面上采用不同配合比的砂浆，引起不均匀干缩。

④砖背砂浆不饱满，面砖勾缝不严，雨雪水渗入后结冰膨胀引起脱落。

(2)预防措施如下：

①找平层与基层应作严格处理，光面凿毛，凸面剔平，尘土油渍清洗干净。找平层抹灰时应用水润湿，再分层抹灰，提高各层的粘结力。

②加气混凝土块不得泡水。抹灰前湿水后满刷107胶水泥浆一道；采用1∶1∶4水泥石灰砂浆抹底层，厚4～5mm；中层用1∶0.3∶3水泥石灰砂浆抹8～10mm厚；结合层采用聚合物水泥砂浆。不同结构结合部铺钉金属网绷紧钉牢，金属网与基体搭缝宽度不少于100mm，然后做找平层。

③砂浆中，水泥必须合格，砂子过筛，宜用中砂。含泥量不大于3%，砂浆按配合比计量配料，搅拌均匀。在同一墙面上不更换配合比。亦可在砂浆中掺入水泥重量5%的107胶，以改善砂浆的和易性，提高粘结度。

④面砖泡水后必须晾干，背面刮满砂浆，采用挤浆法铺贴。认真勾缝分次成活。勾凹缝时凹入砖内3mm，形成嵌固效果。

2. 饰面砖分格缝不匀，墙面饰面不平整

(1)原因分析如下：

①面砖几何尺寸不一致。

②找平层表面不平整，对找平层未认真检查。

③未排砖、弹线和挂线。

④未及时调缝和检查。

(2)预防措施如下：

①面砖使用前应挑选，凡外形歪斜、缺角掉棱翘裂和颜色不匀的应挑出来。用套板分出大、中、小块，分类堆放，分别用于不同部位。

②作找平层时，必须用靠尺检查垂直，平整度应符合规范要求。

③排砖模数，要求横缝与碹脸、窗台平，竖向与阳角、窗口平，并用整砖划出皮数杆。大墙面应事先铺平。窗框、窗台、腰线等应分缝准确，阴阳角双面挂直，依皮数杆在找平层上从上而下作水平与垂直控制线。

④操作时应保证面砖上口平直，贴完一皮砖后，垂直缝应以底子灰弹线为准，用靠尺检查。

3. 饰面砖墙面污染

(1)原因分析如下：

①面砖半成品保管不善，成品保护不好。

②施工操作后未及时清理面层砂浆。

(2)预防措施如下：

①不得用草绳或有色包装纸包装面砖，在运输途中与保管中，切忌面砖淋雨受潮。

②贴面砖工作开始后，不得在脚手架上和室外倒污水、垃圾；操作完成应彻底清洗面砖。

4. 釉面砖空鼓、脱落

(1)原因分析如下：

①基层表面光滑，铺贴前基层没有湿润或浸水不透，水分被基层吸掉，影响粘结力。

②基层偏差大，铺贴抹灰过厚干缩过大。

③瓷砖泡水时间不够或水膜没有晾干。

④粘贴砂浆过稀，粘贴不密实。

⑤粘贴灰浆初凝后拨动瓷砖。

⑥门窗框边封堵不严，门窗扇开启引起木砖松动，造成瓷砖空鼓。

⑦使用质量不合格的瓷砖，瓷砖破裂自行脱落。

(2)预防措施如下：

①基层凿毛，铺贴前墙面应浇透水，水应渗入基层8～10mm，混凝土墙面应提前两天浇水。

②基层凸出部位剔平，凹处用1：3水泥砂浆补平，脚手架洞眼、管线穿墙处用砂浆填严。不同材料墙面接头处钉丝网，搭接100mm，用水泥砂浆抹平再贴瓷砖。

③瓷砖使用前必须提前两小时浸泡并晾干。

④砂浆应具有良好的和易性和稠度，操作时，用力要匀，嵌缝应密实。

⑤瓷砖铺贴应随时纠偏，粘贴砂浆初凝后，严禁拨动瓷砖。

⑥门窗边应用水泥砂浆封严。

⑦严格对原材料把关验收。

5. 釉面砖接缝不平直、不均匀，墙面凹凸不平，颜色不一致

(1)原因分析如下：

①找平层垂直度、平整度不合格。

②对瓷砖颜色、尺寸挑选不严，使用了变形砖。

③粘贴瓷砖、排砖未弹线。

④瓷砖镶贴后，未及时调缝及检查。

(2)预防措施如下：

①找平层垂直、平整度不合格，不得铺贴瓷砖。

②选砖应列为一道工序，规格、色泽不同的砖应分类堆放，变形、裂纹砖应拣出不用。

③划出皮数杆，找好规矩。

④瓷砖铺贴后应立即拨缝，调直拍实，使瓷砖接缝平直。

6. 釉面砖裂缝、变色或表面污染

(1)原因分析如下：

①瓷砖材质松脆，吸水率大，抗拉、抗折性差。

②瓷砖在运输、操作中有碰伤。

③材质疏松，施工时用不洁净的水浸泡面砖导致变色。

④粘贴后被灰尘污染而变色。

(2)预防措施如下：

①选材时应挑选材质密实，吸水率不大于18%的好砖，冰冻严重地区吸水率应不大于8%。

②操作中将有暗伤的瓷砖剔出，铺贴时不用力敲击砖面，防止暗伤。

③泡砖须用清洁水，选用材质密实的砖。

④选用材质致密的砖，污染灰尘可被雨水冲掉。

7. 陶瓷锦砖或玻璃锦砖墙面不平整，分格缝不均匀，不平直

(1)原因分析如下：

①找平层不平。

②镶贴时未拍平，也没有用靠尺检查找平。

③锦砖规格不一致，镶贴前未弹线。

④未及时调缝和检查。

(2)预防措施如下：

①作找平层时，必须先在基体上拉垂直和水平通线贴灰饼、冲筋。找平层垂直度、平整度不合格，不得镶贴锦砖。

②锦砖揭纸后须用拍板拍平并用靠尺找平。

③锦砖进场后应进行挑选分级。镶贴时应在找平层上从顶到底弹分块分格垂直线，横向弹水平分块分格线，依线铺贴。

④揭纸后立即用开刀调缝，并认真检查。

8. 陶瓷锦砖或玻璃锦砖墙面空鼓、脱落

(1)原因分析如下：

①基层不够粗糙，没有浇水湿透。

②抹结合层后未及时贴锦砖或贴锦砖后未认真拍平。

③调缝时结合层砂浆已初凝。

(2)预防措施如下：

①基层凿毛，镶贴前墙面应浇透水，水应渗入基层8～10mm，混凝土墙面应提前两天浇水。

②基层凸出部位应剔平，凹处用1：3水泥砂浆补平，脚手架洞眼、管线穿墙处用砂浆填严。不同材料墙面接头处应钉铁丝网，左右搭接100mm，然后用水泥砂浆抹平，再镶贴锦砖。

③刷素水泥浆后应立即作结合层，随抹随贴锦砖，结合层砂浆不宜过厚，一次铺开面积不宜过大。

④用聚合物水泥砂浆可改变和易性和保水性，增长初凝时间，但调缝仍需在1小时内完成。

9. 陶瓷锦砖或玻璃锦砖墙面污染

(1)分析原因为清洗不干净。

(2)预防措施。施工完成应彻底擦拭，必要时应用稀盐酸洗，然后用水冲净。

10. 装饰外墙板突出檐口、窗套和腰线无流水坡和滴水线

(1)分析原因为未按规范的有关规定施工。

(2)预防措施。突出檐口、窗套和腰线应留有3%的流水坡和滴水线。滴水线槽深15～20mm，宽窄应一致。

11. 装饰外墙板“反打”露骨料，外墙板出现“硬皮”

(1)原因分析如下：

①使用的混凝土振动器不符合要求。

②缓凝剂不符合要求。

(2)预防措施如下：

①混凝土浇注后应采用振动台振捣或采用平板振动器捣固，不应使用插入式振动器。

②缓凝剂宜采用5%纤维素水溶液：硼酸=100：6。缓

凝剂配合后刷在废报纸上干燥后备用。

12. 装饰外墙板"反打"饰面砖和锦砖缝隙不平直、显露接槎

(1)原因分析如下:

①底模与面砖的模数不符,面砖入模后未排直。

②接缝未排紧。

(2)预防措施如下:

①底模与面砖的模数应一致,面砖入模后应排列整齐,横平竖直。

②面砖入模后,接缝应拉线检查,接缝尺寸应符合设计要求。

五、装饰质量标准及检查方法

外墙面砖、釉面砖、陶瓷锦砖装饰的允许偏差和检查方法见表 2-20。

表 2-20　外墙面砖、釉面砖、陶瓷锦砖的装饰允许偏差

项次	项目		允许偏差(mm)			检查方法
			饰面砖			
			外墙面砖	釉面砖	陶瓷锦砖	
1	立面垂直	室内	2	2	2	用 2m 托线板检查
		室外	3	3	3	
2	表面平整		2	2	2	用 2m 靠尺和楔形尺检查
3	阳角方正		2	2	2	用 200mm 方尺检查
4	接缝平直		3	2	2	拉 5m 线检查,不足 5m 拉通线检查
5	墙裙上口平直		2	2	2	
6	接缝高低	室内	0.5	0.5	0.5	用直尺和楔形塞尺检查
		室外	1	1	1	
7	接缝宽度		+0.5	+0.5	+0.5	用尺检查

第七节　金属材料装饰板施工

金属材料装饰板的类型很多，应用较多的有镀锌钢板、彩色镀锌钢板、铝合金板、不锈钢板、铜合金板、镁铝曲板等。这些装饰板都具有轻质高强、耐久性好、安装简便快速、装饰性强、美观大方、减少湿作业、施工不受季节性影响等特点。

一、构造作法

金属材料饰面板的基本构造作法是在墙体或结构主体上固定龙骨架，形成饰面板的结构层，然后利用粘贴、紧固件连接、嵌条定位等手段，将饰面板安装在骨架上，形成各类饰面板的装饰外层。

常见的构造作法有以下五种：

1. 插接式

这种作法是利用饰面板两侧的承插口，相互插接。接缝处有盖缝条和无盖缝条两种，饰面板与骨架是利用卡子、拉铆钉、螺栓、自攻螺钉等紧固件固定。紧固件、钉头不能外露，接缝处防水好，外观效果也不错。

2. 压条式

这种作法是利用饰面板两侧的无压型插口，板与板之间是对接或搭接，然后用异型盖缝条、转角包角等配件，通过紧固件将板接缝盖住并固定在骨架上。饰面板多为压型板、波形板。紧固件的钉头需作美化处理。钉眼虽然用橡胶垫圈、塑料钉帽密封盖作防水处理，但有时还会在钉眼处发生渗漏现象。

3. 扣接式

这种作法是利用饰面板两侧异型扣接槽使两板相连。或有嵌条用扣接法将两板连接：一种为紧固件固定，一种是特制龙骨有扣槽固定，局部地方用卡子固定。扣接式作法施工简单、工效高，但龙骨制作比较复杂。

4. 贴墙式骨架

这种作法是在墙体表（抹灰或不抹灰均可）或在框架主体表面，直接安装龙骨。龙骨可以竖向布置、横竖向双层布置和井格式单层布置，紧固件多用膨胀螺栓或射钉。龙骨可以采用木材、型钢、铝合金、不锈钢、塑料等。为了防潮应在安装龙骨前先铺一层油毡，用油毡将龙骨与墙体隔开。

5. 架空式骨架

这种作法是将饰面层与结构层拉开一定距离，用支撑杆件与墙体固定。这种构造主要取决于装饰表面的艺术处理。表面的平整及凹凸、弧线曲面等造型，一般均由结构层作骨架造型，再作表面修饰。

总之，金属材料饰面板只能与骨架龙骨相连和固定，而不能直接安装在墙体表面上。上述作法见图 2-18。

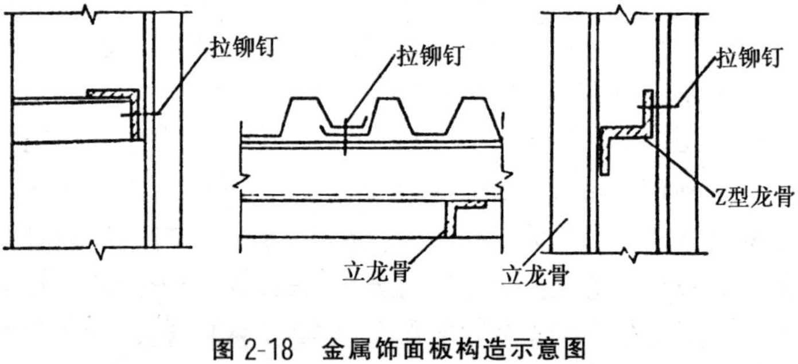

图 2-18　金属饰面板构造示意图

二、施工前的准备工作

1. 施工机具

用于金属装饰板的工具多为电动工具，大体有以下几种：

(1)切割锯类。包括电动曲线锯、型材切割机和手提式电锯。

①电动曲线锯。应用于切割曲线、直线板材，用不同锯条可以割断金属板材。

②型材切割机。这是一种高效率的电动工具，它根据砂轮磨削原理，利用高速薄片砂轮切割各种型材。

③手提式电锯。型号为 CM-4，主要用于混凝土、石材及各种瓷石的切割，更换锯片后亦可用于金属板材的切割。

(2)电钻类。包括微型电钻和冲击电钻。

①微型电钻。这是一种手提式钻孔工具，主要用于金属、塑料、板材的钻孔。

②冲击电钻。可对钢制品进行钻孔。若把旋钮调整到冲击位置，装上硬质合金钻头，可以对混凝土、砖墙进行钻孔。

(3)射钉枪与射钉弹、射钉。

2. 材料

下面对金属饰面板中应用较多的铝合金外墙饰面板和彩色不锈钢压型板作一简要介绍。

(1)铝合金外墙装饰压型板。这种板材按表面处理有阳极氧化处理和漆膜处理两种作法。经镀膜着彩处理之氧化膜强度高、耐磨、化学性能稳定，能长期保持光泽。一般氧化膜的厚度不宜小于 12μm。

铝合金外墙装饰板有条形扣板和方形板。条形扣板的板条宽度在 150mm 以下，长度可根据需要截取。方形板包括正方形板、长方形板和异形板。板材厚度随使用部位不同而有所区别。有时为加强板的刚度，可压出肋条加劲；有时为保暖、隔热、隔音，其断面还可以加工成空腔蜂窝状板材。

铝合金压型板的截面型式如图 2-19 所示。

(2)彩色不锈钢板。它是在不锈钢材上进行技术和艺术加

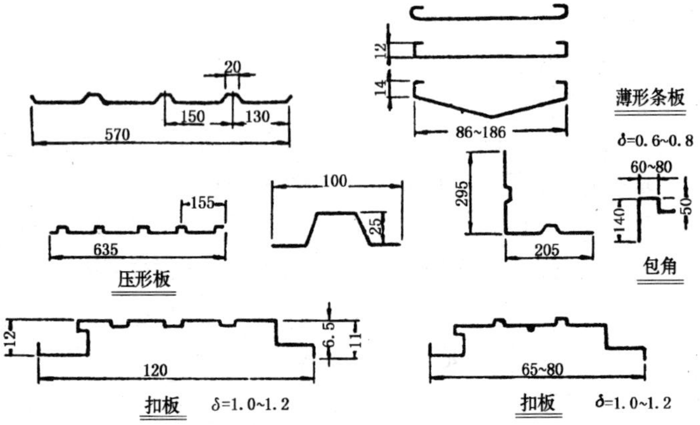

图 2-19 压型板的截面型式

工，使其成为各种彩色绚丽、光泽明亮的不锈钢板。颜色有蓝、灰、紫、红、茶色、橙、金黄、青、绿等，其色调随光照角度变化而改变。

彩色不锈钢板面层的主要特点是能耐 200℃的高温，耐盐雾的腐蚀性好，耐刻划性强，弯曲 90°不损坏，彩色层经久不褪色等。

彩色不锈钢板的厚度为 0.2，0.3，0.4，0.5，0.6，0.7，0.8mm，长度为 1000～2000mm，宽度为 500～1000mm，亦可以根据用户需要的尺寸单独加工。

彩色不锈钢板的配套件还有槽型、角型、方钢管、圆钢管等型材。

(3)配件。金属装饰板材的配件有以下几种：

①配件包括有盖缝板、压条、包角板、上下收边异型材、嵌条等。

②连接件包括紧固件(拉铆钉、射钉、螺栓、自攻螺钉等)、

垫圈、密封圈，粘结剂、密封胶、特制卡子等。

三、施工方法

这里以铝合金板的施工工艺为主，介绍具体安装方法。

1. 放线

放线是铝合金板饰面安装的重要环节。首先要将支承骨架安装位置准确地按设计图纸要求在主体结构上弹线，详细标定出来，为骨架安装提供依据。因此，放线、弹线前应对基体结构的几何尺寸进行处理。放线最好一次完成，使基层结构的垂直与平整度满足骨架安装平整度和垂直度的要求。

2. 安装固定连接件

型钢和铝材骨架的横、竖件是通过连接件与结构基体固定的。连接件需与墙面上的膨胀螺栓或结构预埋铁件焊接固定。一般采用膨胀螺栓连接比较灵活，尺寸易于控制。

连接件必须牢固，安装固定后作隐蔽检查记录(包括连接焊缝长度、厚度、位置；膨胀螺栓的埋置标高位置、数量与嵌入深度)，必要时还应作抗拉、抗拔测试，以确定其是否达到设计要求。

连接件表面应作防锈、防腐处理，连接焊缝必须涂刷防锈漆。

3. 安装固定骨架

骨架安装前必须进行防锈处理，安装位置应准确无误，安装中应随时检查标高和中心线位置。对于面积较大、层高较高的外墙铝板饰面骨架竖件，必须用线锤和仪器测量校正，保证垂直和平整，还应做好变截面、沉降缝处的细部处理，为饰面铝板顺利安装创造条件。

4. 铝合金饰面板的安装

铝合金饰面板随建筑立面造型的不同而异，安装扣紧方法也较多，操作顺序也不尽相同。通常铝合金饰面板的安装连接有以下两种方法。一是直接安装固定，即将铝合金板块用螺栓直接固定在型钢上；二是利用铝合金板材能压延、拉伸、冲压成型的特点，做成各种形状，然后将其压卡在特制的龙骨上。前者耐久性好，常用于外墙面工程；后者施工方便，适宜室内墙面装饰。下面分别介绍条板、复合板、柱面板的安装及特殊部位的处理。

(1)铝合金条板的安装。铝合金饰面板条一般宽度≤150mm，厚度≥1mm，标准长度为6m，经氧化镀膜处理。板条通过焊接型钢骨架用膨胀螺栓连接或连接铁件与建筑主体结构上的预埋件焊接固定。

当饰面面积较大时，焊接骨架可按板条宽度增加布置角钢膜、竖肋杆，一般间距以≤500mm为宜。此时铝合金板条用自攻螺钉直接拧固于骨架上。此种板条的安装，由于采用后条扣压前条的构造方法，可使前块板条安装固定的螺钉被后块板条扣压遮盖，从而达到使螺钉全部暗装的效果，既美观，又对螺钉起保护作用。安装条板时，形成凹槽，增加扣板起伏，加深立面效果，如图2-20所示。

(2)复合铝合金隔热墙板的安装。复合铝合金隔热板均为蜂窝状，系由厂家用模型拉伸而成型。

①成型复合蜂窝隔热板，周边用异型边框嵌固，使之具有足够刚度，并用PVC泡沫塑料填充空隙，聚氨酯密封胶封堵防水。此种饰面板的安装构造，由埋墙膨胀螺栓固定角钢；方钢管立柱，用螺栓与角钢连接；将嵌有复合蜂窝隔热板的异型钢边框用螺栓固定在空心方形钢立柱上，即形成饰面墙板，如图2-21所示。

②成型复合蜂窝隔热板，在生产时即将边框与固定连接件一次压制成型，边框与蜂窝板连接嵌固密封。安装方法是角

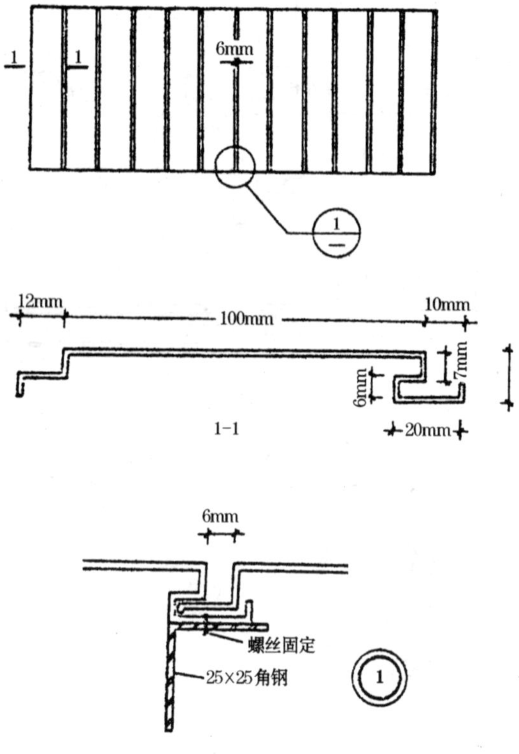

图 2-20　铝合金条板安装示意图

钢与墙体连接，∪形吊挂件嵌固在角钢内穿螺栓连接。∪形吊挂件与边框间留有一定空隙，用发泡 PVC 填充，两块板间留 20mm 缝，用成型橡胶带压死防水，见第 115 页图 2-22。

③铝合金柱面板安装：由于柱面板的基体柱一般为 1～2 层，尤其是室内柱高度不会太大，因此受风荷载影响不大。固定方法是在板上留两个小孔（指每边），然后用发泡 PVC 及密封胶将块与块之间缝隙填充密封，再用销钉将两块板块与连

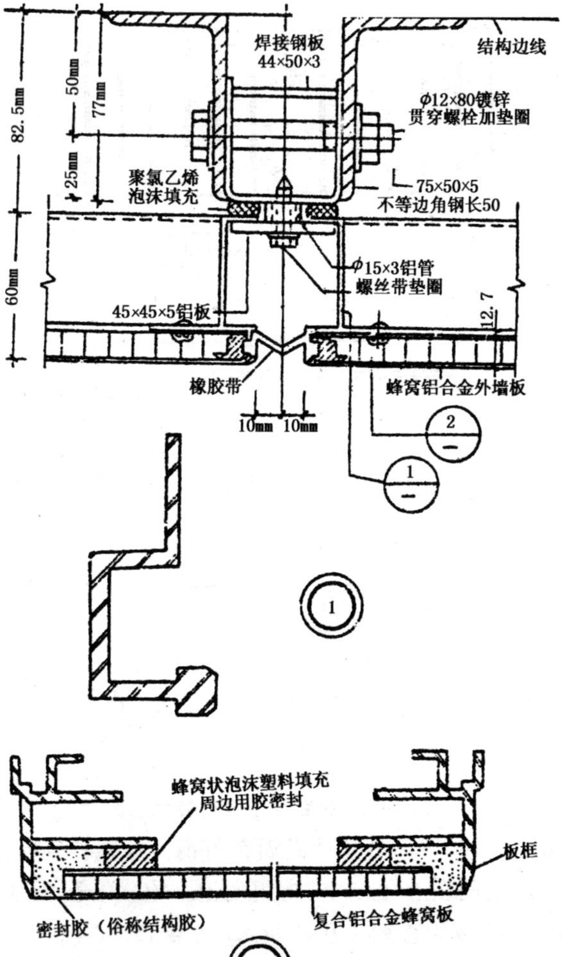

图 2-21　铝合金隔热墙板安装示意图

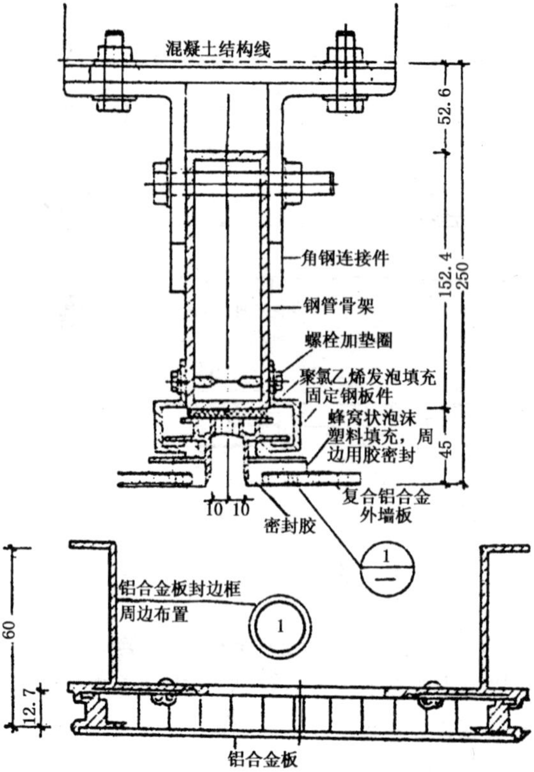

图 2-22　铝合金墙板固定示意图

接件拧牢即可，见图 2-23。

④铝合金板条直接安装：这种作法用于层高不大，风压值较小的建筑上，是一种简易的安装法。它的具体作法是将铝板装饰墙板条作成可嵌插形状。与镀锌钢板冲压成型的嵌插母材——龙骨嵌插，再用连接件把龙骨与墙体螺栓锚固。这种连接方法操作简便，可大大加快施工进度，见图 2-24。

上述 4 种安装方法中，板与板之间均应留出 10～20mm

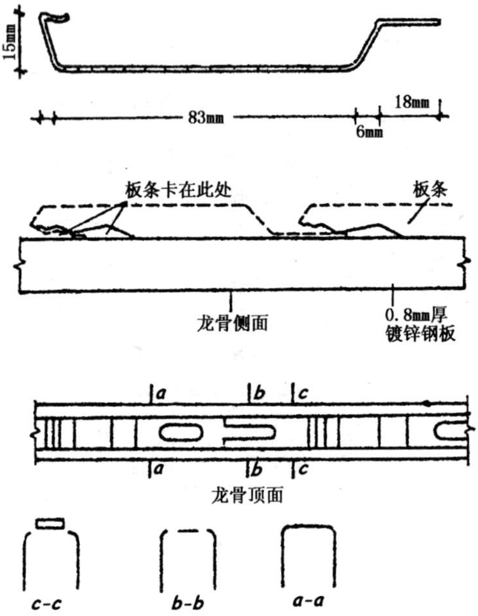

图 2-23 铝合金柱面板固定示意图

间隙，间隙缝用橡胶条压紧或注入密封胶等弹性材料防水，并可调整安装误差。

5. 铝合金板装饰的特殊部位处理

无论何种饰面，对于边角、沉降缝、伸缩缝和压顶等特殊部位均需作细部处理。这类处理，首先是满足建筑结构的功能，其次必须与建筑装饰协调，起到烘托饰面美观的作用，因此，收口较为细致。

铝型材极易于延展成型，可作成复杂剖面，加之镀彩处理等特点，也可满足美观效果。第 118 页图 2-25 提供了 5 种特殊部位处理方法，其构造简单，用 1.5～2.0mm 铝合金板与外墙板用螺栓固定即可，更换也很简单。

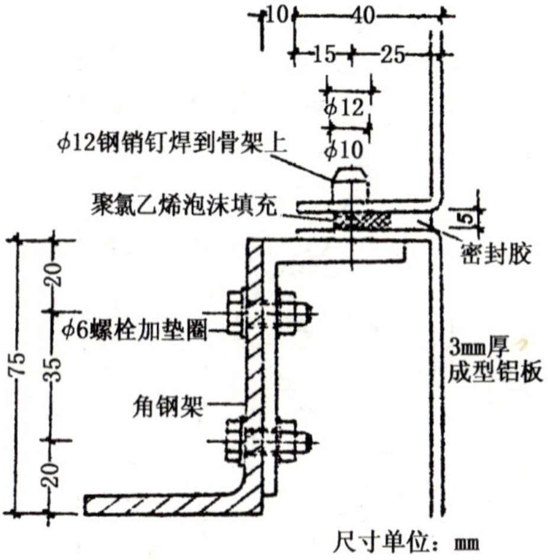

图 2-24 铝合金板龙骨嵌卡示意图

女儿墙或窗台上端，其形状为水平盖板形，水平盖板顶端应用不同形状之铝合金板盖住，以防止各个方向风雨的侵袭、渗透，方便排水。水平盖板可与基层钢骨架连接件螺栓连接，亦可用自攻螺钉直接拧在边框上，缝隙部位应用密封胶嵌填，见第 119 页图 2-26。

对于墙面边缘的收口处理，可利用铝板成型的边缘收口板，在墙边缘部位将方型吊管、连接卡件全部遮盖，锚固亦可利用墙面板安装的连接件，用螺栓连接，以保证美观。边缘收口部位作法见第 119 页图 2-27 和第 120 页图 2-28。

伸缩缝和沉降缝的处理，应满足功能要求，亦应兼顾美观并解决好防水环节。常用的作法是将氯丁橡胶止水带嵌入沉降缝(伸缩缝)两边墙板作连接。见第 121 页图 2-29。

四、常见的施工缺陷及预防措施

1. 纸面石膏板墙体板面开裂、鼓胀

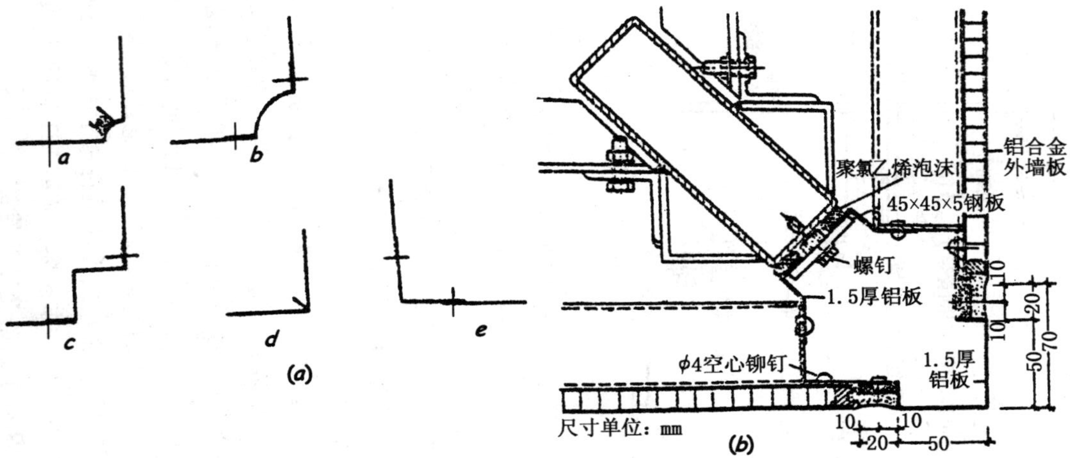

图 2-25　特殊部位处理方法

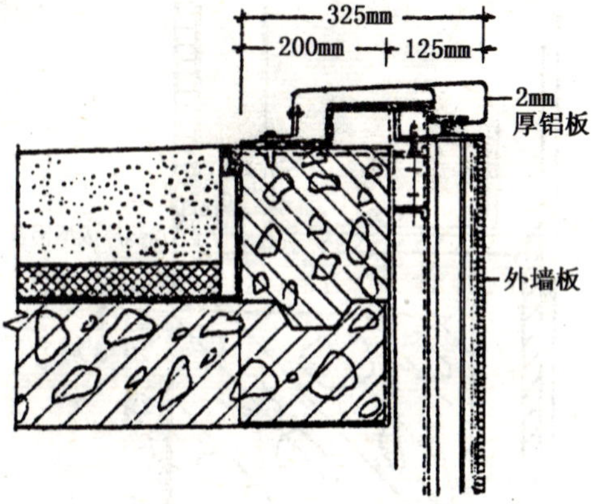

图 2-26　铝合金水平压盖板示意图

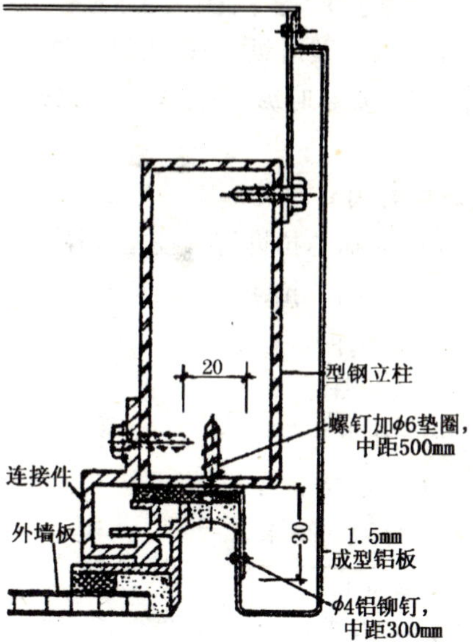

图 2-27　边墙板收口处理示意图

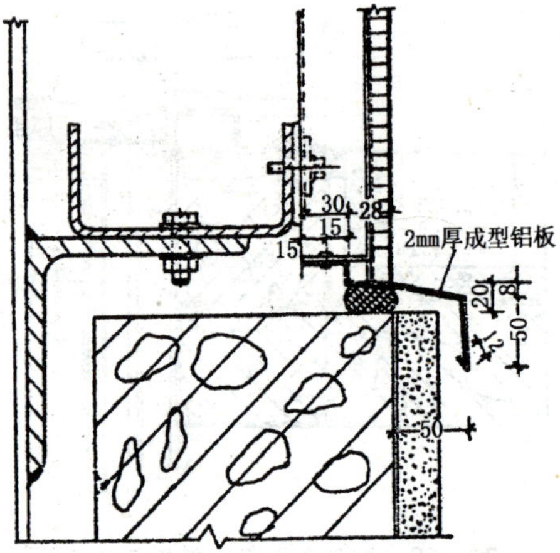

图 2-28　墙下铝板处理示意图

(1)分析原因为安装时纵、横碰头缝未拉开。

(2)预防措施。安装时纵、横碰头缝应拉开 5～8mm,嵌腻子填平。

2. 抽芯拉铆钉间距过大

(1)分析原因为抽芯拉铆钉未按规范控制。

(2)预防措施。抽芯拉铆钉中间应垫橡胶垫圈,间距控制在 100～150mm 范围内。

3. 板材透缝、压槎渗漏

(1)原因分析如下:

①拼缝未按规范要求施工。

②压槎不符合风向要求。

(2)预防措施如下:

①板缝必须采取搭接,其搭接宽度应符合设计要求,严禁对缝相接。

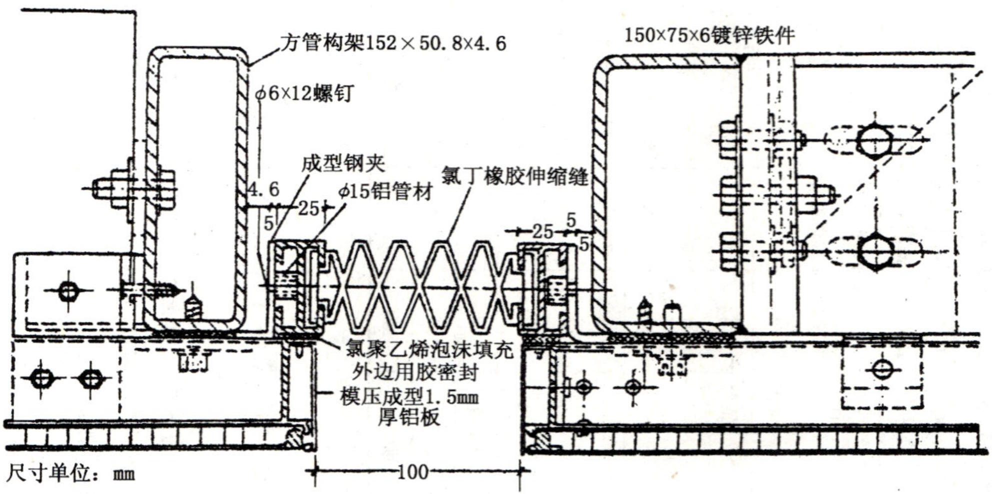

图 2-29　沉降缝处理示意图

②压槎必须按主导风向安装，严禁逆向安装。

五、施工质量要求及检查方法

金属材料装饰板的施工允许偏差及检查方法见表 2-21。

表 2-21 金属材料装饰板施工的允许偏差 (mm)

项次	项目		金属饰面板		检查方法
			铝合金板	压型钢板	
1	立面垂直	室内	2	2	用 2m 托线板检查
		室外	3	3	
2	表面平整		3	3	用 2m 靠尺和楔形塞尺检查
3	阳角方正		3	3	用 20mm 方尺检查
4	接缝平直		0.5	1	拉 5m 线检查，不足 5m 拉通线检查
5	墙裙上口平直		2	3	拉通线检查
6	接缝高低		1	1	用直尺和楔形尺检查
7	接缝宽度		/	/	用尺检查

第八节 玻璃装饰施工

玻璃作为墙面装饰是近几十年发展起来的一种新型作法。它包括玻璃砖墙面、局部镶贴镜面玻璃和玻璃幕墙等。

一、构造作法

1. 玻璃砖墙面构造

玻璃砖又称为特厚玻璃，具有透明度高、质量好等特点，玻璃厚度一般在 20mm 以上，适用于建筑物内部作透明隔墙和建筑物填充墙用。玻璃砖墙面包括以下三种作法，即玻璃隔墙、玻璃砖墙和玻璃组合砖墙。

(1)玻璃隔墙。它所用的玻璃品种有平板玻璃、夹层玻璃、磨砂玻璃、压花玻璃、彩色玻璃等。玻璃隔墙的下部作法有半砖墙抹灰、板条墙抹灰、胶合板、纤维板等罩面板。

(2)玻璃砖墙。采用封闭式空心玻璃砖，用水泥砂浆砌筑，缝隙中加入纵横拉筋，以保证稳定。玻璃砖墙的根部应作踢脚，材料多选用钢筋混凝土，高度均在150mm左右。图2-30为玻璃砖墙的构造作法。

2. 玻璃幕墙构造

玻璃幕墙大体可以分为框格式玻璃幕墙和全玻璃式玻璃幕墙两种形式。其中框格式玻璃幕墙应用较为广泛，其构造见图2-31。

框格式玻璃幕墙按其拼装方式可分为以下几类：

第一，竖框式，即竖框主要受力，特点是竖框外露，竖框之间镶嵌窗框和窗下墙，立面形式为竖线条的装修效果，见图2-32。

第二，横框式，即横框主要受力，横框外露。窗与窗下墙是水平连续的。立面形式为横线条的装修效果，见图2-33。

第三，框格式，即竖框与横框全部外露，形成格子状，这种形式应用较为广泛，见图2-34。

玻璃幕墙由骨架型材、玻璃、紧固件、嵌固安装附件、密封材料等组成。

(1)骨架型材。包括钢骨架型材和铝合金骨架型材，均由专业厂家生产。

骨架型材构成幕墙框架，它承受幕墙的自重和使用荷载。因而，其物理、机械、化学指标应达到标准方可使用。

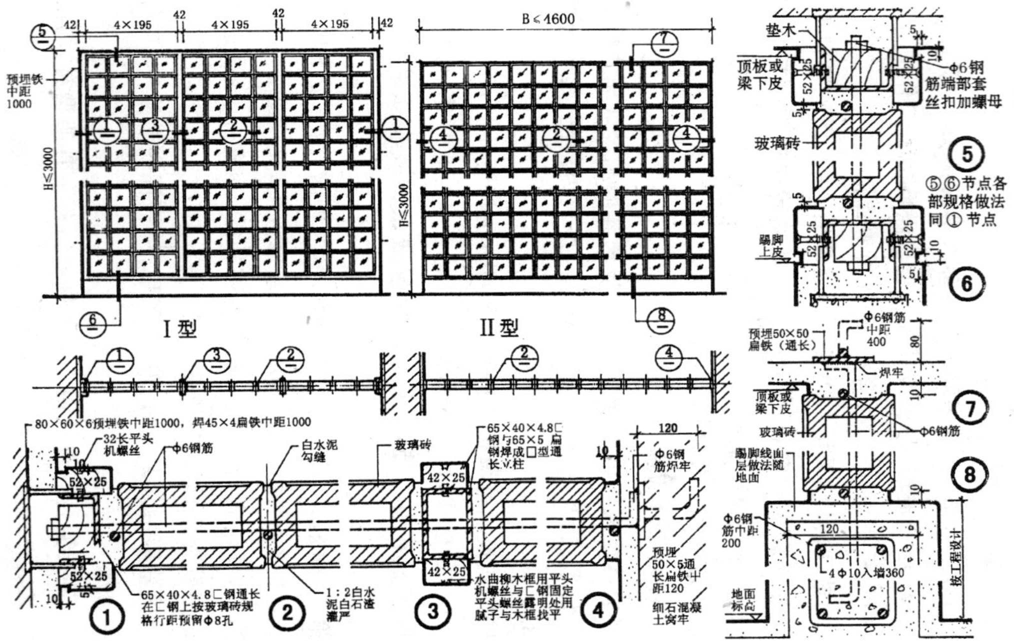

注：1. 玻璃砖规格用：190×190×80（双层空心）。
2. 隔断纵横网格配∅6钢筋双向，每砌一皮玻璃砖，加配∅6钢筋一根。
3. 玻璃砖隔断宽B≤4600，高H≤3000，具体尺寸按工程设计。

图 2–30　玻璃砖墙的构造

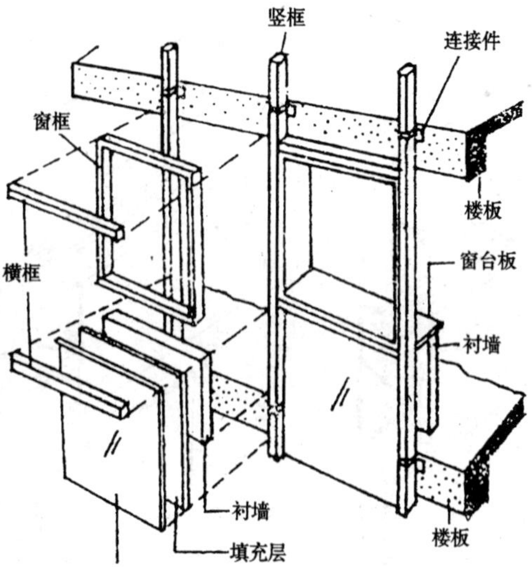

图 2-31　框格式玻璃幕墙构造

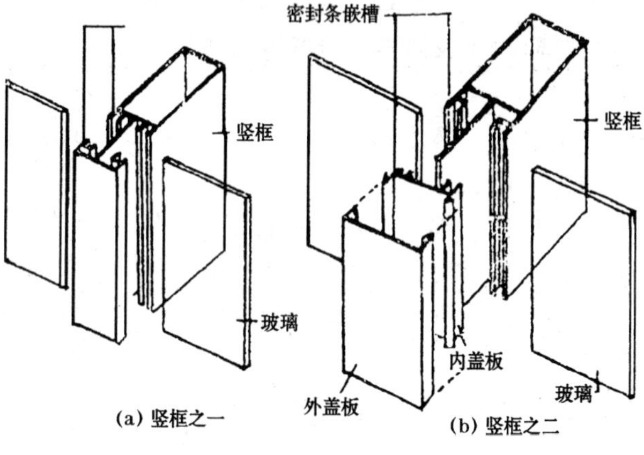

图 2-32　竖框式玻璃幕墙

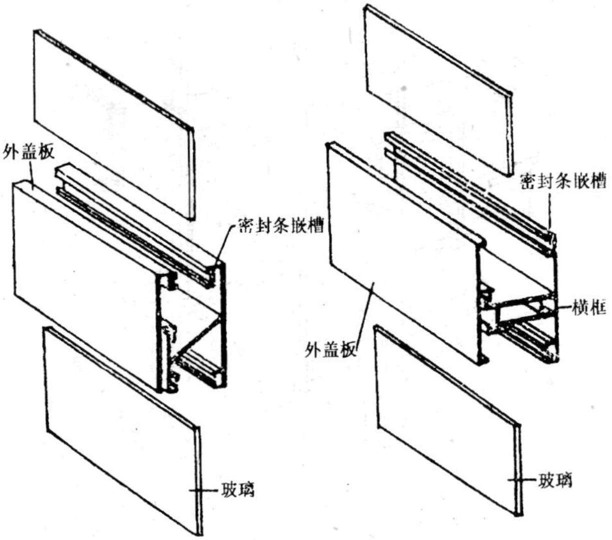

图 2-33 横框式玻璃幕墙

(2)玻璃。构成玻璃幕墙的玻璃品种有吸热、透明、高强要求,其品种如下:

①浮法玻璃。这种玻璃两面平整,光洁度高,具有机械磨光玻璃的光学性能。

②吸热玻璃。常见的颜色有古铜色、蓝灰色、蓝绿色、茶色。上述各种色彩均具有吸热功能。即以不同色素“滤去”阳光中的某些光谱色段,使所需要的色谱光透入,从而限制红外线热量透过,降低进入室内之日照热量,避免眩光和过量紫外线辐射,起到吸热作用。一般吸热率可达50%左右。

③热反射玻璃。又称涂层玻璃、镜面单反射玻璃。热反射玻璃具有一定的透光性。颜色有金、银、灰、古铜等颜色。由于

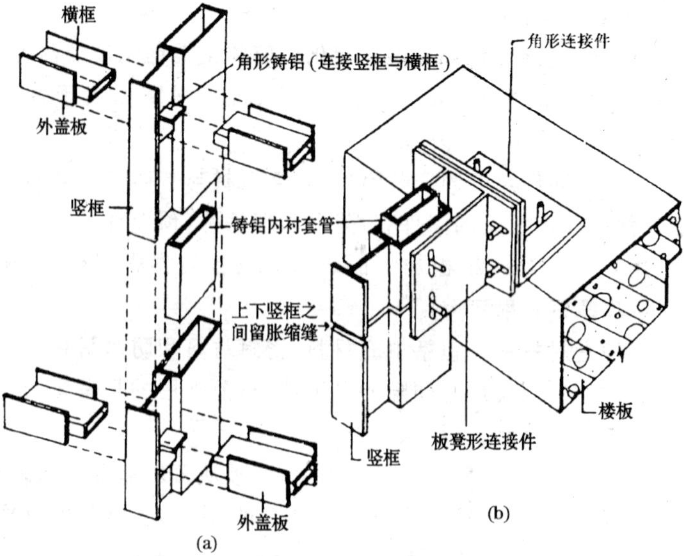

图 2-34　框格式玻璃幕墙

(a)竖框与横框的连接　(b)竖框与楼板的连接

涂层对室外有映像功能,视线又可由室内向室外透光,是理想的幕墙面材。热反射玻璃按其厚度分为三类:一类为薄形,厚度为 3~5mm;二类为中形,厚度为 6~8mm;三类为厚形,厚度为 10~18mm。

④中空玻璃。它由双层或三层玻璃,选用不同的玻璃原片,用高强高气密粘结剂进行中空复合。层间有空气层,且在中空空气层中施放干燥剂,保证中空层干燥。它具有很好的采光、隔音、隔热性,并能节约能源。玻璃与中空层的关系为 5+6(中空层)+5mm,其透光率≥75%,隔音性能为≥30dB,导热系数<3.5W/(m.K)。

⑤夹层玻璃。一般采用 2+2mm,3+3mm 作法。透光度

不低于 80%，耐热性 60℃±2℃。

⑥钢化玻璃。它分为物理钢化玻璃和化学钢化玻璃两种。钢化玻璃一般为 5mm 厚，其抗冲击、抗弯强度相当于普通 5mm 厚玻璃的 7～8 倍。

(3)紧固件及嵌固安装附件。骨架型材与基体锚固必须使用各种附件。常见的附件有：附墙预埋铁件(预埋件)、连接件(多用角钢、槽钢、钢板加工而成)，以及各类膨胀螺栓、铝铆钉、自攻螺钉和射钉等。

(4)密封材料。包括填充材料、密封材料和防水材料。

①填充材料。用于间隙的最下部，目前常用的是聚氯乙烯泡沫塑料，有片状、圆柱状等。

②密封材料。覆盖于填充料上，对玻璃幕墙起缝隙密封、粘结作用。同时缓冲玻璃与金属架之间的撞击。常见的有橡胶密封条。用于装配玻璃时嵌入玻璃两侧，起密封作用。密封材料的规格很多，取决于凹槽大小。密封时应松紧适度。

③防水材料。常用的为硅酮系列密封胶。一般为软管包装，使用胶枪注入幕墙间隙内。目前市场上可供选择的有：醋酸型硅酮胶和中性硅酮胶。

二、施工前的准备工作

1. 施工机具

(1)切割锯类。包括电动曲线锯、型材切割机和手提式电锯。

①电动曲线锯。应用于切割曲线、直线板材，用不同锯条可以割断金属板材。

②型材切割机。这是一种高效率的电动工具，它根据砂轮磨削原理，利用高速薄片砂轮切割各种型材。

③手提式电锯。主要用于混凝土、石材和各种瓷砖的切

割，更换锯片后亦可用于金属板材的切割。

(2)电钻类。包括微型电钻和冲击电钻。

①微型电钻。这是一种手提式钻孔工具，主要用于金属、塑料、板材的钻孔。

②冲击电钻。可对钢制品进行钻孔。如把旋钮调整到冲击位置，装上合金钢钻头，可以对混凝土、砖墙进行钻孔。

(3)其它工具。包括电焊机、钢筋切断机和各类手工工具。

2. 材料

(1)玻璃空心砖。它是采用箱式模具制成的，两块玻璃加热熔接成整体空心砖，中心充以干燥空气，经退火，最后涂饰侧面而成。玻璃空心砖还可以在内部压铸成带各种花纹或是各种颜色的。玻璃空心砖具有热控、光控、隔声，减少灰尘透过及避免结露等优点。

玻璃空心砖的规格尺寸为100×100×100(mm)，300×300×100(mm)两种。。胶结材料一般采用425号及以上的普通硅酸盐水泥，亦可以用透明胶粘结剂。细骨粒宜采用粒径为0.1～1mm，不含泥或其它杂质的白色砾砂。掺合料为石灰膏或石膏粉及少量胶粘剂。其它材料还有墙体水平钢筋、玻璃丝毡或聚苯乙烯泡沫塑料等。

(2)玻璃。除前边介绍的吸热玻璃、热反射玻璃和中空玻璃以外，还有以下几种：

①平板玻璃。这是一种未经研磨加工的玻璃，属于钠玻璃类，又名净白片。

②浮法玻璃。这是将熔融状态的玻璃液引成板状进入锡槽，在干净的锡液面上延伸入退火窑，逐渐降温退火加工而成的玻璃。镜面玻璃多由浮法玻璃制成。

③磨光玻璃，又称镜面玻璃。它是用平板玻璃经过研磨抛

光后的玻璃。分单面磨光和双面磨光两种。这种玻璃表面平整且有光泽，物像透光不变形，透光率大于85％。

④磨砂玻璃，又称为毛玻璃。它采用机械喷砂、手工研磨、抛光或氢氟酸溶蚀等方法将平板玻璃表面处理成均匀毛面而成。由于表面粗糙，使光线产生漫射，具有避免眩光的特点。常用于卫生间等处。

⑤花纹玻璃。可分为压花玻璃和喷花玻璃两种。

压花玻璃：又称为滚花玻璃，它是用压延机的下辊面上刻有不同花纹，熔融玻璃液流经压辊时被压延而成的。在玻璃单面压有深浅不同的各式花纹图案。若将玻璃着色或在表面喷涂金属氧化物薄层，还可制成彩色压花玻璃。由于花纹凹凸不平，使光线产生漫射，从而失去透视性，减低透光度，可令室内光线柔和悦目，在灯光照耀下显得格外晶莹光洁。

喷花玻璃：又称喷砂玻璃和胶花玻璃，它是在平板玻璃表面上贴以花纹图案，抹以护面层，经喷砂处理而成的。

⑥有色玻璃。包括透明颜色玻璃和不透明颜色玻璃两种。

透明颜色玻璃：它是在原料中加入一定的金属氧化物而使玻璃着色。

不透明颜色玻璃：它是在一定形状的平板玻璃的一面，喷以色釉，经过烘烤而成的。

⑦钢化玻璃。平板玻璃、浮法玻璃、磨光玻璃等经过钢化处理后，它的强度比未经处理的玻璃大三至五倍。当玻璃破碎时，裂成六边形等圆钝的小碎片，不致伤人。

⑧夹丝玻璃，又称为防碎玻璃。它是将普通平板玻璃加热到红热软化状态，再将六角拧花金属网丝板从玻璃熔窑流液器下送到引出的玻璃带上，经过对辊压制使其嵌入玻璃板中间而制成。表面可以是压花的或磨光的，颜色可以是透明的或

彩色的。它是防火玻璃的一种。

(3)油灰。它是一种油性腻子,由石膏粉、滑石粉、白垩或沉淀碳酸钙与少量的熟油(熟桐油、熟亚麻子油等天然干性油)配制而成。油灰应具有塑性,嵌抹时不断裂、不出麻面,在常温状态下,应在20个昼夜硬化。

三、施工方法

1. 玻璃空心砖饰面施工

玻璃空心砖饰面的安装方法有单块砌筑和预砌砖板两种作法。

(1)单块砌筑。施工顺序为:选砖、排砖、挂线、砌砖。

①选砖。玻璃砖应挑选棱角整齐、规格相同,砖的对角线尺寸基本一致,表面无裂缝的砖。

②排砖。根据弹好的玻璃砖墙位置线,核对玻璃长度尺寸是否符合排砖模数,如不符合应进行调整。

③挂线。砌筑之前应双面挂线,每皮玻璃砖砌筑时,均需找平线,以使水平灰缝均匀一致,平直通顺。

④砌筑。应保持玻璃砖表面清洁,皮数杆要保持标高一致,挂线要拉紧。平缝砂浆要铺得适宜以便于慢慢挤揉。立缝灌浆要捣实,勾缝要严,以保证砂浆饱满度,防止出现空鼓。玻璃砖安装完成后,要作好保护。

(2)预砌砖板安装。将预砌玻璃砖板的边框,用螺钉或焊接的方法,直接固定在支托或砖砌体上,也可以压条固定。在玻璃砖墙板边框与支托或结构体的缝隙中填充密封材料。

2. 玻璃组合墙面施工

(1)单块排列。其工序如下:

①在混凝土墙上安装玻璃组合砖时,开口部位要比玻璃组合砖砌筑完后的尺寸大30～50mm。砌筑面积较大时,应在

适当位置设置伸缩缝。

②根据玻璃组合砖的尺寸分缝，缝宽为10mm。

③玻璃组合砖的砌筑砂浆应饱满，纵、横缝不得有空隙，并应低于组合砖面8mm左右。

④在玻璃组合砖块与框或结构等接触的部位，应填充缓冲、密封材料。

(2)预砌砖板安装。其工序如下：

①用螺钉或焊接将预拼砖板边框固定在铁框或结构上。

②在预拼砖板的缝和边框周围填充密封材料。

3. 镶贴玻璃构造作法

(1)镜面玻璃粘贴构造。玻璃平面尺寸一般为500×500(mm)，厚度为3mm，用玻璃胶直接贴在垫层板上。安装时先制作骨架，在骨架外皮用螺钉固定木方(20mm×30mm)，再钉垫层板，平整度要求对角线公差在0.3mm以内。在玻璃背面用打胶枪沿四周和对角线打胶，然后按弹线位置由中间向两侧粘贴。玻璃板下沿临时用小钉支撑，由上至下分行粘贴。待胶干后去掉小钉再贴下一行。饰面玻璃之间均留缝。粘贴后用汽油或粘结剂的溶剂擦洗玻璃面，再用湿布擦干净。镜面玻璃装饰的收边采用铝合金或不锈钢材进行包角、压缝。其构造作法见图2-35。

(2)镜面玻璃无垫层板粘贴构造。这种作法是将玻璃直接粘贴在骨架钢龙骨上。

骨架用不锈钢方管按玻璃板的尺寸焊成井格，用型钢支架固定在墙体上，骨架与墙的距离一般为250～350mm，然后用玻璃胶将玻璃粘在龙骨上。打胶的方法仍然是用打胶枪沿玻璃的四周挤胶与龙骨粘贴。上部檐口用玻璃钢波形瓦或其它轻质防水板封顶。玻璃墙的底部用装饰板或玻璃板采用粘

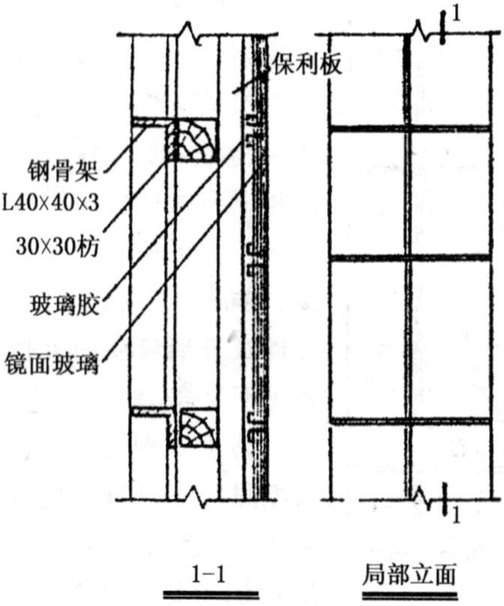

图 2-35　镜面玻璃粘贴构造

贴和压条镶嵌的方法封底，不锈钢包角收边。它要求骨架外皮垂直平整度精度高，其对角线公差为0.3mm。构造作法见图 2-36。

(3)铝合金骨架镶贴玻璃饰面构造。镜面玻璃、反射玻璃、隔热玻璃等这些玻璃的固定，都是采用压条法和嵌条法固定，它和玻璃幕墙、大面积玻璃外墙的作法相似。

①压条法。它采用铝合金异型材并用拉铆钉将玻璃和压条固定。

②嵌条法。它采用嵌条舌簧卡子插入卡座插口来固定玻璃。如同铝合金、塑料板的安装一样。嵌条法安装比压条法强度要大而且牢靠。

4. 玻璃幕墙施工

玻璃幕墙施工方法随骨架型材不同而有所变化，一般型钢骨架采用较少，故主要介绍玻璃幕墙专用型材——铝合金骨架的作法。

玻璃幕墙主要有两种施工方式：

第一种是分件式，即在施工现场将铝合金边框、玻璃、填

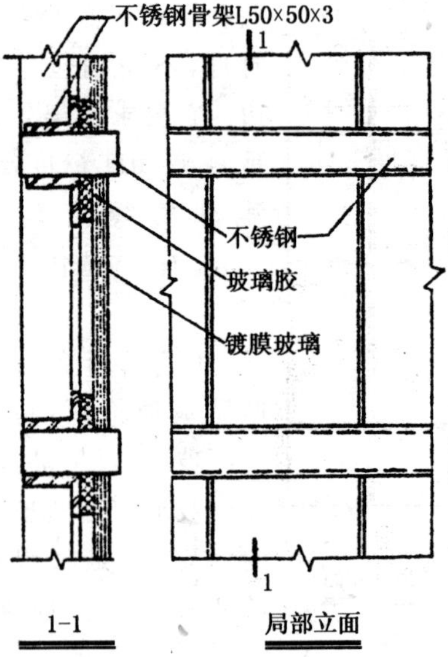

图 2-36　镜面玻璃与骨架无垫板粘贴

充层和内衬墙按一定顺序分件组装(参见第 125 页图 2-31)。玻璃幕墙的自重及风荷载,通过型材骨架的竖框或横框传递给主体结构。竖框一般与梁板连接。横框一般与柱子连接。分件式玻璃幕墙的分格方式见图 2-37。

第二种是单元式,即从型材加工、墙框组合、镶装玻璃、嵌密封条等工序均在加工厂中进行,在施工现场整体与结构连接,如图 2-38。单元式玻璃幕

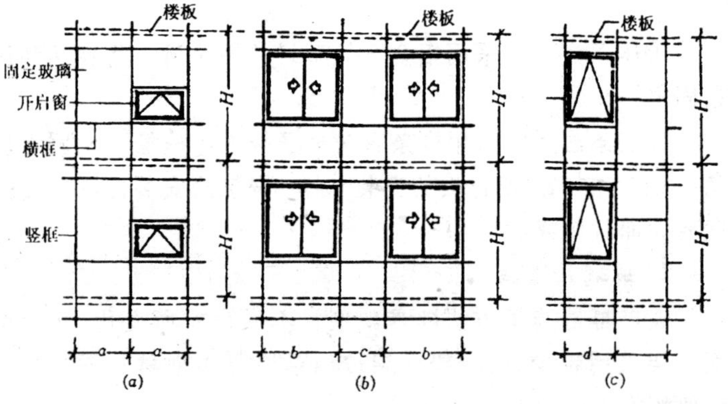

图 2-37　分件式玻璃幕墙的立面划分

墙一般根据结构型式的不同事先进行单元划分,每一单元由

3～8 块玻璃组成，每块玻璃宽度不宜超过 1.5m，高度不宜超过 3～3.5m。图 2-39 为单元式玻璃幕墙的划分示例。这种划分多采用竖框接通，其高度与楼层高度相同，为便于连接，其上下接缝部位(横缝)均在楼面标高以上 200～300mm 处。

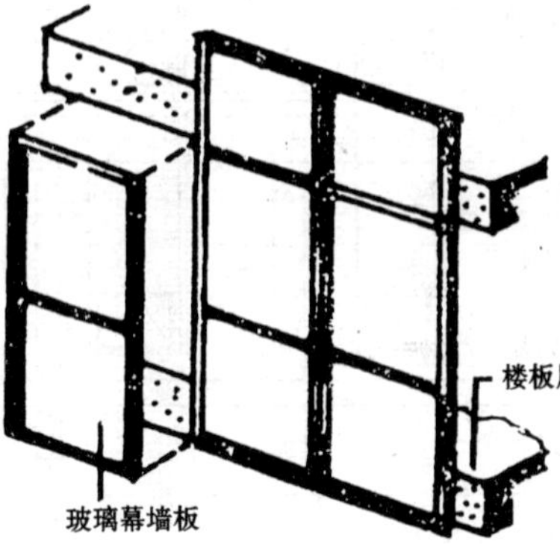

图 2-38　单元式玻璃幕墙

玻璃幕墙施工工序如下：

(1)放线。放线的目的是确定骨架的准确安装位置。将安装线弹到主体结构基层上，以确定预埋件和膨胀螺栓的位置。

(2)安装骨架。骨架多通过角钢与主体结构相连。中间为螺栓穿透角钢与竖框，螺栓宜采用不锈钢螺栓，如图 2-40。对于大面积的玻璃幕墙，一般都存在骨架的接长问题。其接长方法是采用专用的连接件，即采用空腹方钢分别插入需连接的两根杆件的端部，然后再用不锈钢螺栓固定，如图 2-41。

(3)安装玻璃。包括玻璃安装、橡胶压条安装和封装密封材料三项内容，如图 2-42 所示。

(4)横框与竖框的连接及玻璃的固定。横框与竖框一般通过铝铆钉与联结件进行固定。而玻璃的安装与竖框稍有不同。

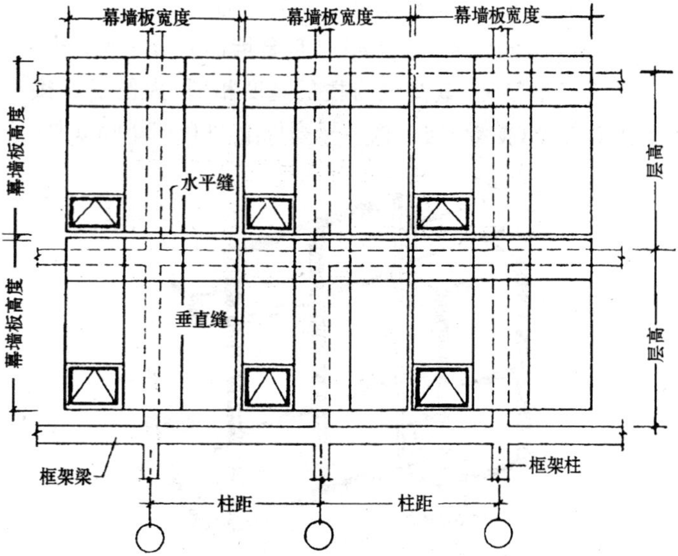

图 2-39 单元式玻璃幕墙划分示例

其区别是在玻璃的底部加设了橡胶定位垫块。同时，横框上支承玻璃的部位是倾斜的，其目的是为了便于排除因密封不严而流入凹槽内的雨水，如图 2-43。

(5)转角部位的处理。玻璃幕墙的转角部位包括阴角、阳角、任意角等。下面对各种转角的处理分别予以介绍：

第一，阴角，亦称为 90°内转角。其处理方法是将两根竖框相互垂直布置，竖框之间的间隙，外侧用密封材料进行密封，室内一侧采用成型的薄铝板进行饰面，薄铝板与铝合金竖框之间采用铝拉钉连接，如图 2-44。

第二，阳角，亦称为 90°外转角。其处理方法是将两根竖框呈垂直布置，然后用铝合金板作封角处理。图 2-45 为把阳角处理成阴角的式样，图 2-46 为阳角采用直角封板转角的构

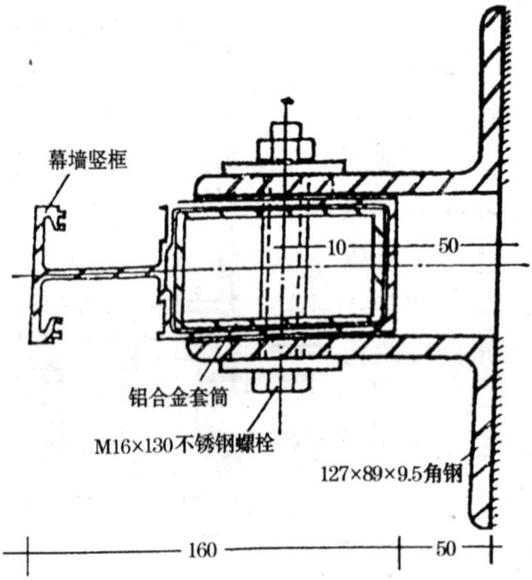

图 2-40　竖框的固定节点

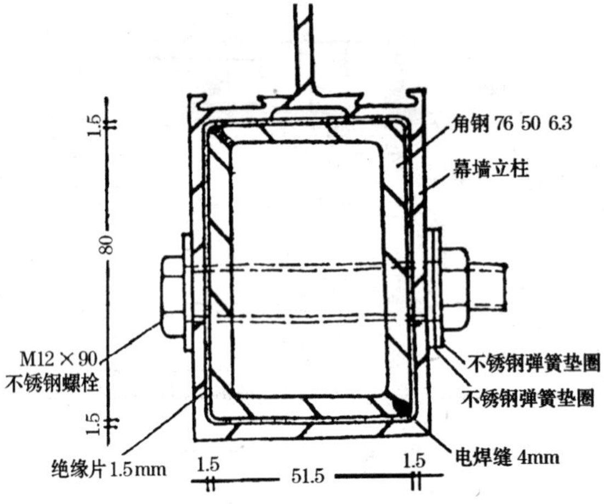

图 2-41　竖框的上下对接

造示意。

第三，任意角。任意角指角度＜90°的锐角和＞90°的钝角。其过渡方法与阳角、阴角基本相似，即采用铝合金板进行过渡。图 2-47 表明了任意角度阳角的转角构造。

(6)端部的收口处理。端部的收口一般包括侧端的收口、底部的收口和顶部的收口几部分。处理情况分述如下：

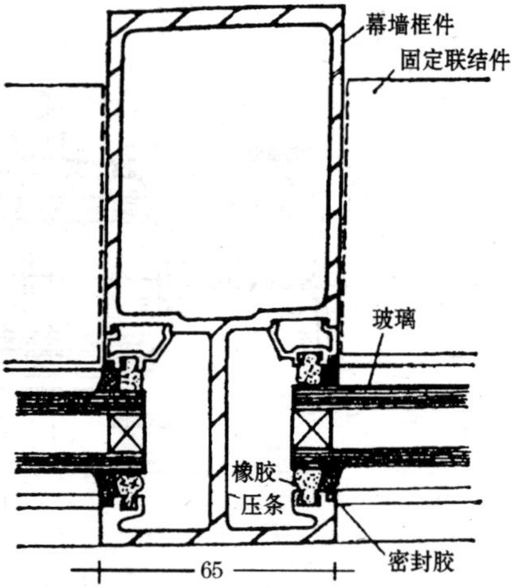

图 2-42　玻璃与竖框的固定

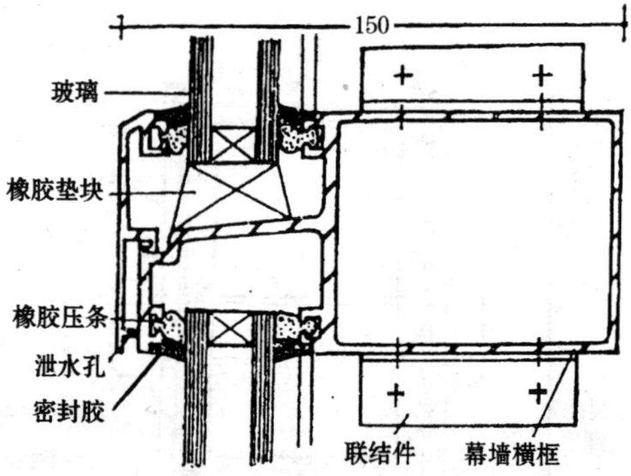

图 2-43　横框的固定与玻璃的安装

第一，侧端的收口，即指最边部的竖框如何与结构的连接问题。采用 1.5mm 厚的成型铝板进行过渡，将幕墙与骨架之

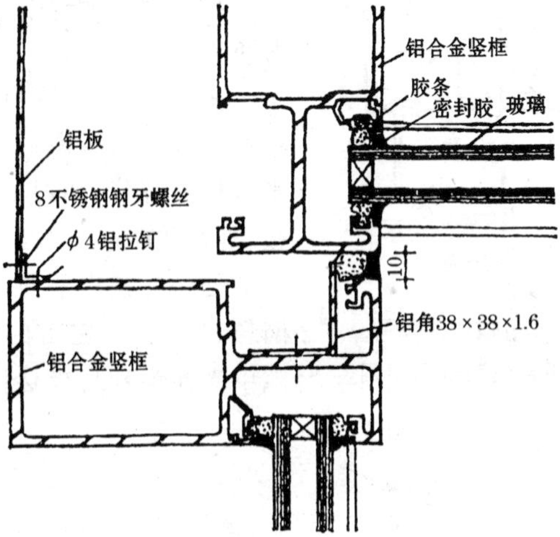

图 2-44　玻璃幕墙阴角构造

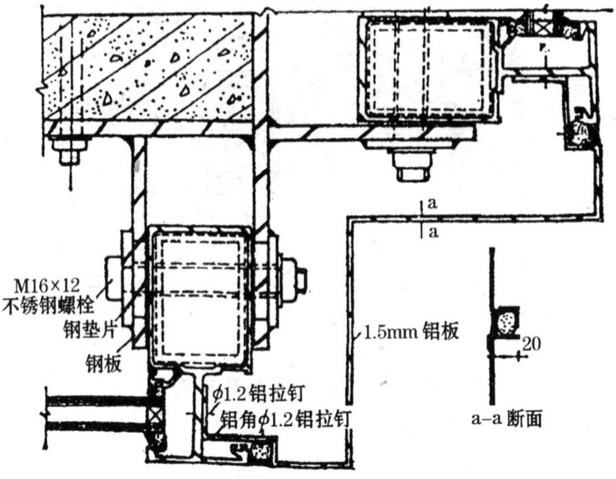

图 2-45　玻璃幕墙阳角处理

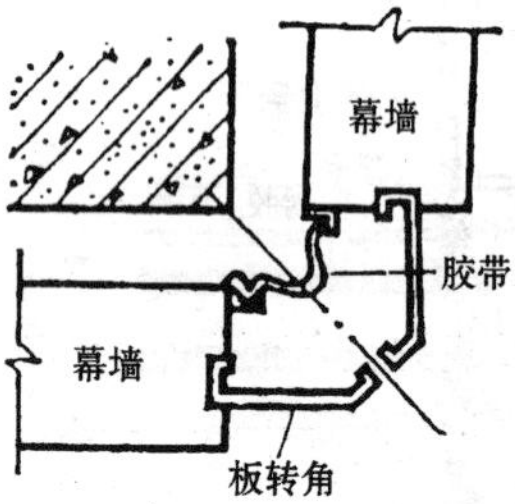

图 2-46 玻璃幕墙阳角采用直角封板示意图

间的间隙封闭起来，如图 2-48 所示。

第二，底部的收口，即指幕墙最底部的所有横框与结构水平面接触部位（如窗下墙、窗台板、地面等）连接问题。这些部位的处理应使横框与结构面之间留出 25mm 左右的缝隙，缝隙中灌注弹性封缝材料作密封

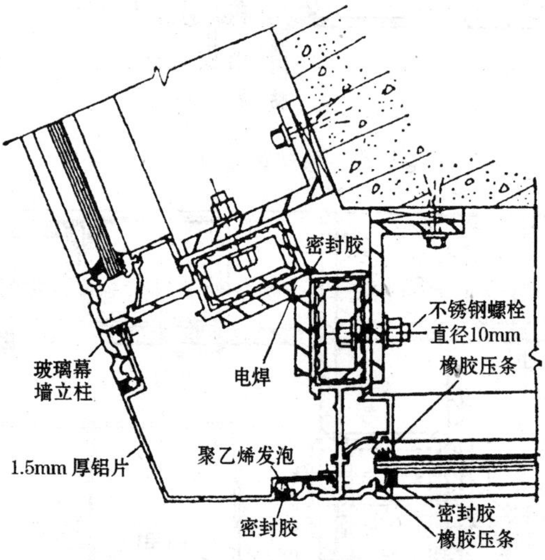

图 2-47 任意角度阳角转角构造

与防水，如图 2-49 所示。

第三，顶部的收口，即玻璃幕墙的上端。顶部收口的同时，应重点处理好防止雨水渗漏的问题。通常的作法仍然是采用铝板进行过渡，其一端固定于横框上，另一端固定于与结构连

接的型钢骨架上，接缝部位密封处理如图 2-50 所示。

以上介绍了框格式玻璃幕墙的施工方法。在实际工程中，还有采用不露骨架（全隐式）的玻璃幕墙和无框式玻璃幕墙两种体系，以下做简要介绍。

不露骨架的玻璃幕墙体系采用特制的连接件将铝合金封边框与骨架相连，然后用高强粘结剂将玻璃粘结在封边框上。这样做看不到骨架，有与框格式玻璃幕墙不同的立面效果，其节点构造作法见图 2-51、图 2-52、图 2-53。

无框式玻璃幕墙是指不采用金属框而直接将玻璃固定在结构上的一种作法。这种作法的特点是为观赏者提供了无遮挡的透明墙面，扩大了视野。为增加大面积玻璃自身的刚度，每隔一定距离采用一条形玻璃作为肋板，肋板垂直于玻璃幕墙面放置，并用密封胶粘牢。肋玻璃的固定可采用吊钩固定、特殊型材固定和金属框固定等方式，如图 2-54 所示。

无框式玻璃幕墙比其他形式的玻璃幕墙的玻璃厚度要加厚，主要根据幕墙的高度、风压大小、分块尺寸等因素确定。除采用平板玻璃外，还可采用钢化玻璃，夹层钢化玻璃等。肋玻璃与面玻璃之间，一般采用硅酮系列密封胶注满，其粘结方式见图 2-55。

四、常见的施工缺陷及预防措施

1. 玻璃空心砖墙的允许偏差

（1）轴线位移。允许偏差 10mm。

（2）墙面垂直。允许偏差±5mm。

（3）墙面不平整。允许偏差 5mm。

（4）水平缝、立缝平直（一面墙）。允许偏差 7mm。

（5）水平缝、立缝平直（两砖之间）。允许偏差 2mm。

2. 玻璃幕墙变形

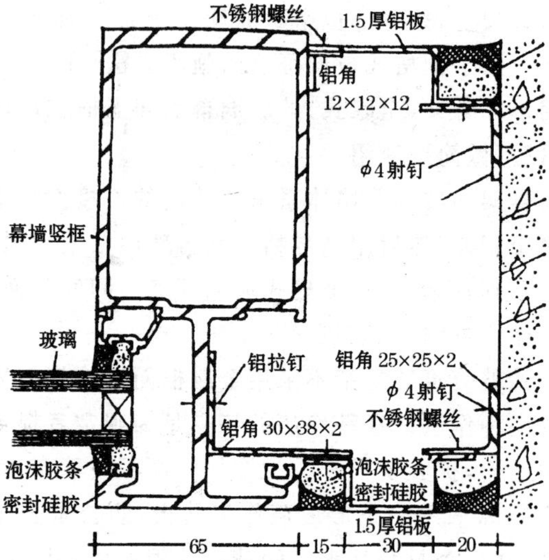

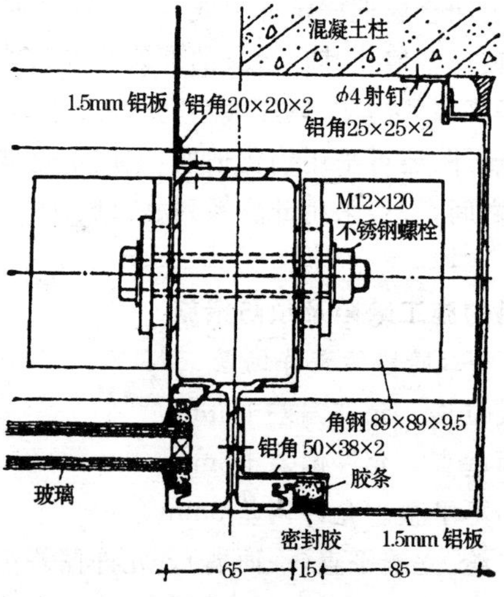

图 2-48 玻璃幕墙侧端收口构造

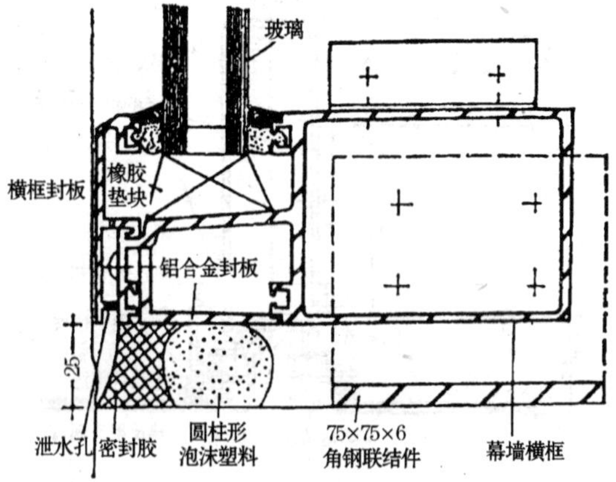

图 2-49 底部的收口处理

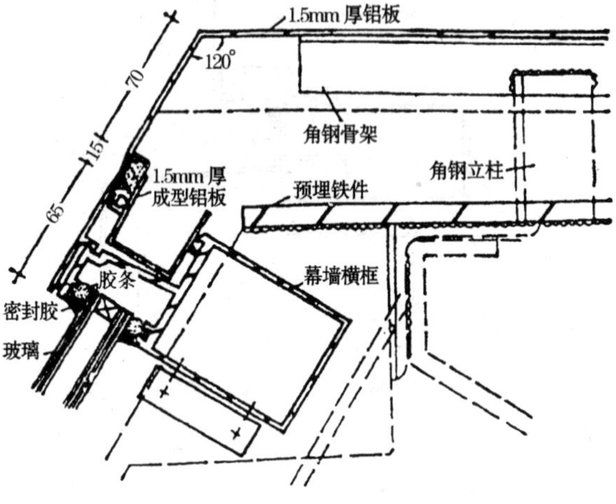

图 2-50 顶部的收口处理

(1)原因分析如下：

①竖框料刚度差。

②竖框料接头不当。

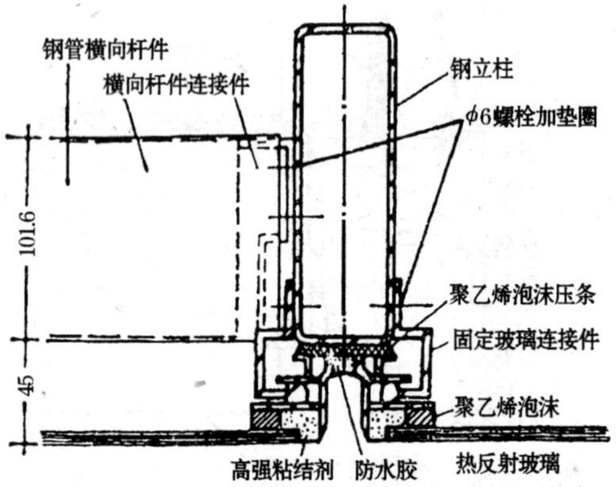

图 2-51　不露骨架体系的玻璃幕墙

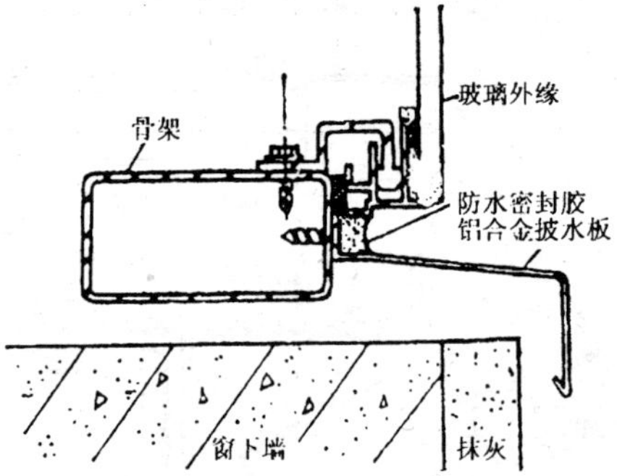

图 2-52　不露骨架玻璃幕墙的窗台节点

③伸缩缝设置不当。

④伸缩缝填塞无弹性。

⑤未采用遮阳玻璃。

(2)预防措施如下:

①竖框料按设计承受 2000～3000kPa 的风压后,其变形量应≤l/180(l 为每根竖框料支点之间的距离)。

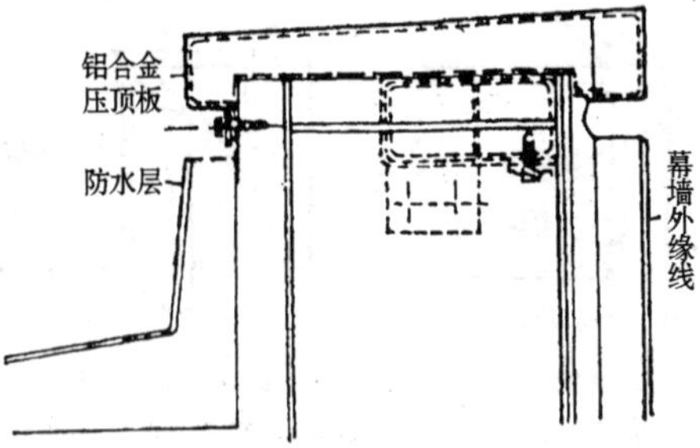

图 2-53　不露骨架玻璃幕墙女儿墙节点

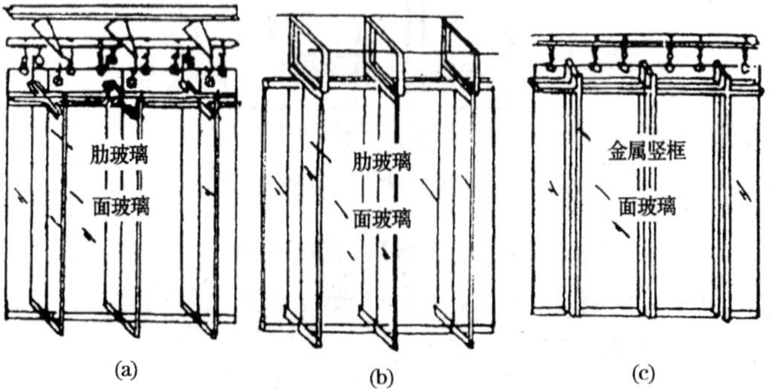

图 2-54　肋玻璃的固定形式

(a)吊钩固定　(b)特殊型材固定　(c)金属框固定

②跨在两层楼板之间承受风力的竖框料，它的上端悬挂在固定的支座上，其下端与下层竖框的上端应套接，接头应能活动。

③型钢框料与型钢框料、铝料与铝料、铝料与玻璃、铝料与砖墙之间均需预留伸缩缝。

④伸缩缝必须采用弹性好且经久耐用的填料，一般应采用硅酮密封胶。

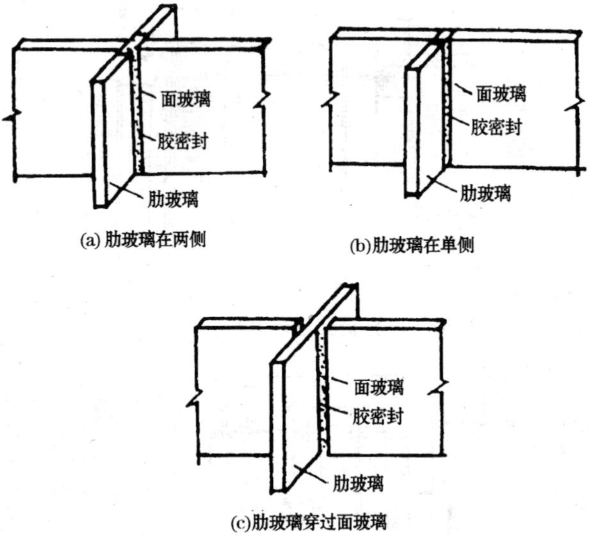

图 2-55　肋玻璃的粘接方法

⑤幕墙玻璃应采用镜面反射玻璃或夹丝玻璃遮阳。

3. 玻璃幕墙透水

(1)原因分析如下：

①封缝材料质量差。

②填缝不严密。

③幕墙变形。

(2)预防措施如下：

①封缝材料必须柔软、弹性好、使用寿命长，并经检验符合设计要求后方可使用。一般采用硅酮胶。

②施工时应精心操作，使封缝填塞严密均匀。

③幕墙骨架必须牢固可靠，每一个节点均应严密检查、检测数据，必须满足设计要求和验评标准的规定。

第九节　涂料装饰施工

建筑涂料系指涂敷于建筑物表面，并能与建筑物表面材料很好粘结，形成完整涂膜的材料。

建筑涂料具有装饰、保护结构和改善条件的功能。装饰功能就是通过建筑物的美化来提高外观价值的功能。建筑涂料可赋予建筑物以色彩、花纹图案、立体质感和光泽等以实现对建筑物的装饰。保护结构功能就是保护建筑物不受环境影响的功能。建筑涂料具有的耐水、耐碱、耐候、防锈和防腐的功能，可提高建筑物表面抵抗阳光、风沙、雨沙、雪水和有害介质的能力。改善条件的功能指具有防火、防水、保温、隔声、防霉、杀虫、防结露等性能。

建筑涂料按其耐久性分为 6 级：1 级耐久性在 25 年以上；2 级耐久性在 15～25 年；3 级耐久性在 10～15 年；4 级耐久性在 5～10 年；5 级耐久性在 3～5 年；6 级耐久性在 3 年以下。

建筑涂料的分类方法很多，大约有以下几种：

按用途分为：外墙涂料、内墙涂料、顶棚涂料、地面涂料和屋面涂料等。

按成膜物质分为：有机系涂料，如丙烯酸树脂等；无机系涂料，如硅酸盐涂料等；有机无机复合涂料，如丙烯酸—硅溶胶复合乳液涂料等。

按分散介质分为：溶剂型涂料，如丙烯酸酯溶液涂料等；水溶型涂料，如聚乙烯醇水玻璃内墙涂料等；水乳型涂料，如苯乙烯—丙烯酸乳液涂料等。

按功能分为：装饰涂料、防火涂料、防水涂料、防腐涂料、防霉涂料、防结露涂料等。

按涂层质感分为：薄质涂料、厚质涂料和复层建筑涂料等。

一、构造作法

建筑涂料的构造作法与施工方法密切相关，通常有滚涂、喷涂、弹涂、刷涂等作法。同时，在不同基层上作法也不尽相同。目前，建筑涂料可以在砖墙、混凝土墙、加气混凝土墙、陶粒空心砖墙、预制钢筋混凝土大型墙板以及木材、金属表面上涂饰。

1. 外墙涂料

(1)滚涂墙面。发5种情况进行介绍。

①基层为砖墙。构造顺序为由外及内进行(下同)。

a. 喷甲基硅醇钠憎水剂；

b. 滚涂聚合物水泥砂浆；

c. 喷(刷)一道107胶水溶液(配比为107胶：水＝1：4)(下同)；

d. 12厚1：3水泥砂浆打底，木抹搓平。

②基层为混凝土墙(作法一)。其工序如下：

a. 喷甲基硅醇钠憎水剂；

b. 滚涂聚合物水泥砂浆；

c. 刷(喷)一道107胶水溶液，配比同前。

③基层为混凝土墙(作法二)。其工序如下：

a. 喷甲基硅醇钠憎水剂；

b. 滚涂聚合物水泥砂浆；

c. 刷(喷)一道107胶水溶液，配比同前；

d. 10厚1：3水泥砂浆打底，木抹搓平；

e. 刷素水泥浆一道(内掺水泥重3%～5%的107胶)。

④基层为加气混凝土墙(作法一)。其工序如下：

a. 喷甲基硅醇钠憎水剂；

b. 滚涂聚合物水泥砂浆；

c. 刷(喷)一道107胶水溶液,配比同前；

d. 12厚1∶1∶6水泥石灰膏砂浆打底,木抹搓平；

e. 刷(喷)一道107胶水溶液,配比同前。

⑤基层为加气混凝土墙(作法二)。其工序如下：

a. 喷甲基硅醇钠憎水剂；

b. 滚涂聚合物水泥砂浆；

c. 刷(喷)一道107胶水溶液,配比同前；

d. 6厚1∶1∶6水泥石灰膏砂浆,木抹搓平；

e. 6厚TG砂浆打底扫毛,配比为水泥∶砂∶TG胶∶水=1∶6∶0.2∶适量；

f. 涂刷TG胶浆一道,配比为TG胶∶水∶水泥=1∶4∶1.5。

(2)喷涂墙面。分5种情况进介绍。

①基层为砖墙。其工序如下：

a. 喷甲基硅醇钠憎水剂；

b. 喷涂聚合物水泥砂浆三遍；

c. 喷(刷)一道107胶水溶液,配比同前；

d. 12厚1∶3水泥砂浆打底,木抹搓平。

②基层为混凝土墙(作法一)。其工序如下：

a. 喷甲基硅醇钠憎水剂；

b. 喷涂聚合物水泥砂浆；

c. 刷(喷)一道107胶水溶液,配比同前。

③基层为混凝土墙(作法二)。其工序如下：

a. 喷甲基硅醇钠憎水剂；

b. 喷涂聚合物水泥砂浆三遍；
c. 刷(喷)一道107胶水溶液，配比同前；
d. 10厚1∶3水泥砂浆打底，木抹搓平；
e. 刷素水泥浆一道(内掺水泥重3%～5%的107胶)。
④基层为加气混凝土墙(作法一)。其工序如下：
a. 喷甲基硅醇钠憎水剂；
b. 喷涂聚合物水泥砂浆三遍；
c. 刷(喷)一道107胶水溶液，配比同前；
d. 12厚1∶1∶6水泥石灰膏砂浆打底，木抹搓平；
e. 刷(喷)一道107胶水溶液，配比同前。
⑤基层为加气混凝土墙(作法二)。其工序如下：
a. 喷甲基硅醇钠憎水剂；
b. 喷涂聚合物水泥砂浆三遍；
c. 刷(喷)一道107胶水溶液，配比同前；
d. 6厚1∶1∶6水泥石灰膏砂浆打底，木抹搓平；
e. 6厚TG砂浆打底扫毛，配比同前；
f. 涂刷TG胶浆一道，配比同前。
(3)喷涂料墙面(表面喷成品涂料)。分5种情况介绍。
①基层为砖墙。其工序如下：
a. 喷涂料面层；
b. 6厚1∶2.5水泥砂浆罩面；
c. 12厚1∶3水泥砂浆打底扫毛或划出纹道。
②基层为混凝土墙(作法一)。其工序如下：
a. 喷涂料面层；
b. 聚合物水泥砂浆修补平整。
③基层为混凝土墙(作法二)。其工序如下：
a. 喷涂料面层；

b. 6 厚 1：2.5 水泥砂浆罩面；

c. 10 厚 1：3 水泥砂浆打底扫毛或划出纹道；

d. 刷素水泥浆一道(配比同前)。

④基层为加气混凝土墙(作法一)。其工序如下：

a. 喷涂料面层；

b. 6 厚 1：2.5 水泥砂浆罩面；

c. 6 厚 2：1：8 水泥石灰膏砂浆打底扫毛或划出纹道；

d. 刷(喷)一道 107 胶水溶液,配比同前。

⑤基层为加气混凝土墙(作法二)。其工序如下：

a. 喷涂料面层；

b. 6 厚 1：2.5 水泥砂浆罩面；

c. 6 厚 1：1：6 水泥石灰膏砂浆刮平扫毛；

d. 6 厚 TG 浆打底扫毛,配比为水泥：砂：TG 胶：水＝1：6：0.2：适量；

e. 涂刷 TG 胶浆一道,配比为 TG 胶：水：水泥＝1：4：1.5。

(4)彩色点弹涂墙面。分 4 种情况介绍。

①基层为砖墙。其工序如下：

a. 用油喷枪或羊毛辊涂罩面剂一道；

b. 3 厚弹色浆点；

c. 刷底色浆一道；

d. 12 厚 1：3 水泥砂浆打底,木抹搓平。

②基层为混凝土墙。其工序如下：

a. 用油喷枪或羊毛辊涂罩面剂一道；

b. 3 厚弹色浆点；

c. 刷底色浆一道；

d. 聚合物水泥砂浆修补平整。

③基层为加气混凝土墙(作法一)。其工序如下:

a. 用油喷枪或羊毛辊涂罩面剂一道;

b. 3 厚弹色浆点;

c. 刷底色浆一道;

d. 12 厚 1:1:6 水泥石灰膏砂浆打底,木抹搓平;

e. 刷(喷)一道 107 胶水溶液,配比同前。

④基层为加气混凝土墙(作法二)。其工序如下:

a. 用油喷枪或羊毛辊涂罩面剂一道;

b. 3 厚弹色浆点;

c. 刷底色浆一道;

d. 6 厚 1:1:6 水泥石灰膏砂浆打底,木抹搓平;

e. 6 厚 TG 胶浆打底扫毛,配比为水泥:砂:TG 胶:水=1:6:0.2:适量;

f. 涂刷 TG 胶浆一道,配比为 TG 胶:水:水泥=1:4:1.5。

(5)彩色点平花弹涂墙面。分 5 种情况介绍。

①基层为清水砖墙。其工序如下:

a. 采用油喷枪喷涂罩面剂一道;

b. 彩色水泥浆勾缝;

c. 3 厚弹色点压平;

d. 喷底浆一道。

②基层为砖墙。其工序如下:

a. 用油喷枪或羊毛辊涂罩面剂一道;

b. 人工抹子压平压光;

c. 3 厚弹色浆点;

d. 刷底色浆一道;

e. 聚合物水泥砂浆修补平整。

③基层为混凝土墙。其工序如下：

a. 用油喷枪或羊毛辊涂罩面剂一道；

b. 人工抹子压平压光；

c. 3 厚弹色浆点；

d. 刷底子浆一道；

e. 聚合物水泥砂浆修补平整。

④基层为加气混凝土墙(作法一)。其工序如下：

a. 用油喷枪或羊毛辊涂罩面剂一道；

b. 人工抹子压平压光；

c. 3 厚弹色浆点；

d. 刷底色浆一道；

e. 12 厚 1∶1∶6 水泥石灰膏砂浆打底，木抹搓平；

f. 刷(喷)一道 107 胶水溶液，配比同前。

⑤基层为加气混凝土墙(作法二)。其工序如下：

a. 用油喷枪或羊毛辊涂罩面剂一道；

b. 人工抹子压平压光；

c. 3 厚弹色浆点；

d. 刷底色浆一道；

e. 6 厚 1∶1∶6 水泥石灰膏砂浆，木抹搓平；

f. 6 厚 TG 胶浆打底扫毛，配比同前；

g. 涂刷 TG 胶浆一道，配比同前。

(6)仿彩色平花花岗石弹涂墙面。分 4 种情况介绍。

①基层为砖墙。其工序如下：

a. 用油喷枪或羊毛辊涂罩面剂一道；

b. 弹多色或单色平浆点；

c. 6 厚 1∶2.5 水泥砂浆抹平压光；

d. 12 厚 1∶3 水泥砂浆打底扫毛或划出纹道。

②基层为混凝土墙。其工序如下：

a. 用油喷枪或羊毛辊涂罩面剂一道；

b. 弹多色或单色平浆点；

c. 6 厚 1∶2.5 水泥砂浆抹平压光；

d. 10 厚 1∶3 水泥砂浆打底扫毛或划出纹道；

e. 刷素水泥浆一道(内掺水泥重 3%～5%的 107 胶)。

③基层为加气混凝土墙(作法一)。其工序如下：

a. 用油喷枪或羊毛辊涂罩面剂一道；

b. 弹多色或单色平浆点；

c. 6 厚 1∶2.5 水泥砂浆抹平压光；

d. 6 厚 1∶1∶6 水泥石灰膏砂浆刮平扫毛；

e. 6 厚 1∶0.5∶4 水泥石灰膏砂浆打底扫毛；

f. 刷(喷)一道 107 胶水溶液,配比同前。

④基层为加气混凝土墙(作法二)。其工序如下：

a. 用油喷枪或羊毛辊涂罩面剂一道；

b. 弹多色或单色平浆点；

c. 6 厚 1∶2.5 水泥砂浆抹平压光；

d. 6 厚 1∶1∶6 水泥石灰膏砂浆刮平扫毛；

e. 6 厚 TG 砂浆打底扫毛,配比同前；

f. 涂刷 TG 胶浆一道,配比同前。

(7)仿蘑菇花岗石弹涂墙面。分 3 种情况介绍。

①基层为砖墙。其工序如下：

a. 用油喷枪或刷涂罩面剂一道；

b. 模板造型,弹色浆平点；

c. 30～50 厚 1∶2.7 水泥砂浆(内掺水泥重 5%的 107 胶)；

d. 2～3 厚抹素水泥浆一道(内掺水泥重 5%的 107 胶)；

e. 3～5 厚 1∶2.7 水泥砂浆打底扫毛(内掺水泥重 5%的 107 胶)。

②基层为混凝土墙。其工序如下:

a. 用油喷枪或刷涂罩面剂一道;

b. 模板造型,弹色浆平点;

c. 30～50 厚 1∶2.7 水泥砂浆(内掺水泥重 5%的 107 胶);

d. 刷一道 YJ-302 型混凝土界面处理剂(随打随抹灰);

e. 聚合物水泥砂浆修补平整。

③基层为加气混凝土墙。其工序如下:

a. 用油喷枪或刷涂罩面剂一道;

b. 模板造型,弹色浆平点;

c. 30～50 厚 1∶2.7 水泥砂浆(内掺水泥重 5%的 107 胶);

d. 6 厚 TG 砂浆打底扫毛,配比同前;

e. 涂刷 TG 胶浆一道,配比同前。

(8)刷乳胶漆墙面。分 2 种情况介绍。

①基层为砖墙。其工序如下:

a. 刷外墙用乳胶漆;

b. 6 厚 1∶2.5 水泥砂浆罩面,铁抹压光,水刷带出小麻面;

c. 12 厚 1∶3 水泥砂浆打底扫毛或划出纹道(抹灰后干燥不少于 3 天,施工温度不低于+15℃)。

②基层为混凝土墙。其工序如下:

a. 刷外墙用乳胶漆;

b. 6 厚 1∶2.5 水泥砂浆抹平压光,水刷带出小麻面;

c. 刷素水泥浆一道(内掺水泥重 5%的 107 胶),抹灰后干燥不少于3天，施工温度不低于+15℃。

2. 内墙涂料

(1)刮腻子喷涂墙面。分4种情况介绍。

①基层为预制板或现浇墙(作法一)。其工序如下：

a. 喷内墙涂料；

b. 满刮大白腻子(包括找补腻子、砂纸打磨)，配比为大白粉：滑石粉：聚醋酸乙烯乳液：纤维素=50：25：1：0.5(重量比)，适量加水；

c. 满刮石膏纤维素腻子，配比为大白粉：化石粉：聚醋酸乙烯乳液：纤维素：石膏=50：25：1：0.5：50(重量比)，适量加水；

d. 墙面清除干净。

②基层为预制板或现浇墙体(作法二)。其工序如下：

a. 喷内墙涂料；

b. 满刮大白腻子三道(包括找补腻子、砂纸打磨)，其配比为大白粉：聚醋酸乙烯乳液：纤维素水溶液=55～45：3：4.5(重量比)；

c. 石膏腻子找平，配比为石膏粉：聚醋酸乙烯乳液：纤维素水溶液=100：4.5：60(重量比)，其中纤维素水溶液浓度为3.3%；

d. 喷乳液一道，配比为聚醋酸乙烯乳液：水=4：10；

e. 墙面清除干净。

③基层为纸面石膏板墙。其工序如下：

a. 喷内墙涂料；

b. 墙面刮腻子找平；

c. 刷防潮涂料(氯偏乳液或乳化光油一道)。

④石膏空心条板墙。其工序如下：

a. 喷内墙涂料；

b. 墙面刮腻子找平。

(2)油漆墙面。分8种情况介绍。

①基层为砖墙。其工序如下：

a. 刷无光油漆；

b. 5厚1∶0.3∶2.5水泥石灰膏砂浆压实赶光；

c. 13厚1∶0.3∶3水泥石灰膏砂浆打底扫毛或划出纹道。

②基层为混凝土墙。其工序如下：

a. 刷无光油漆；

b. 5厚1∶0.3∶2.5水泥石灰膏砂浆罩面压光；

c. 13厚1∶0.3∶3水泥石灰膏砂浆打底扫毛或划出纹道；

d. 刷素水泥浆一道(内掺水泥重3%～5%的107胶)。

③基层为大模混凝土墙。其工序如下：

a. 刷无光油漆；

b. 墙面刮腻子找平；

c. 聚合物水泥砂浆修补。

④基层为加气混凝土墙(作法一)。其工序如下：

a. 刷无光油漆；

b. 5厚1∶0.3∶2.5水泥石灰膏砂浆罩面压光；

c. 6厚1∶1∶6水泥石灰膏砂浆划出纹道；

d. 5厚1:0.5:4水泥石灰膏砂浆打底扫毛或划出纹道；

e. 刷(喷)一道107胶水溶液，配比同前。

⑤基层为加气混凝土墙(作法二)。其工序如下：

a. 刷无光油漆；

b. 5厚1∶0.3∶2.5水泥石灰膏砂浆罩面压光；

c. 6 厚 1∶1∶6 水泥石灰膏砂浆划出纹道；

d. 5 厚 TG 砂浆打底扫毛，配比同前；

e. 涂刷 TG 胶浆一道，配比同前。

⑥基层为纸面石膏板墙。刷无光油漆三遍。

⑦基层为石膏空心条板墙（作法一）。其工序如下：

a. 刷无光油漆；

b. 刷 LZ-1 增强剂一道（提高条板表面强度）。

⑧基层为石膏空心条板墙（作法二）。其工序如下：

a. 刷 LT 型（丙烯酸型）石膏板防水装饰面漆二道；

b. 刷 LT 型（丙烯酸型）石膏板防水涂料底漆。

(3)乳胶漆墙面。分 8 种情况介绍。

①基层为砖墙。其工序如下：

a. 刷乳胶漆；

b. 5 厚 1∶0.3∶2.5 水泥石灰膏砂浆罩面压光；

c. 13 厚 1∶0.3∶3 水泥石灰膏砂浆打底扫毛或划出纹道。

②基层为混凝土墙（作法一）。其工序如下：

a. 刷乳胶漆；

b. 5 厚 1∶0.3∶2.5 水泥石灰膏砂浆罩面压光；

c. 13 厚 1∶0.3∶3 水泥石灰膏砂浆打底扫毛或划出纹道；

d. 刷素水泥浆一道（内掺水泥重 3%～5%的 107 胶）。

③基层为混凝土墙（作法二）。其工序如下：

a. 刷乳胶漆；

b. 5 厚 1∶0.3∶2.5 水泥石灰膏砂浆罩面压光；

c. 13 厚 1∶0.3∶3 水泥石灰膏砂浆打底扫毛或划出纹道；

d. 刷 YJ-303 型混凝土界面处理剂一道（随刷随抹底灰）。

④基层为大模混凝土墙。其工序如下：

a. 刷乳胶漆；

b. 墙面刮腻子找平；

c. 聚合物水泥砂浆修补。

⑤基层为加气混凝土墙（作法一）。其工序如下：

a. 刷乳胶漆；

b. 5 厚 1∶0.3∶2.5 水泥石灰膏砂浆罩面压光；

c. 6 厚 1∶1∶6 水泥石灰膏砂浆，划出纹道；

d. 5 厚 1∶0.5∶4 水泥石灰膏砂浆打底扫毛或划出纹道；

e. 刷（喷）一道 107 胶水溶液，配比同前。

⑥基层为加气混凝土墙（作法二）。其工序如下：

a. 刷乳胶漆；

b. 5 厚 1∶0.3∶2.5 水泥石灰膏砂浆，罩面压光；

c. 6 厚 1∶1∶6 水泥石灰膏砂浆划出纹道；

d. 5 厚 TG 砂浆打底扫毛，配比同前；

e. 涂刷 TG 胶浆一道，配比同前。

⑦基层为纸面石膏板墙。其工序如下：

刷乳胶漆三遍。

⑧基层为石膏空心条板墙。其工序如下：

a. 刷乳胶漆；

b. 刷 LZ-1 增强剂一道（提高条板表面强度）。

（4）彩花内饰面弹涂墙面。分 9 种情况介绍。

①基层为砖墙（作法一）。其工序如下：

a. 刷（喷）罩面剂一道；

b. 2 厚彩花点弹涂；

c. 刷（喷）基面色浆；

d. 满刮腻子一道；

e. 5 厚 1：0.3：2.5 水泥石灰膏砂浆罩面压光；

f. 13 厚 1：0.3：3 水泥石灰膏砂浆打底扫毛或划出纹道。

②基层为砖墙（作法二）。其工序如下：

a. 刷（喷）罩面剂一道；

b. 采用模板喷色浆花饰；

c. 2 厚彩花点弹涂；

d. 刷（喷）基面色浆；

e. 5 厚 1：0.3：2.5 水泥石灰膏砂浆罩面压光；

f. 13 厚 1：0.3：3 水泥石灰膏砂浆打底扫毛或划出纹道。

③基层为混凝土墙（作法一）。其工序如下：

a. 刷（喷）罩面剂一道；

b. 2 厚采用彩花机花饰模板弹涂；

c. 刷（喷）基面色浆；

d. 满刮腻子一道；

e. 5 厚 1：0.3：2.5 水泥石灰膏砂浆罩面压光；

f. 13 厚 1：0.3：3 水泥石灰膏砂浆打底扫毛或划出纹道；

g. 刷素水泥浆一道（内掺水泥重 3%～5%的 107 胶）。

④基层为混凝土墙（作法二）。其工序如下：

a. 刷（喷）罩面剂一道；

b. 采用模板喷色浆花饰；

c. 2 厚彩色点弹涂；

d. 刷(喷)基面色浆；

e. 满刮腻子一道；

f. 5 厚 1∶0.3∶2.5 水泥石灰膏砂浆罩面压光；

g. 13 厚 1∶0.3∶3 水泥石灰膏砂浆打底扫毛或划出纹道；

h. 刷素水泥浆一道(内掺水泥重 3%～5%的 107 胶)。

⑤基层为大模混凝土墙(作法一)。其工序如下：

a. 刷(喷)罩面剂一道；

b. 2 厚采用彩花机花饰模板弹涂；

c. 刷(喷)基面色浆；

d. 满刮腻子一道；

e. 聚合物水泥砂浆修补。

⑥基层为大模混凝土墙(作法二)。其工序如下：

a. 刷(喷)罩面剂一道；

b. 采用模板喷色浆花饰；

c. 2 厚彩色点弹涂；

d. 刷(喷)基面色浆；

e. 满刮腻子一道；

f. 聚合物水泥砂浆修补。

⑦基层为加气混凝土墙(作法一)。其工序如下：

a. 刷(喷)罩面剂一道；

b. 2 厚采用彩花机花饰模板弹涂；

c. 刷(喷)基面色浆；

d. 满刮腻子一道；

e. 5 厚 1∶0.3∶2.5 水泥石灰膏砂浆罩面；

f. 6 厚 1∶1∶6 水泥石灰膏砂浆划出纹道；

g. 5 厚 1∶0.5∶4 水泥石灰膏砂浆打底扫毛或划出纹

道；

h. 刷(喷)一道107胶水溶液，配比同前。

⑧基层为加气混凝土墙(作法二)。其工序如下：

a. 刷(喷)罩面剂一道；

b. 采用模板喷色浆花饰；

c. 2厚彩色点弹涂；

d. 刷(喷)基面色浆；

e. 满刮腻子一道；

f. 5厚1∶0.3∶2.5水泥石灰膏砂浆罩面；

g. 6厚1∶1∶6水泥石灰膏砂浆划出纹道；

h. 5厚1∶0.5∶4水泥石灰膏砂浆打底扫毛或划出纹道；

i. 刷(喷)一道107胶水溶液，配比同前。

⑨基层为加气混凝土墙(作法三)。其工序如下：

a. 刷(喷)罩面剂一道；

b. 2厚采用彩花机花饰模板弹涂；

c. 刷(喷)基面色浆；

d. 满刮腻子一道；

e. 5厚1∶0.3∶2.5水泥石灰膏砂浆罩面；

f. 6厚1∶1∶6水泥石灰膏砂浆划出纹道；

g. 5厚TG砂浆打底扫毛，配比同前；

h. 涂刷TG胶浆一道，配比同前。

(5)室内彩色图案弹涂墙面。分2种情况介绍。

①基层为砖墙。其工序如下：

a. 刷(喷)罩面剂一道；

b. 3厚套板弹涂；

c. 刷底色一道；

d.5 厚 1∶0.3∶2.5 水泥石灰膏砂浆罩面压光；

e.13 厚 1∶0.3∶3 水泥石灰膏砂浆打底扫毛或划出纹道。

②基层为混凝土墙。其工序如下：

a. 刷(喷)罩面剂一道；

b.3 厚套板弹涂；

c. 刷底色一道；

d.5 厚 1∶0.3∶2.5 水泥石灰膏砂浆罩面压光；

e. 刷素水泥浆一道(内掺水泥重 3%～5%的 107 胶)。

二、施工前的准备工作

1. 施工机具

(1)基层清理工具。包括刮刀、钢丝刷、扫帚等。

(2)涂刷工具。包括腻子刮板、油刷、排笔、羊毛辊、泡沫塑料辊、橡胶辊、不锈钢抹子、不锈钢压子、阴阳角抿子。

(3)施工机具。包括喷枪、空气压缩机、手提式搅拌器、手提式双管喷枪、手动弹力器、电动弹力器、涂料喷枪等。

2. 材料

建筑涂料的类型很多，据不完全统计，产品可达 100 多种。建筑涂料按化学成分分为有机涂料、无机涂料、有机—无机复合涂料三大类。有机涂料包括溶剂型涂料、水溶性涂料和乳胶涂料。无机涂料有碱金属硅盐系列和胶态二氧化硅系列。有机—无机复合涂料常见的有聚乙烯醇水玻璃内墙涂料，以及硅溶胶、丙烯酸系列复合的外墙涂料等。

下面按习惯方法分类，对涂料作一扼要介绍。

(1)合成树脂乳液内墙涂料和外墙涂料。这类涂料以合成树脂乳液为基料配制而成。常见的品种有：①醋酸乙烯乳液涂料；②醋酸乙烯共聚乳液涂料；③丙烯酸酯乳液涂料。

(2)合成树脂乳液砂壁状建筑涂料。这类涂料包括乳液厚涂料、薄抹灰涂料等,它以合成树脂乳液作粘结剂,用砂粒和石粉作骨料配制而成。分为 A、B、C 三类:

A 类:采用人工烧结彩色石砂粒和彩色石粉着色。

B 类:采用天然彩色砂粒和彩色石粉着色。

C 类:采用天然砂粒和石粉加颜料着色。

(3)外墙无机建筑涂料。这类涂料以碱金属硅酸盐及硅溶液为主要胶粘剂,采用刷涂、滚涂和喷涂等方法形成涂层。外墙无机涂料常见的种类有:

①碱金属硅酸盐系建筑涂料。以硅酸钾、硅酸钠、硅酸锂或其混合物为基料,加入相应的固化剂或改性剂而成。

②硅酸盐无机外墙涂料。以硅酸盐溶液加入有机合成树脂乳液及辅助成膜材料而成。

(4)溶剂性外墙涂料。这类涂料以合成树脂溶液为主要成膜物质,有机溶剂为稀释剂,加入一定量的颜料、填料和助剂,经混合溶解,研磨而配制成的。溶剂型外墙涂料常见的种类有:①丙烯酸酯涂料;②丙烯酸—聚氨酯涂料。

(5)复层建筑涂料。这类涂料以水泥、硅溶胶和合成树脂乳液(包括反应型合成树脂乳液)等为主要原料,在建筑物表面施工三层,形成凹凸花纹。

复层由封底、主层和罩面三种涂料组成:封底用于封闭基层和增强主层涂料与基层的粘结力;主层涂料用于形成凹凸花纹立体质感;罩面涂料用于装饰面层,保护主涂层,提高复层涂料的耐候性、耐污染性等。

复层涂料按主涂层所用粘结料分为:①聚合物水泥系复层涂料,用 CE 表示;②硅溶胶系复层涂料,用 SI 表示;③合成树脂乳液复层涂料,用 E 表示;④反应固化型合成树脂乳液复层涂料，用 RE 表示。

(6)聚乙烯醇类水溶性内墙涂料。这类涂料以聚乙烯醇树脂及其衍生物为主要成膜物质，加入一定量的颜料、填料和助剂配制而成。

这类涂料有聚乙烯醇水玻璃内墙涂料，以及聚乙烯醇缩甲醛胶内墙涂料两大类。

(7)多彩花纹内墙涂料。这类涂料是由不相混溶的两相组成。一相为连续相(分散介质)，一相为分散相。即在分散介质中有两种或两种以上大小不等的着色粒子，在含有稳定剂的分散介质中均匀地悬浮着，并在其中呈稳定状态。

多彩花纹内墙涂料有以下一些类型：

O/W 型(水中油型)：分散相为溶剂型涂料，分散介质为保护胶体水溶液。

W/O 型(油中水型)：分散相为水性涂料，分散介质为溶剂或可溶于溶剂的成分。

O/O 型(油中油型)：分散相为溶剂型涂料，分散介质为溶剂或可溶于溶剂的成分。

W/W 型(水中水型)：分散相为水性涂料，分散介质为保护胶体水溶液。

(8)弹性建筑涂料。这类涂料以弹性乳液为主要成膜物质配制而成。一般建筑涂料是以装饰性和静态防水性为主要功能，即这种涂层只有当基层不产生细裂纹时，才具有防水功能。而当涂层出现裂纹时，涂层也随之断裂，失去防水作用。弹性建筑涂料则以装饰性和动态防水性为主要功能。由于弹性涂层富有柔软性和弹性，能适应建筑物墙面的细裂纹(1mm)，发挥防水功能。

(9)特种涂料。包括防火涂料、防水涂料、防霉涂料和防腐蚀涂料，以及防锈涂料、彩色闪光涂料、自干型有机硅高温耐热涂料等。

防火涂料有ST-86水性木结构防火涂料，SS-1钢结构防火涂料，TN-106预应力混凝土防火涂料等。防水涂料有乳液型FA7R涂料和反应型防水涂料等。防霉涂料有丙烯酸乳胶、亚麻子油型涂料和聚醋酸乙烯涂料等。防腐蚀涂料有环氧树脂防腐涂料、乙烯树脂类防腐涂料等。

3. 基层处理

(1)混凝土及砂浆的基层处理。明确要求，掌握方法。

①对混凝土及砂浆基层的要求如下：

a. 基层应符合《混凝土结构工程施工及验收规范》及其它有关规定；

b. 基层应平整，如有不平整之处应进行找平处理；

c. 基层的阴、阳角及角线应密实，轮廓分明，如有缺棱掉角必须修复；

d. 基层的酸碱度pH值应在10以下；含水率应在8%～10%；

e. 基层应坚固结实，如基层出现空鼓、酥松、起泡、起砂、孔洞和裂缝等缺陷时，应进行必要的处理，使其达到建筑涂料施工的要求；

f. 外墙预留的伸缩缝应进行防水密封处理；

g. 基层表面的油污、灰尘、溅沫及砂浆流痕等杂物，应彻底清除干净。

②混凝土及砂浆基层的处理方法如下：

a. 基层清理：清理基层表面的附着物，使基层达到施工要求。

灰尘及其它附着物可用扫帚、毛刷清除；

砂浆溅物、流痕及其它杂物，可用铲刀、錾子、钢丝刷、圆钉打磨机进行清除；

油污及脱模剂等污垢，可用5%～10%的氢氧化钠水溶液洗刷，然后用清水冲洗干净；

基层表面泛碱现象，可先用3%草酸水溶液进行中和，后用清水冲洗干净；

空鼓、酥松、起皮、起砂等，应用清水冲洗干净，再进行修补；

基层表面的旧涂膜、彩画、霉斑等，可先用10%氢氧化钠水溶液、松香水、化学除霉剂处理，再用清水冲洗干净；

清理掉旧的浆皮，先刷清水，再铲去旧浆皮。

b. 基层的找平与修补：包括空鼓的修补、缝隙的修补、孔洞的修补、表面不平及露筋的处理。

空鼓的修补：将空鼓全部铲掉，基层清理干净，再作基层。

缝隙的修补：细小裂缝可用腻子找平，干燥后再用砂纸打磨；大的裂缝应先将裂缝凿成"U"形缝，清扫干净后，作一层防水层再嵌填防水密封膏，干燥后用水泥砂浆或聚合物水泥砂浆找平，最后用砂纸打平。

孔洞的修补：基层表面3mm以下的孔洞，可用聚合物水泥腻子找平；3mm以上的孔洞应用水泥砂浆修补，干燥后用砂纸打平。

表面不平及接缝错位的处理：先将凸出部位凿平，根据不同情况采用聚合物水泥腻子或水泥砂浆找平，待其干燥后再打磨平整。

露筋的处理：一是用砂轮将露筋及铁钉打平，然后涂刷二道防锈涂料；二是将露出筋头周围的混凝土凿除10mm左右，将筋头除去，然后用水泥砂浆找平，干燥后再用砂纸打平。

(2)木制品基层处理。明确要求，掌握方法。

①对木制品的基层要求如下：

a. 木制品的质量应符合《木结构工程施工及验收规范》的有关规定，其含水率不得大于12%；

b. 木制品表面应平整、无尘土、油污等脏物，施工前应用砂纸打磨；

c. 木制品表面的缝隙、毛刺、掀岔及脂囊应进行处理，然后用腻子刮平、打光。较大的脂囊和节疤应剔除后用木纹相同的木料修补。木料表面的树脂、单宁素、色素等应清除干净。

②木制品表面处理方法如下：

a. 除毛刺法：采用火燎法和润湿法。

b. 除污法：油脂和胶渍可用温水、肥皂水、碱水等清洗，也可用酒精、汽油或其它溶剂擦拭掉。用肥皂水、碱水清洗者，还应用清水将肥皂水、碱水洗刷干净。

c. 除树脂法：

溶解法：采用丙酮、酒精、苯类与四氯化碳等除脂，效果较好。

碱溶液法：采用碱溶液法去除树脂，使其与碱生成可溶性的皂，再用清水洗涤，就很容易除掉。

用工具除脂：采用铁铲烧红去脂或用烧红的烙铁熨烫树脂部位，反复几次，树脂即可去掉。

d. 除单宁素法：采用蒸煮法与隔离法。

e. 找平：除高级细木活外，一般木制品表面应用腻子刮平，然后用砂纸打磨。

f. 磨光：根据不同的精度，选用不同的砂纸。

g. 漂白：漂白的方法很多，可以选用的方法有：过氧化氢，俗称双氧水溶液；草酸溶液；次氯化钠溶液；碳酸钠—双氧水溶液;二氧化硫漂白;漂白粉溶液。

h. 着色:木材着色的方法有颜料着色和化学着色两种方法。

i. 填管孔(生粉、润粉):填管孔的方法常用填孔料,分为水性与油性两类。

(3)金属基层处理。明确要求,掌握方法。

①对金属基层的要求如下:

对金属表面的基本要求是:表面平整,无尘土、油污、锈斑、鳞皮、焊渣、毛刺和旧涂层等。

②金属基层的处理方法如下:

a. 除锈法:除锈方法很多,常见的有以下几种。

人工除锈:利用各种除锈工具进行除锈。

喷砂除锈:分为干砂和湿砂除锈。

喷丸除锈:钢丸和铁丸均可用,一般直径为0.2～1mm。

化学除锈:利用各种酸性溶液与锈斑、鳞皮和污物发生化学反应,达到除锈、除油污之目的。

b. 除焊渣和毛刺方法:利用小砂轮机可以除去焊渣与毛刺。

三、施工方法

建筑工程的涂料分为混色涂料、清漆和美术涂料三类,根据使用标准分为普通涂料、中级涂料和高级涂料三级。

基层表面应清理干净,修补平整,以保证涂膜粘结牢固,光洁美观。

1. 刷涂

刷涂是用毛刷、排笔等在建筑物表面进行涂料施工的一种方法。这种方法的特点是:工具设备简单,操作方法简便易学,适用面广,除少数流平性差或干燥太快的涂料不宜采用刷涂外，大部分薄质涂料和云母厚涂料均可采用。

(1)刷涂工艺。刷涂顺序是先左后右，先上后下，先难后易，先边后面。一般是二道完成，高中级装饰可再增加1～2道刷涂。其要求是以刷涂薄厚均匀，颜色一致，无漏刷、流淌和刷纹，涂层丰满为宜。

(2)操作中注意事项如下：

①刷涂时应调整好建筑涂料的粘度，以不流淌，不显刷纹为宜；

②刷涂时刷子蘸涂料要适量，刷子起落要轻快，刷涂用力均匀，厚薄一致；

③刷涂垂直面时，最后一道涂料应由上往下刷涂；刷涂水平面时，最后一道涂料应按光线的照射方向刷涂；刷涂木制品清漆时，最后一道清漆应顺木纹方向刷涂；

④后一道涂料必须在前一道涂料干燥成膜后，才能刷涂；

⑤刷涂流平性差、挥发性快的云母厚质涂料时，不能反复多次来回拉刷子；

⑥刷涂完工后应仔细检查一遍，如发现有漏刷、流淌、皱皮和积料时，应及时处理。

2. 滚涂

滚涂是利用软毛辊进行施涂。此法具有设备简单、操作方便、工效高、涂饰效果好等优点。

(1)滚涂工艺。滚涂顺序基本与刷涂工艺相同，先将蘸涂料的毛辊按倒W形滚动，把涂料大致滚在墙面上，接着将毛辊在墙的上下左右平稳来回滚动，使涂料均匀滚开，最后再用毛辊按一定方向滚动一遍。阴角及上下口一般仍需事先用刷子刷涂。

(2)操作中注意事项如下：

①滚涂平面涂料时，要求涂料的流平性好些，粘度低些，而作拉毛滚涂时，则要求涂料的流平性小些，粘度要高些；

②滚涂时不应过分用力压滚，不能将辊中的涂料全部用完才蘸涂料，应使辊中始终保持一定量的涂料；

③滚涂至接茬部位或到一定段落时，应用不蘸涂料的辊子滚压一次，以保证滚面的均匀和避免接茬显落痕迹；

④滚花时，花辊轴应与粉线保持垂直，如用导轨时，应使其垂直，避免出现歪斜，影响装饰效果。

3. 喷涂

喷涂是利用喷枪(或喷斗)将涂料喷涂于被装饰物的基层上的机械施涂方法。这种作法的特点是:涂膜外观质量好、工效高。大面积施工时，可通过调整涂料粘度(稠度)、喷嘴口径大小及喷涂压力，获得不同的装饰质感。如涂料粘度低，喷嘴小，喷涂压力大，可获细颗粒状甚至于平壁状涂层，相反则可获得粗颗粒状凹凸花纹装饰质感。

(1)喷涂工艺如下：

①喷涂压力一般控制在0.3～0.8MPa；

②手握喷枪要平稳，出料口应与被喷涂面保持垂直，喷枪移动速度应均匀一致；

③喷枪嘴与被喷涂面的距离应控制在400～600mm，喷涂行走路线可视施工条件，按横向或竖向S型往返喷涂；

④喷涂时，应先喷门窗口附近，后喷大面，一般要二道成活，但喷涂复层建筑涂料的主涂料应一次成活；

⑤喷涂面的搭接宽度应控制在喷涂宽度的1/3左右。

(2)喷涂操作注意事项如下；

①喷涂前应进行试喷，调整涂料的粘度、喷嘴口径大小和喷涂压力，经建设单位和设计人员认可后，方可进行正式喷涂；

②不喷涂部位应进行遮挡，以免污染；

③喷涂接茬必须留在分格缝、水落管和墙的阴角处；

④喷涂时，喷枪移动的速度应均匀，点状分布应均匀一致，边喷涂边观察，防止漏喷和喷涂不匀。

四、主要工序

1. 混凝土表面和抹灰表面

施涂前应作好基层处理工作，缺棱短角应用水泥砂浆或聚合物水泥砂浆修补，麻面及缝隙应用腻子补平。

外墙涂料施工，同一墙面应用同一批号的涂料，每遍涂料不宜施涂过厚，涂层应均匀，颜色应一致。

(1)混凝土及抹灰内墙表面施涂薄涂料的主要工序见表2-22。表中“＋”号表示应进行工序。

表2-22 混凝土及抹灰内墙表面施涂薄涂料的主要工序

项次	工序名称	水性薄涂料		乳液薄涂料			溶剂型薄涂料			无机薄涂料	
		普通	中级	普通	中级	高级	普通	中级	高级	普通	中级
1	清扫	＋	＋	＋	＋	＋	＋	＋	＋	＋	＋
2	填补缝隙、局部刮腻子	＋	＋	＋	＋	＋	＋	＋	＋	＋	＋
3	磨平	＋	＋	＋	＋	＋	＋	＋	＋	＋	＋
4	第一遍满刮腻子	＋	＋	＋	＋	＋	＋	＋	＋	＋	＋
5	磨平	＋	＋	＋	＋	＋	＋	＋	＋	＋	＋
6	第二遍满刮腻子		＋		＋	＋		＋	＋		＋
7	磨平		＋		＋	＋		＋	＋		
8	干性油打底						＋	＋	＋		

续表 2-20

项次	工序名称	水性薄涂料		乳液薄涂料			溶剂型薄涂料			无机薄涂料	
		普通	中级	普通	中级	高级	普通	中级	高级	普通	中级
9	第一遍涂料	+	+	+	+	+	+	+	+	+	+
10	复补腻子		+		+	+		+	+		+
11	磨平(光)		+		+	+		+	+		+
12	第二遍涂料	+	+	+	+	+	+	+	+	+	+
13	磨平(光)					+		+	+		
14	第三遍涂料					+		+	+		
15	磨平(光)								+		
16	第四遍涂料								+		

注:机械喷涂可不受上表中遍数的限制,高级内墙施涂薄涂料,必要时可增加刮腻子遍数及1～2遍涂料,湿度较高或局部遇明水的房间,应用耐水性的腻子和涂料。

(2)混凝土及抹灰外墙表面施涂薄涂料的主要工序见表2-23。表中“+”号表示应进行工序。

表 2-23　混凝土及抹灰外墙表面施涂薄涂料的主要工序

项次	工　序　名　称	乳液薄涂料	溶剂型薄涂料	无机薄涂料
1	修补	+	+	+
2	清扫	+	+	+
3	填补缝隙、局部刮腻子	+	+	+
4	磨平	+	+	+
5	第一遍涂料	+	+	+
6	第二遍涂料	+	+	+

注:若施涂二遍涂料后,装饰效果不理想时,可增加1～2遍涂料,机械喷涂可不受上表中涂料遍数的限制。

(3)混凝土及抹灰外墙表面施涂厚涂料的主要工序见表

2-24。

表 2-24 混凝土及抹灰外墙表面施涂厚涂料的主要工序

项次	工 序 名 称	合成树脂乳液厚涂料 合成树脂乳液砂壁状涂料	无机厚涂料
1	修补	+	+
2	清扫	+	+
3	填补缝隙、局部刮腻子	+	+
4	磨平	+	+
5	第一遍厚涂料	+	+
6	第二遍厚涂料	+	+

注：①表中"+"号表示应进行的工序；②机械喷涂时不受上表中涂料遍数的限制；合成树脂乳液和无机厚涂料成云母状、砂粒状；③砂壁状建筑涂料必须采用机械喷涂方法；砂粒状厚涂料宜采用喷涂方法施涂。

(4)混凝土及抹灰内墙表面施涂复层涂料时，其主要工序见表 2-25。

表 2-25 混凝土及抹灰内墙表面施涂复层涂料的主要工序

项次	工 序 名 称	合成树脂乳液复层涂料	硅溶胶类复层涂料	水泥系复层涂料	反应固化型复层涂料
1	清扫	+	+	+	+
2	填补缝隙、局部刮腻子	+	+	+	+
3	磨平	+	+	+	+
4	第一遍满刮腻子	+	+	+	+
5	磨平	+	+	+	+

续表 2-25

项次	工序名称	合成树脂乳液复层涂料	硅溶胶类复层涂料	水泥系复层涂料	反应固化型复层涂料
6	第二遍满刮腻子	+	+	+	+
7	磨平	+	+	+	+
8	施涂封底涂料	+	+	+	+
9	施涂主层涂料	+	+	+	+
10	滚压	+	+	+	+
11	第一遍罩面涂料	+	+	+	+
12	第二遍罩面涂料	+	+	+	+

注:①表中“+”号表示应进行的工序;②若需要半球面点状造型时,可不进行滚压工序;③石膏板的室内墙面应作好板缝处理,工序同上。

(5)混凝土及抹灰外墙面表面施涂复层涂料的主要工序见表 2-26。

表 2-26 混凝土及抹灰外墙面表面施涂复层涂料的主要工序

项次	工序名称	合成树脂乳液复层涂料	硅溶胶类复层涂料	水泥系复层涂料	反应固化型复层涂料
1	修补	+	+	+	+
2	清扫	+	+	+	+
3	填补缝隙、局部刮腻子	+	+	+	+
4	磨平	+	+	+	+
5	施涂封底涂料	+	+	+	+

续表 2-26

项次	工序名称	合成树脂乳液复层涂料	硅溶胶类复层涂料	水泥系复层涂料	反应固化型复层涂料
6	施涂主层涂料	+	+	+	+
7	滚压	+	+	+	+
8	第一遍罩面涂料	+	+	+	+
9	第二遍罩面涂料	+	+	+	+

注:表中"+"号表示应进行的工序。

施涂复层涂料应注意以下几点:

①复层涂料一般是以封底涂料、主层涂料和罩面涂料组成。施涂时应先喷涂或刷涂封底涂料,待其干燥后再喷涂主层涂料,干燥后再施涂两遍罩面涂料;

②喷涂主层涂料时,其点状大小和疏密程度应均匀一致,不得连成片状;

③水泥系主层涂料喷涂后,应干燥 12 小时,然后洒水养护 24 小时,再干燥 12 小时,才能施涂罩面涂料;

④施涂罩面涂料时,不得有漏涂和流坠现象,待第一遍罩面涂料干燥后,才能施涂第二遍罩面涂料。

2. 木制品表面施涂

木制品表面施涂的材料有两大类:即溶剂型混色涂料和清漆。溶剂型混色涂料按质量要求分为普通、中级和高级三级。清漆按质量要求分为中级和高级。

(1)溶剂型混色涂料的主要工序见表 2-27。

表 2-27 溶剂型混色涂料的主要工序

项次	工 序 名 称	普通级涂料	中级涂料	高级涂料
1	清扫、起钉子、除油污等	+	+	+
2	铲去脂囊、修补平整	+	+	+
3	磨砂纸	+	+	+
4	节疤处点漆片	+	+	+
5	干性油或带色干性油打底	+	+	+
6	局部刮腻子、磨光	+	+	+
7	腻子处涂干性油	+	+	
8	第一遍满刮腻子		+	+
9	磨光		+	+
10	第二遍满刮腻子		+	+
11	磨光		+	+
12	刷涂底涂料		+	+
13	第一遍涂料	+	+	+
14	复补腻子	+	+	+
15	磨光	+	+	+
16	湿布擦净		+	+
17	第二遍涂料	+	+	+
18	磨光(高级涂料用水砂纸)		+	+
19	湿布擦净		+	+
20	第三遍涂料		+	+

注:表中“+”号表示应进行的工序。

(2)涂清漆的主要工序见表 2-28。

表 2-28 木料表面施涂清漆的主要工序

项次	工 序 名 称	中级清漆	高级清漆
1	清扫、起钉、除油污等	+	+
2	磨砂纸	+	+
3	润粉	+	+
4	磨砂纸	+	+
5	第一遍满刮腻子	+	+
6	磨光	+	+
7	第二遍满刮腻子		+
8	磨光		+
9	刷油色	+	+
10	第一遍清漆	+	+
11	拼色	+	+
12	复补腻子	+	+
13	磨光	+	+
14	第二遍清漆	+	+
15	磨光	+	+
16	第三遍清漆	+	+
17	磨水砂纸		+
18	第四遍清漆		+
19	磨光		+
20	第五遍清漆		+
21	磨退		+
22	打砂蜡		+
23	打油蜡		+
24	擦亮		+

注：①表中"＋"号表示应进行的工序；②高级涂料作磨退时，宜用醇酸涂料涂刷，并根据涂膜厚度增加1～2遍涂料和磨退、打砂蜡、擦亮等工序。

木制品表面施涂方法随木材类型与涂饰部位有关。木制品表面主要指门窗、家具、木装修(如墙裙、隔断、挂镜线、顶棚等)。一般松木等软材类的表面，以采用混色涂料或清漆的普通和中等涂料较多;硬材类的表面多采用漆片、蜡克面的清漆,属于高级涂料。

①清油、底涂料、面涂料的施涂方法如下:

a. 刷清油:清油一般的配合比以熟桐油:松香水为1:2.5为好。这种清油料稀,故能渗入木材内部,起到防止木材受潮变形,增强防腐的作用。还可以使后道嵌刮的腻子、刷的底涂料等能很好地与底层粘结。为防止流淌,必须涂刷均匀。

b. 嵌刮腻子:清油干燥后应立即进行嵌刮腻子。门、窗嵌刮腻子时,上、下冒头一定要嵌刮好,所有洞眼、裂缝、榫头处以及门心板边上的缝隙也都要嵌刮整齐。

腻子干燥后,应用1/2号木砂纸进行打磨,要求表面平整清洁,利于涂刷。打磨后应清扫干净。

c. 刷底涂料:要顺木纹刷,不能横刷乱涂。线角处不能刷得过厚,以免产生皱纹。里外分色及裹楞分界线要刷得齐直。

底涂料施涂24小时后,用1号砂纸或旧砂纸轻轻打磨至表面光洁为止,要注意不能磨掉底涂料而露出木质。磨后要清除干净。如还有部分需补腻子时,可用加色腻子找嵌并修补底涂料。

d. 刷面涂料:刷毛不能过长或过短。如刷毛过长,涂料不易刷匀,容易产生皱纹、流坠现象。刷毛过短,会产生涂膜上有刷痕和露底等缺陷。面涂料的粘度较大,涂刷时要多刷、多理,还要注意保持环境卫生,防止污物、灰沙沾污涂料面。

②清油、油色、清漆面的施涂方法如下:

清油中要适当加入少量颜料,使清油带色,以调整木料的色泽。腻子中要加色,应与清油颜色一样。腻子干后必须把多余腻子磨净,否则上漆后会显出嵌疤,影响美观。有棕眼的木料必须满刮腻子。

因为油色中的颜料用量较少，又要求涂刷后色泽一致而不盖住全部木纹，所以刷油色时，每一个刷面要一次刷好，不能留有接头。两个刷面交接楞口也不能互相沾油，沾着的要擦掉。整个刷油面的厚度要均匀一致。

油色干后忌用新砂纸打磨，以防止磨损涂膜。

要求刷两遍清漆时，应将头遍清漆适当兑稀，即在清漆中加入20%～30%的松香水。

头遍清漆施涂3小时后，要用水砂纸蘸水打磨或用细的木砂纸打磨。一定要把头遍清漆面上的光亮全部打磨掉，这样第二遍清漆涂刷后才能达到漆面光亮丰满。

③润粉、漆片、硝基清漆面(腊克面)的施涂方法如下：

a. 润粉：润粉有油粉和水粉两种。

油粉：油粉是用大白粉、颜料、熟桐油、松香水配成的。操作方法用棉纱蘸油粉来回多次揩擦物面，有棕眼的地方要注意擦满棕眼。因油粉内有颜色，揩擦可逐面分段进行，以求一个面上的颜色一致。擦后即用细软刨花将物面上多余的油粉揩擦干净。

水粉：水粉是用大白粉加颜料和胶水配制而成的。操作时应注意细小部分随涂随擦，大面积处要涂快、涂匀。接头处要特别注意颜色一致。

b. 嵌腻子：一般来说，作腊克上光的木料表面质量要求较高，不允许有较多的损坏处，如损坏不多，可在刷过2～3遍漆片后，用大白粉加漆片拌成腻子嵌补。如损坏较多，可用加色石膏油腻子嵌补，腻子颜色要与油粉色相同，切忌太深或太浅，嵌腻子力求疤小，干后用1号砂纸磨去全部多余腻子。

c. 刷漆片：这是最关键的一道工序。刷漆片前，先要将干漆片溶解。溶解干漆片一般采用的比例为5∶1＝酒精∶干漆片，需经过24小时，干漆片才能全部溶解。刷漆片的动作要快，沾到旁处的漆片要用软布随时揩掉，以免颜色重叠变浑。

两遍漆片干后，用大白粉、漆片调成的腻子找嵌细小裂缝及损坏处。腻子干后用砂纸磨平，再刷第三遍漆片。如发现整个物面颜色不匀或颜色较深时，可采用水色修补。经过修色后再刷1～2遍漆片，保护修色处不受后道工序的摩擦而掉色和翘起。

d. 理漆片：先用白布包棉花蘸漆片，再用手指挤出多余漆片，顺木纹揩擦几遍，再在面积较大处打圈揩擦。在一个地方只能来回擦两次，不能多擦，以免把底层擦毛。理平用的漆片要逐步加稀至大部分为酒精只有少量漆片的程度，这样理出来的物面光滑平整。理平用的漆片加色，要看刷完漆片后的颜色情况而定，颜色基本达到要求程度时，可少加或不加，也可以逐渐加深、逐渐减浅。

e. 刷理腊克：将腊克用香蕉水稀释，用刷过漆片后洗净的排笔涂刷。但应注意腊克和香蕉水的渗透力都很强，如在一个地方多刷，多擦，容易把底层漆膜泡软而翻起，所以只能刷一个来回而不能多刷。一般刷4～5遍就可以。第一遍腊克可以较稠些，以后几遍要用两倍到三倍的香蕉水兑稀的腊克来涂刷。每遍之间应用旧砂纸轻磨一遍。理平的擦理遍数一般为8～10遍，有时能达几十遍，需根据腊克的情况而定，做到漆膜丰满、高度平整光滑即可。最后一遍腊克面完成并充分干燥后，才能进行磨退（即打腊上光），一般要相隔2～3天。

f. 打蜡，一般先上砂蜡。在砂蜡内加入少量煤油，再用干净棉纱或纱布蘸蜡在物面上涂擦。只要蜡不呈干燥现象，就可以尽量多涂擦，但不要增加蜡的厚度。然后再用棉纱或干净软布擦蜡，物面上的蜡要尽量擦净，要反复用力揩擦，最好擦到漆面有些发热，面上的微小颗粒和纹路都擦平整。最后再上光蜡，蜡要上薄上均匀，擦蜡要擦到面上闪闪发光为止。

④水色、清油、清漆面的施涂方法如下：

a. 清理、磨砂纸：磨砂纸工序很重要，后道刷水色的颜色是否均匀一致，都与磨砂纸有关。物面打磨得光滑平整，水色刷后就能颜色一致，尤其是在低凹处，木工刨不光，一定要用砂纸磨光，打磨后应清扫干净。

b. 刷水色：可以采用成品颜料。先用热水泡溶使其充分溶解，颜色与水的比例，要视具体要求而定，颜色浓的应多加点颜料。在正式涂刷前应作样板。

涂刷时，每一个面应一次刷完，不能乱涂漏刷。如刷完后发现颜色有深有浅（大多数是由于木质不同，粗糙的木质容易吸色，表面光滑的木质不易吸色），可以在浅色的地方再薄薄刷一遍，刷后晾干。

c. 刷清油：在一般情况下是使用熟桐油与松香水，配比为1∶2.5，也可以用清漆代替熟桐油，即把清漆兑稀到与熟桐油配制的同样稠度。

水色底刷得好，颜色比较一致的，则清油内不必再加色；如底色不理想时，可在清油内加色。清油配好后一定要过滤，涂刷时要刷得薄一点，这样，干后面层较为光亮平整。

d. 满刮腻子及嵌补：腻子最好使用加色的石膏油腻子，也可以用清漆代替腻子中的熟桐油，但清漆拌的腻子没有熟桐油拌的好用。

刮腻子应先满刮，刮时一定要刮薄收干净，如收不干净就会使物面色泽不清晰。满刮腻子后再嵌补洞眼、凹陷处。嵌补腻子不限次数，只要将物面嵌平整即可。腻子干后，再用砂纸打磨，清扫干净。

e. 刷第二遍清油：这遍清油有两个作用：一是物面经刮、嵌腻子后可能有颜色不一致的现象，在这遍清油中加色后再刷就能与物体表面颜色一致。二是这遍清油和下一遍清油能使物体表面受油饱和，最后上清漆时光亮更足。这遍清油应稀而不能稠。

f. 刷第三遍清油：这遍清油的作用与要求同上。

g. 刷清漆：经过以上各道工序，物体表面基本上已经色泽一致，刷清漆为的是使物体表面更显光亮。刷清漆时不能草率，要细致，刷匀、刷全，刷后要多用油刷理通。

⑤润油粉、聚氨酯清漆底、聚氨酯清漆面的施涂方法如下：

a. 润粉：应该用油粉，不得用水粉、胶质粉或受潮易松散的粉料。油粉可用醇酸清漆、大白粉、滑石粉、颜料和二甲苯配制。这种油粉操作比较方便，而且结合力强。润粉要用麻丝揩擦，要擦到、擦净，填实棕眼；色泽均匀一致，不得遗漏、发花。

b. 刷聚氨酯清漆：配制的聚氨酯清漆需加入适量的稀释剂调稀后使用。稀释剂配比为无水二甲苯：无水环己酮＝1：1。涂刷要均匀，不漏刷，厚薄要一致，无接茬，无遗漏。涂层要薄，第一遍聚氨酯清漆涂膜略干后，用聚氨酯清漆腻子补嵌，然后用3号水砂纸进行全面水磨，磨后将表面擦揩干净。待水份干透后即进行第二遍聚氨酯清漆涂刷。涂膜略干后，再进行全面水磨，然后刷面层聚氨酯清漆。面层涂刷7天后再进行磨退出光。

涂刷前后两遍聚氨酯清漆的间隔时间不能过长，否则涂膜坚硬，表面不易打磨，而且涂膜之间的结合力变差，会出现分层脱皮现象。环境气温在15～30℃时，每日可刷一遍，在30℃以上时，每日可刷两遍，但面层涂刷后，必须经过7天方可使用。

施工现场必须通风良好，操作人员应注意按说明书进行劳动保护。

3. 金属表面施涂

金属表面涂刷涂料，按质量要求分为普通、中级和高级三级。金属表面施涂涂料主要指钢门、钢窗、钢屋架、钢框架柱、梁以及楼梯踏步、栏杆、管道和薄钢板制品等。这些金属制品暴露在大气中日久会生锈，必须涂以防腐蚀涂料加以保护。

金属表面施涂的主要工序见表2-29。

表2-29　金属表面施涂的主要工序

项次	工　序　名　称	普通级涂料	中级涂料	高级涂料
1	除锈、清扫、磨砂纸	+	+	+
2	刷涂防锈涂料	+	+	+
3	局部刮腻子	+	+	+
4	磨光	+	+	+
5	第一遍满刮腻子		+	+
6	磨光		+	+
7	第二遍满刮腻子			+
8	磨光			+
9	第一遍涂料	+	+	+
10	复补腻子		+	+
11	磨光		+	+
12	第二遍涂料	+	+	+
13	磨光		+	+
14	湿布擦净		+	+
15	第三遍涂料		+	+
16	磨光(用水砂纸)			+
17	湿布擦净			+
18	第四遍涂料			+

注：表中“+”号表示应进行的工序。

(1)底层除锈。一般采用手工方法，若可能应采用机械喷砂除锈。

(2)刷防锈涂料。金属构件在工厂制成后，应刷一道防锈涂料。运往施工现场若放置时间较长，发现剥落生锈情况，应再刷防锈漆一道。涂刷时，金属表面必须干燥。

对于钢结构的缝隙处，应在装配前除锈和刷涂料。拼接不平处，应用腻子嵌补。一般可在腻子中加入适当厚涂料或红丹粉，以增加腻子的干硬性。

薄钢板制作的屋脊、檐沟和天沟的咬口处，应用防锈油腻子填补密实。薄钢板屋面、檐沟、水落管表面及泛水处，可不刮腻子。施涂防锈涂料不得少于两遍。

高级涂料作磨退时，应用醇酸树脂涂料施涂，并根据涂膜厚度增加1～3遍涂料和磨退、打砂蜡、擦亮的工序。

(3)刷磷化底涂料。为了延长涂料的使用期，可在金属表面先涂一层磷化底涂料。

磷化底涂料由两个部分组成：一部分是底涂料，一部分是磷化液。两者的重量比为底涂料：磷化液=4：1。

涂刷时以薄为宜，不能涂刷太厚。若涂料稠度较大，可用3份乙醇(96%以上)与一份丁醇的混合液稀释。乙醇、丁醇的含量不能太大，否则容易泛白。

施工现场要干燥，如环境相对湿度过大(大于85%)，则容易泛白。

磷化底涂料涂刷2小时后，即可涂刷其它底涂料和面涂料。一般情况下，涂刷24小时后，就可以用清水冲洗和用毛板刷除去表面的磷化剩余物。待其干燥后，进行外观检查，如金属表面生成一种灰褐色的均匀的磷化膜，则表示产品已经合格。

(4)刷厚涂料。薄钢板制品、管道等，可在加工厂进行刷厚涂料，安装后再涂刷面层涂料。

(5)刷面涂料。一般金属构件的表面打磨平整，清扫干净后，即可刷面涂料。刷涂时不得漏刷。

钢门窗在玻璃安装完毕，并抹好油灰，窗子里的底灰修补平整，整个门窗打磨后，才能涂刷面涂料。

防锈涂料和第一遍银粉涂料，应在设备、管道安装就位前施涂。最后一遍银粉涂料，应在刷浆工程完工后施涂。

五、常见的施工缺陷及预防措施

1. 质量要求

(1)施涂薄涂料表面的质量要求见表2-30。

表2-30 薄涂料表面的质量要求

项次	项目	普通级薄涂料	中级薄涂料	高级薄涂料
1	掉粉、起皮	不允许	不允许	不允许
2	漏刷、透底	不允许	不允许	不允许
3	反碱、咬色	允许少量	允许轻微少量	不允许
4	流坠、疙瘩	允许少量	允许轻微少量	不允许
5	颜色、刷纹	颜色一致	微少量砂眼，刷纹通顺	颜色一致，无砂眼，无刷纹
6	装饰线、分色线平直(拉5m线检查，不足5m拉通线检查)	偏差不大于3mm	偏差不大于2mm	偏差不大于1mm
7	门窗、灯具等	洁净	洁净	洁净

(2)施涂厚涂料表面的质量要求见表 2-31。

表 2-31　厚涂料表面的质量要求

项次	项　　目	普通级厚涂料	中级厚涂料	高级厚涂料
1	漏涂、透底起皮	不允许	不允许	不允许
2	反碱、咬色	允许少量	允许轻微少量	不允许
3	颜色、点状分布	颜色一致	颜色一致,疏密均匀	颜色一致,疏密均匀
4	门窗、灯具等	洁净	洁净	洁净

(3)施涂复层涂料表面的质量要求见表 2-32。

表 2-32　施涂复层涂料表面的质量要求

项次	项　　目	水泥系复层涂料	合成树脂乳液复层涂料	硅溶胶类复层涂料	反应固化型复层涂料
1	漏涂、透底	不允许	不允许		
2	掉粉、起皮	不允许	不允许		
3	反碱、咬色	允许轻微	不允许		
4	喷点疏密程度	疏密均匀	疏密均匀,不允许有连片现象		
5	颜色	颜色一致	颜色一致		
6	门窗、玻璃、灯具等	洁净	洁净		

(4)施涂溶剂型混色涂料表面的质量见表 2-33。

表 2-33　施涂溶剂型混色涂料表面的质量要求

项次	项　　目	普通级涂料	中级涂料	高级涂料
1	脱皮、漏刷、反锈	不允许	不允许	不允许
2	透底、流坠、皱皮	大面不允许	大面和小面明显处不允许	不允许
3	光亮和光滑	光亮均匀一致	光亮、光滑均匀一致	光亮足，光滑无挡手感
4	分色裹楞	大面不允许，小面允许偏差3mm	大面不允许，小面允许偏差2mm	不允许
5	装饰线、分色线平直（拉5m线检查，不足5m拉通线检查）	偏差不大于3mm	偏差不大于2mm	偏差不大于1mm
6	颜色、刷纹	颜色一致	颜色一致，刷纹通顺	颜色一致，无刷纹
7	五金、玻璃等	洁净	洁净	洁净

注：①大面，是指门窗关闭后的里、外面；②小面明显处，是指门窗开启后，除大面外，视线所能见到的部位；③设备、管道喷刷银粉涂料，涂膜应均匀一致，光亮足；④施涂无光乳胶涂料、无光混色涂料，不检查光亮。

(5)施涂清漆表面的质量要求见表 2-34。

在表 2-34 第 4 项中“大面”和“小面明显处”含义如下：

①大面是指门窗关闭后的里、外面；

②小面明显处是指门窗开启后，除大面外，视线所能见到的部位。

表 2-34　清漆表面的质量要求

项次	项　　目	中级涂料(清漆)	高级涂料(清漆)
1	漏刷、脱皮、斑迹	不允许	不允许
2	木纹	棕眼刮平、木纹清楚	棕眼刮平、木纹清楚
3	光亮和光滑	光亮足、光滑	光亮柔和,光滑无挡手感
4	裹棱、流坠、皱皮	大面不允许,小面明显处不允许	不允许
5	颜色、刷纹	颜色基本一致,无刷纹	颜色一致,无刷纹
6	五金、玻璃等	洁净	洁净

2. 质量通病及防治方法

(1)涂料在贮存中发生浑浊、沉淀、变稠、结皮、变色、发胀、胶凝、假厚等现象。其原因和预防措施分别介绍如下:

①浑浊。是指溶剂(或其它涂料)中含有水分或性质不同的两种清漆混合等。

a. 产生原因。由于溶剂中的水未倒干净,或由于溶剂桶未盖严密,放置室外,淋入雨水。清油、清漆加入催干剂(尤其是铅催干剂)后,在有水分或低温的地方放置。稀释剂使用不当,如用量过多,则清漆呈胶状;若稀释剂溶解性差,则部分成膜物质不溶解。

b. 预防措施。溶剂桶要盖严密,不要放在室外,防止水分进入桶内。如溶剂含有水分、苯类、汽油、松节油,可用分层法分离。清油、清漆的水分可用水溶加热(+65℃)方法消除。贮存室的温度要保持在+20℃左右。若稀释剂有少许浑浊,可以加一些松节油或苯类环烃溶剂来改善,根据成膜物质的不同,使用适合的稀释剂。性质不同的清漆,应注意避免混合。

②沉淀。是涂料在贮存或使用期间,颜料从胶粘剂中分离出来而产生沉淀。

a. 产生原因。颜料密度大,颗粒较粗或填充料较多,涂料液粘度小以及研磨分散得不够均匀等。加稀释剂太多,过多地降低了涂料的粘度以及贮存时间过久。

b. 预防措施。定期将涂料桶横放或倒置,先入库的先使用,对已成为干硬无油的,必须取出硬块碾轧或揉碎后,再放回原桶,充分搅拌均匀,过滤后方可使用。

③变稠(变厚)。涂料在贮存中粘度变稠,甚至成冻结状,有制作和贮存方面的原因。

a. 产生原因。涂料产生变稠的原因有稀释剂用错,混入不相宜的材料和涂料贮存过久,超过规定贮存期两大方面。此外还有醇酸清漆使用后桶盖未盖严密,涂料桶漏气、漏液、溶剂挥发、贮存温度过高或过低等原因。

b. 预防措施。按规定使用稀释剂,不要把不同类型的涂料混合。所用涂料应在规定的贮存期间用完,涂料桶的桶盖要盖严,同时在涂料内可以加一些丁醇来防治。更换涂料桶和贮存环境防止曝晒,贮存库房的温度要保持在+20℃左右。

④结皮。涂料(主要是油性涂料)在桶中或瓶中贮存一段时间后,在液面上结成一层薄皮,有时这层皮的厚度足以封闭下部的液体涂料,使其不能倒出。

a. 产生原因。涂料桶装桶不满或桶盖未盖严密,漏气,涂料含过度聚合桐油较多。色涂料过稠,颜料含量较多,钴锰催干剂过多等均易产生结皮。存放时间越长,皮膜越厚。

b. 预防措施。涂料桶要盖严,不得漏气。如涂料桶漏气,应更换新桶,粘度大的涂料应尽量先用。如用后剩余的涂料不多，不要用原桶盛放，应更换小容器存放，并在涂料面上盖上一层牛皮纸，然后盖严容器口；使用时去掉膜皮，用后在表面倒上一层同类型稀料，桶盖盖严。

⑤变色。涂料变色的原因很多，大体有以下几点：

虫胶清漆贮存在马口铁桶中，颜色会变深，贮存越久颜色越深，且带黑，干性也不好。

金粉、银粉与清漆会发生酸蚀作用，以致失去鲜艳光泽，色彩变绿、变暗。

清漆所用溶剂极易水解（如酯类溶剂），与铁容器反应，颜色变深。

复色涂料中，因颜料密度不同，密度大的颜料下沉，轻的浮在上面。

预防措施：虫胶清漆忌用金属容器贮存，应用陶瓷、玻璃容器溶解和贮存。金粉、银粉与颜料应分开包装，使用时，应用多少调多少，随调随用，清漆和溶剂应用桶、瓷罐、玻璃瓶等存放。复色涂料使用时，要搅拌均匀。

⑥发胀（肝化）。红丹与酸价高的天然树脂涂料相遇出现“肝化”。

预防措施：用清油与红丹粉在现场自己调配，当天配制应当天用完。

⑦胶凝。产生原因是油料聚合过度，其中含有聚合胶体，粘度增高或结成冻胶。如着色颜料（铁蓝等）碰到聚合度很高的涂料，会凝聚成固体。

预防措施：是一种暂时现象，经过机械作用可以重新分散。加入少许有机酸（安息香酸）就能恢复正常。

⑧假厚。从外表看来稠厚，但一经机械搅拌，立即能流动自如，停止搅拌又会复原，这种现象主要出现在含颜料成分较

高的涂料中，而以滑石粉、氧化锌、锌钡白、红丹粉等最为明显，涂刷时刷痕不易消失。

预防措施：假厚不是涂料的病态（除呈现刷痕外），相反倒是一种优点。因为它可以防止颜料沉淀，涂料在涂刷后也不会发生流挂而造成涂膜厚薄不均。

（2）涂料在施涂中和涂层使用初期常见的质量问题有：流挂、流淌、表面起粒、皱纹、陷穴、丝纹状面、起泡、缩边、开裂、脱皮、露底、咬色、褪色、闪光、返粘、深浅不一、粉化等。其产生原因和预防措施分别介绍如下：

①流挂、流淌。它是涂料在施涂中经常出现的弊病之一，即在涂料施涂时，在涂饰物的垂直表面上，部分涂料在重力作用下产生的下垂。

a. 产生原因。溶剂挥发缓慢，周围空气中溶剂蒸发浓度高，湿度大；涂料粘度过低，施涂过厚，施工环境温度过低，涂膜干燥太慢；涂料中含有密度大的颜料，搅拌不匀；涂饰物表面不平整，或表面有油、水等污物，造成涂膜下垂。

b. 预防措施。选择适当的溶剂，控制基层（体）的含水率达到规范的要求；提高操作人员的技术水平，控制施涂厚度（20～25μm），以保证质量；严格控制涂料的施涂粘度（20～30s），涂料在施涂前和施涂时应充分搅拌均匀；涂饰物表面应处理平整，无油污，施工环境温度应保持在+10℃左右。

②表面起粒。涂料涂刷在物体表面上，如涂膜中颗粒杂物较多，不仅影响涂膜美观，而且会造成粗粒突起，部分涂膜提早损坏。

a. 产生原因。物体表面清理不干净，有砂粒等混入涂料中；物体周围环境清理不干净，灰尘、杂物粘在油刷上，涂在涂膜里面；涂料本身不干净，混有杂物，过罗不细致；涂料内气泡未散开，尤其是冷天，气泡更不易散开；喷枪不清洁，用喷过油性涂料的喷枪喷硝基涂料时，溶剂将涂层皮咬起成渣带入硝基涂料中。

b. 预防措施。选用良好的涂料，过细罗调和均匀，无气泡后再使用；涂饰物面要清理干净；保持施工环境无灰尘、杂物；喷硝基涂料宜用专用喷枪，如用喷过油性涂料的喷枪喷硝基涂料时，事先应将喷枪清理干净。

③皱纹。指涂膜干燥后表面不光滑，不光亮表面收缩形成很多弯曲棱脊。

a. 产生原因。涂料质量不好，溶剂挥发太快，催干剂过多或涂料调配不均匀；涂膜涂刷过厚，不均匀；在高温或烈日曝晒条件下施工。

b. 预防措施。选用优良材料，不得任意加入催干剂；避免在烈日高温条件下施工；选用较硬的毛刷涂刷，且应均匀一致。

④陷穴（火山口）。是指在涂膜上有凹陷状的弧坑。

a. 产生原因。雨点落在湿涂膜上；小的液滴在湿涂膜上的冷凝作用；有大雾在湿涂膜面上起作用等情，都会出现陷穴现象。

b. 预防措施。当要下雨时，避免在室外施涂涂料；避免在潮湿的大气中施涂涂料；在下雾前应使涂层达到手触感到干燥的程度。

⑤丝纹状面。指在涂膜上有明显的刷痕，使光泽降低，脏物容易积存。

a. 产生原因。操作不好；底层涂料没有涂好和干透；在底层软涂膜上涂涂料，都会产生丝纹状面。

b. 预防措施。涂刷涂料时要仔细、正确；用湿布擦去所有的刷痕;确认前一涂层干燥后,再涂下一层涂料。

⑥起皱、缩拢起条纹。指涂膜或光泽变粗,表面像核桃皮。

a. 产生原因。由于涂料太稠、涂层皮覆盖在上面使涂料下面变软,阻止了涂料在整个厚度内均匀地干燥;涂膜急剧干燥。

b. 预防措施。使用的涂料稠度要正常,涂刷均匀;避免在炎热阳光下涂刷。

⑦起泡。指涂料干透后,涂膜表面有气泡鼓起。

a. 产生原因。涂料涂刷太厚,涂膜表面已干燥而稀释剂还未完全挥发,则将涂膜顶起,形成气泡;环境温度太高或日光强烈照射,底涂料未干透就罩上面涂料,底涂料干结产生气体,将涂膜顶起;基层含水率较高,有的木材含有松香及挥发油,受热蒸发产生气体,将涂膜顶起。

b. 预防措施。基层含水率要符合规范要求;木材的松脂和节疤要清除,并且要点刷清漆;不在高温下施工;涂料不宜太厚,并分层进行;前遍涂层未干透,不得涂刷后遍。已起泡的涂层,要彻底清除,补好腻子,重新涂刷。

⑧缩边。指涂料或清漆涂层在表面形成断续的涂膜,涂膜以球形卷曲回来,留下小而圆的裸露斑点。

a. 产生原因。在油质表面涂刷;在非常光滑有光泽的表面涂刷;在油性中间涂层上涂刷面涂料等,都容易出现缩边现象。

b. 预防措施。要彻底刷洗、漂洗表面;打磨掉光泽;不要与中间涂层掺杂,轻轻湿磨。

⑨开裂或裂纹。指由于面层涂料的伸缩与底层不一致而使表面开裂。

a. 产生原因。在软而有弹性的涂层上涂刷稠度大的涂料；在底层涂料未干燥前就涂刷上一层涂料；干燥剂掺得过多；涂膜上沾有浆糊或胶水等，都会产生开裂。

b．预防措施。正确选择涂料的品种；达到规定的干燥时间后再涂刷上一层涂料；干燥剂应掺得适量；涂膜上沾有浆糊或胶水应立即除去。

⑩片落或脱皮。指由于涂料中的胶粘剂失效，涂膜成片状脱落。

a．产生原因。在潮湿面上，特别是含水率高的木料面上涂涂料；在粉状易碎面上涂涂料，如水性涂料面上；在容易冷凝的潮湿环境中涂涂料；涂刷涂料表面的扩张和收缩；涂料底层有锈；在平滑有光泽的表面涂刷涂料缺乏附着力；冷膜下有晶化物形成等情况，都会出现涂膜片状脱落。

b．预防措施。检查木料是否干燥；涂刷封闭涂料；不要在有雾、湿、霜的环境中涂刷涂料；选用与表面收缩性相适应的涂料；彻底清除基层上的污物和锈蚀，选用适当的涂料；擦刷和湿磨表面；在涂刷涂料前，用刷子除去所有晶化物。

⑪起雾。指涂料表面上有发白迹象，有时伴有缺少光泽的现象。

a．产生原因。在湿冷的环境中涂刷涂料；在有蒸汽的潮湿环境中涂刷涂料；磨擦或刷洗时的水被吸收在涂层里；暴露在含有污染物质的空气中时间过长等情况，都会使涂料表面缺少光泽。

b．预防措施。避免在湿冷环境中涂刷涂料及在干燥的环境中涂刷涂料；在涂刷涂料前应检验被涂物的表面是否干燥，未干燥的不应涂刷涂料；除去表面结晶的沉淀物，用亚麻油和醋酸的等量混合剂擦涂表面。

⑫透底。指物体表面涂刷的涂料太薄，缺乏覆盖底层能力

或失去光泽的现象。

a. 产生原因。调配涂料时调和不匀，密度大的下沉；稀释剂加入太多，破坏了原涂料的稠度。

b. 预防措施。严格控制涂料稠度，不要随意在涂料中加稀释剂。

⑬咬底。是指涂刷面涂料时，将已刷好的底涂料咬起来。

a. 产生原因。底涂料未干透，不牢固，面涂料涂刷太早；底涂料与面涂料不配套，底涂膜承受不了面涂料强溶剂的作用，被咬起溶解。

b. 预防措施。选用配套的涂料材料；底层涂膜干燥后，再涂刷面涂料。

⑭露底。指在涂膜厚度正常的情况下，部分或棱角处有透露底色的现象。

a. 产生产因。涂刷技术不熟练，涂刷不均匀，特别是棱角处漏刷或轻刷，造成露底。

b. 预防措施。提高涂刷技术水平，涂刷均匀一致，不漏刷。

⑮咬色。指面层涂料涂刷成膜后，底涂料颜色渗透到面层，造成色泽不一致的现象。

a. 产生原因。底层表面上有油污，木材节疤没有点漆片清漆；底漆料未充分干燥，涂膜不牢固，面涂料内的稀释剂溶解性强，使底涂料颜色浮出。

b. 预防措施。木材脂囊必须清除掉，节疤处应点刷 2～3 遍漆片清漆；涂饰物面应清理干净，面涂料要与底涂料配套使用，并待底涂料干透后再涂刷面涂料。

⑯褪色。指面层涂料的颜色改变或变弱。

a. 产生原因。涂膜暴露在强烈阳光下；涂膜暴露在含化学物质的空气中；涂料涂刷在具有化学反应的基层上等，都会使涂料的颜色变弱。

b．预防措施。使用耐光、耐晒颜色的涂料；使用耐化学物质的罩面材料；使用适当的底涂料或涂刷保护层。

⑰倒光。指涂膜干燥后表面无光泽，或有一层白雾状物凝聚在涂膜上。这种现象不同于涂膜经长期使用后粉化而失去光泽变暗的现象。

a．产生原因。物面不平整或物面吸油不一致而失去光泽；底涂料未干透就涂刷面涂料，面涂料中的强力溶剂使底涂料回软，失去光泽；涂料质量不良或稀释剂过量，使涂膜光泽不能持久；涂料未干前受到烟熏，或水蒸汽凝结在涂膜中；施工环境湿度太大（相对湿度在80％以上），挥发性涂膜吸收水份后发白失光。

b．预防措施。加强基层表面光滑处理，主要用腻子刮光滑，并选用优良的涂料，不得任意加入稀料；涂刷涂料时，必须在前遍涂料干透后再涂刷后一遍涂料；选择良好的施工环境，在潮湿或烟雾大的情况下不宜施工；涂刷挥发性涂料时，宜在相对湿度60％～70％环境下施工。

⑱闪光和斜迹。是指在无光的或半光罩面料上有不规则光泽的小块。

a．产生原因。在结合面搭接前边缘已经凝固，主要出现在顶棚和大面积墙面上；室内温度过高，使凝固过快；空气流动过快加速干燥；涂料表面孔隙过多，引起参差不齐的下陷。

b．预防措施。增加涂刷操作人数或使用较大刷使涂刷快一些；降低室温；涂刷涂料时，关闭门窗，切断空气流动；采用封闭层封闭，然后在表面涂涂料。

⑲慢干或返粘。是指涂料涂刷后，超过涂料规定的干燥时

间涂层尚未全干。涂膜虽已形成，但长时间内表面仍有粘指现象。

a. 产生原因。涂料中含有挥发性很差的溶剂；干性油中掺有半干性油或不干性油；涂料熬炼不够，催干剂用量不足，溶剂中杂质过多；涂料贮存过久，催干剂被颜料吸收而失去作用；底层涂料未干透就涂刷上层涂料；涂膜太厚，涂膜表面氧化，使内层长期不能干燥。基层潮湿，施工环境气温太低，或受烈日曝晒等因素都能导致慢干与返粘。

b. 预防措施。选用优良涂料及良好的施工环境；基层含水率应符合规范规定；基层表面应干净；操作时应使用干净的油刷；有松脂的木材面在涂刷涂料前应用虫胶清漆封闭。底层涂料干透后方能涂上层涂料。气温太低、湿度太大和烈日曝晒的环境下均不宜涂刷涂料。

⑳木纹浑浊、色泽深浅不一致。是指清漆涂刷后木纹不清晰。

a. 产生原因。涂料存放时间过长，颜色沉淀，上部浅、下部深，操作时未搅拌均匀；木材质地不同，着色不均匀，一般软木易着色，硬木不易着色；油刷毛太硬或太软，操作技术不熟练，重复涂刷处颜色深。

b. 预防措施。用密度大的颜料配制的油色，使用时要经常搅拌，避免颜料沉淀，色泽不匀；不同材质采用不同涂刷方法，特殊情况下要修色，如发现色泽不匀，要对深色木材表面进行漂白，或浅色部分进行染色，使色调统一。应不断提高操作技术，涂刷涂料的动作要准确迅速，并选用适宜的漆刷进行涂刷。

㉑粉化。是指在涂膜上沉淀出来粘结颜料的粉状物。

a. 产生原因。涂料因过稀缺乏粘结性；在封闭不充分有吸收能力的面上施涂涂料;在室外暴露的地方使用高色料醇性涂料;在室外使用室内涂料。

b. 预防措施。不可随意稀释涂料;封闭有吸收能力的表面并修补填孔;正确选择涂料;注意将室内和室外涂料分开,正确使用。

第三章　地面装饰施工

地面是建筑物底层地面和楼层地面的总称，它们的面层构造和所用材料是相同的，只是其承重层不同。

地面的名称一般是依据面层所用材料而定。按面层所用材料和施工方式不同，可以分为整体式地面、板块式地面、人造软质地面、涂料地面、活动地板等。

第一节　水磨石地面

水磨石地面具有坚固耐久、光洁美观、易清洗、耐污染、耐腐蚀等特点。普通水磨石地面可以作为中等地面装饰，美术水磨石地面可以作为高级地面装饰。现浇水磨石地面因现场湿作业时间长、工序多、要求施工精确等，限制了这种作法的广泛应用。

一、构造作法

现浇水磨石地面的构造层次，与水泥地面相同，只是将找平层上的面层改为水泥石子浆面层，经打磨而成。其构造层次如图 3-1 所示。

二、施工前的准备工作

1. 施工机具

灰勺、钢抹子、木抹子、水平尺、木杠或方钢杠、尼龙线、辊筒、磨石子机、磨石。

2. 材料

水泥：宜采用 425 号普通硅酸盐水泥或矿渣硅酸盐水泥。

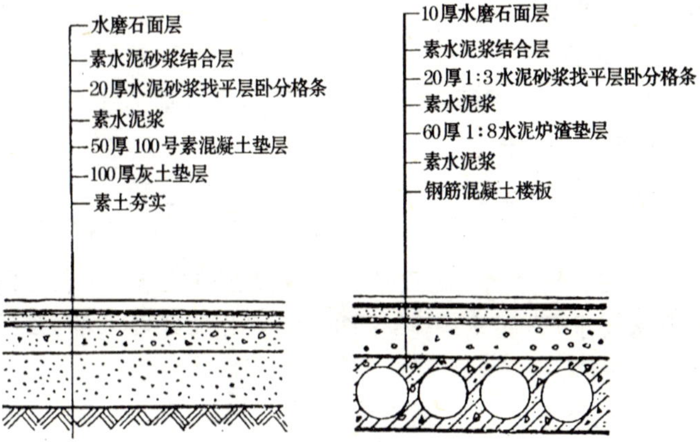

图 3-1　水磨石地面构造

一个房间的地面应采用同一厂家、同一批号、同一品种的水泥，以保证地面色彩一致。

石子：一般为白云石、大理石，要求颗粒均匀、坚韧、有棱角，不得含有风化石粒、杂物、泥沙。石子的颜色、粒径大小应根据设计选用和配兑，并按规格、品种、颜色分别存放。石子在使用前应清洗、晾干。

颜料：根据设计要求，可用氧化铬绿、氧化铁黄、氧化铁红等耐碱、耐光颜料。颜料掺加量应是水泥用量的5%～10%。在施工前，按设计要求配兑、试样，确认色彩和质量可靠后方可使用。

镶条：有铜条、玻璃条、铝条等。铜条厚1～1.2mm，铝条厚1～2mm，玻璃条厚3mm。镶条的宽度，按石子规格、石子浆抹灰厚度而定，一般在10～12mm。

草酸：用沸水溶解的草酸溶液，浓度为5%～10%。

成蜡：地板蜡和石蜡。使用时用0.5kg成蜡配2.5kg煤油加热后使用。

3. 基层处理

施工前应检查垫层平整度，清除基层表面的浮灰、油垢和杂物，用水冲洗干净。

三、施工方法

1. 弹线

在底层灰达到一定设计强度，清理好基层后，按设计图纸的分格要求，弹底线；有美术图案要求和曲线要求的，要按设计要求画线。

2. 镶分格条

玻璃条，用玻璃刀按设计长度截取。铜、铝条用切割机或小钢锯截取。美术花纹图案分格，可用铜、铝条预先按尺寸制作成型，用玻璃条时可截取 30～50mm 小段，分段镶成曲线。

镶条时按墙面四周水平线向下返找出地面标高，镶条调直后，放于弹线位置上，一侧用靠尺靠平，另一边用素水泥浆在镶条根部用八字形灰埂固定，然后拿掉靠尺，抹另一侧。灰埂应低于镶条顶面 3mm，如图 3-2。用刷子蘸水将灰埂刷成麻面，以利结合。

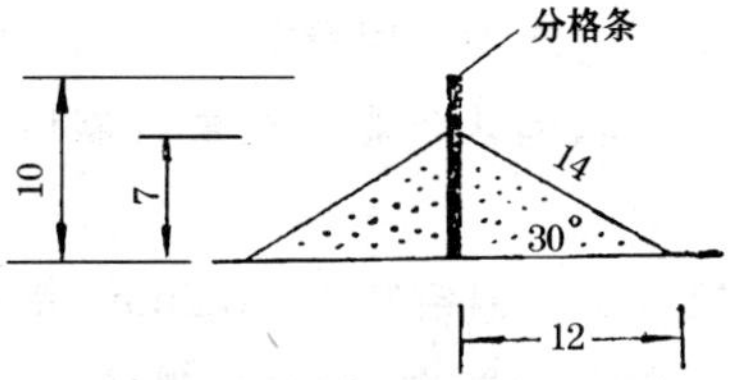

图 3-2 镶分格条

3. 抹水泥石子浆

先将水泥、石子、颜料等计量堆放，把水泥与颜料干拌后，再与石子搅拌均匀，然后加水搅拌。水泥、石子的重量比为 1：1.5～1.2。水泥石子浆拌好后，在清理好的基层上刷素水泥浆一道。将石子浆铺于分格内、摊平，用钢抹子抹平，抹平面应高于镶条 1～2mm。表面均匀地撒一层石子，并用钢抹子拍实、压平，再用辊筒碾压 4～5 遍，出浆后用钢抹子抹平。

4. 养护

罩面抹好后，待有一定强度，即可浇水养护。养护时间视室内温度而定，一般养护 2～5 天，每天浇二次水。

5. 水磨

罩面养护到一定强度才能开磨，可根据水色、颜色的品种差别和气候特点，根据经验，确定开磨时间，应先试磨，以石子不脱落为准。

常用磨石机水磨，小面积边角处用人工磨。一般要磨三遍。第一遍为粗磨，用 60～90 号粗金刚石，目的是磨平、磨透，露出石子和镶条，磨石时地面要浇水，保证磨石下有水，并随时清除磨石浆，边浇水边磨，最后浇水清洗。第一遍磨完后，用原配干灰拌成水泥色浆，满刮一遍，填平砂眼，掉石子的部位应补石子。24 小时后，养护 2～3 天再磨第二遍。第二遍用 90～120 号金刚石，洒水研磨至表面光滑。第三遍用 200～240 号金刚石，洒水研磨至表面石子显露，其显露程度应不小于 1/3～1/4，平整光滑为止。

6. 涂草酸

将磨石面用水先冲洗干净、擦干，经 3～4 天干燥。1kg 草酸用 3kg 沸水化开，冷却后，用布蘸草酸溶液擦拭，用240～300 号油石研磨酸洗，清除污垢，再用清水冲洗、擦干。

7. 打蜡

在以上工序完成后，在磨石地面上，用地板蜡或工业蜡上蜡。将蜡在面层上均匀地涂上一层，干后用钉有细帆布的木块代替油石，再上蜡磨一遍。上蜡后铺锯末养护。

四、常见施工缺陷及预防措施

1. 裂缝

(1)主要原因如下:

①地基夯土下沉。

②预制圆孔板刚度差,灌缝不密实。

(2)预防措施如下:

①地基回填应分层夯实,分层取样检验密实度,并保证密实度合格;填土较深时,混凝土垫层应加厚并加钢筋网。

②采用预应力圆孔板坐浆安装,提高楼板刚度;楼板端头及两侧灌缝,应采用不低于C18级的细石混凝土;板缝先清除灰渣,浇水湿润,浇灌时插捣密实,浇水养护5～6天;梁顶及门槛体两边嵌双分格条,裂缝在分格条发生,处理较简单。

2. 空鼓

(1)主要原因如下:

①底层(找平层)与基层粘结不牢。

②面层与底层粘结不牢。

(2)预防措施如下:

①结构层应铲除浮层,并清洗干净;采用425号普通硅酸盐水泥,粗(中)砂含量不大于3%,砂浆稠度不大于3.5cm;计量配料准确,并搅拌2分钟;铺砂浆前应湿润基层,扫水泥浆一层。

②底层(找平层)砂浆必须浇水养护坚实,表面应搓毛;铺水泥石子浆前,底层应浇水湿润,扫新鲜水泥浆薄薄一层,不应有积水;水泥石子浆铺后应压实。

③在起鼓周围,钻3～4个孔(10mm),从一个孔内加压注入水泥浆,至各孔均注满为止,孔内塞石子,修饰磨光。

第二节　大理石、花岗石和预制水磨石地面

地面用的大理石板和花岗石板是用荒料经锯切、研磨、抛光及切割而成，其质地坚硬，色泽艳丽、美观，属于高档的地面装修材料。用于高级宾馆、公共建筑大厅、影剧院、体育馆等入口处及公共活动房间地面的铺设。

水磨石板是用石粒、颜料、水泥、中砂等材料，经过拌和、成型、养护、磨光打亮等工艺制成，色泽品种较多，通常分为普通水磨石板和美术水磨石板，较普遍地用于各种建筑地面的铺设。

一、构造作法

大理石、花岗石和预制水磨石地面的构造，是以水泥砂浆作为粘结料，将石板粘贴到整体性和刚性较好的垫层上，其基层和垫层的作法与一般水泥地面的作法相同，地面的构造层次和踢脚板的作法如图 3-3 和图 3-4 所示。

大理石、花岗石和预制水磨石的楼梯踏步和台阶踏步，镶贴方法如图 3-5 所示。

二、施工前的准备工作

1. 施工机具

大理石、花岗石和预制水磨石地面的主要施工机具有：切割机、磨石机、磨石、钢卷尺、水平尺、方尺、墨斗、尼龙线、靠尺、木刮尺、木锤（或橡皮锤）、木抹子、铁抹子、小灰铲、喷水壶、茅草刷、擦布、棉纱、合金扁凿、筛子等。

2. 材料

大理石、花岗石和预制水磨石板；结合层砂浆所用的水泥宜用 425 号硅酸盐水泥、普通水泥或矿渣水泥；白水泥的标号

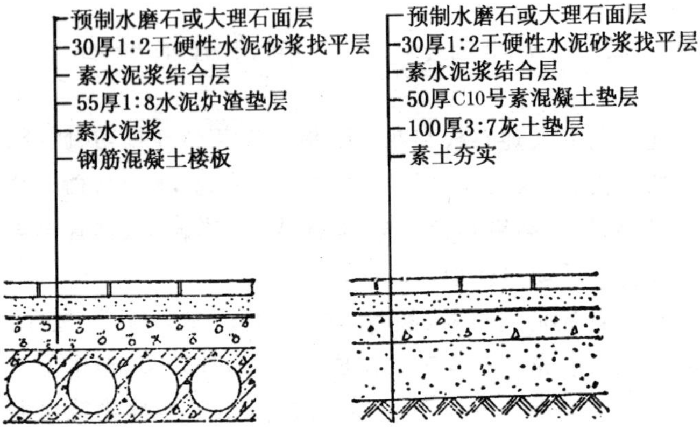

图 3-3　大理石、花岗石和预制水磨石地面构造

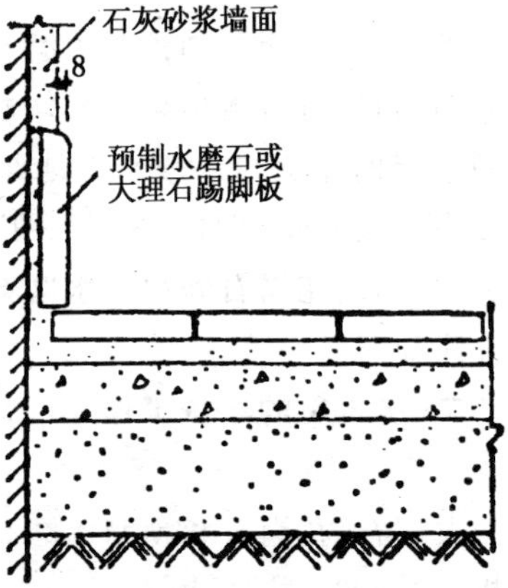

图 3-4　踢脚板构造

不应低于 325 号；细骨料宜用粗砂或中砂，用前过筛，筛孔直径 5×5(mm)。灌浆用细砂过细筛。颜料宜选用耐光的矿物颜料。

3. 基层处理

板块铺设前，应先挂线检查并检测垫层的平整度，清除基层表面的浮灰、油垢和垃圾，用水冲洗干净，提前一天润湿基层表面。

三、施工方法

大理石、花岗石和预制水磨石地面的施工工艺过程是：弹线→试拼→扫浆→铺结合层砂浆→铺地面板→灌缝、擦缝→

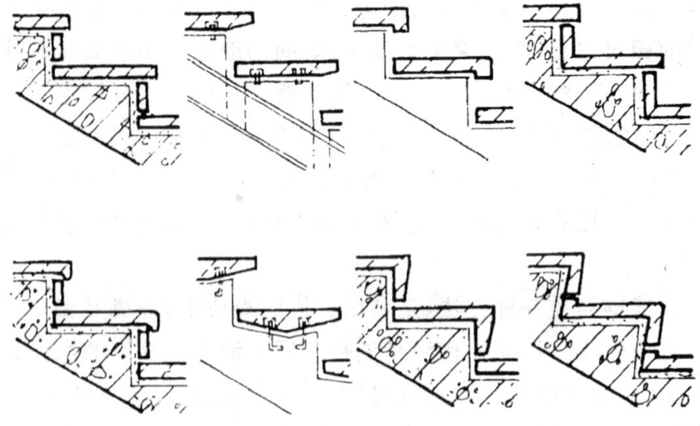

图 3-5 踏步构造

上蜡。

1. 弹控制线

根据墙上 50cm 水平基准线，在四周的墙上弹出地面面层标高线、水泥砂浆结合层标高线。水泥砂浆结合层厚度一般为 25～30mm。有坡度要求的地面应弹出坡度线。

2. 板块浸水

施工前应将板块浸水湿润，并阴干码好备用，做到在铺砌时使板块的底面内潮外干，以免铺设后的板块吸收结合层砂浆中的水分，而影响砂浆强度。

3. 试拼

对每个房间的板块，应按图案、颜色和纹理试拼。试拼后按两个坐标方向将板块编号，然后按编号码放整齐。

4. 试排

一般方法是在两个互相垂直的方向，按标准线铺两条干砂带，宽度大于板块，砂厚 3cm。根据设计图纸要求，拉线校正排好板块。并核对板块与墙边、柱边、门洞口及其他较复杂部位的相对位置，检查缝隙宽度。板块间的缝隙大小应满足设计规定，如无设计规定，则要求预制水磨石板的板间缝隙不大于2mm，大理石、花岗石板的板间缝隙不大于1mm。根据试排结果，在房间主要部位弹上互相垂直的控制线，并引至墙上，用于检查和控制板块的位置。对于非整块板，应量出尺寸进行切割。

试排的另一种方法，是利用试排的板块带，铺成互相垂直的通长标筋。标筋的作法是先在基层上铺互相垂直的水泥砂浆带，然后铺贴板块，并严格检查板块表面的标高、方整度、平整度和缝隙大小。如符合设计要求，则养护1～2天，以此标筋为准，再全面铺设。

5. 铺设水泥砂浆结合层

铺设结合层所用的砂浆可用干硬性砂浆，其稠度为2.5～3.5cm，配合比为水泥：砂子＝1：2(体积比)，砂浆标号M15。铺抹时，先刷水灰比为0.4～0.5的素水泥浆一道，随刷随铺结合层砂浆。摊铺砂浆方向，由里向外进行，摊铺长度应在1m以上，宽度要超出板块20～30mm，厚度应高出线3～5mm，然后用刮尺刮平、拍实，用木抹子找平。

6. 铺板块

铺板块的顺序，一般是从中间向边缘展开，直铺至门口。铺设前应拉通线，将板块按线平稳铺下，对准纵横缝后，用橡皮锤轻击板块，根据捶击声音判断板块下面的砂浆密实程度。如有空隙，应掀起板块补浆密实，当缝隙、平整度均满足要求后，揭开板块，在结合层上浇一层水灰比为0.45的水泥素浆，再正式铺贴。

正式铺贴时，板块四角要平稳下落，对准纵横缝后，用橡皮锤轻击震实，用水平尺找平、拭直。捶击板块时，注意不要敲砸边角，以免造成空鼓。每铺完一条板块，应及时拉通线检查各项质量要求和允许偏差。

7. 灌缝、擦缝

板块镶贴24小时后洒水养护，两天后，检查平板无断裂、无空鼓现象，即可在缝隙内灌水泥色浆；水泥色浆应按所定的颜色，在白水泥中加入相应的矿物颜料进行调剂。灌缝后1～2小时，用棉纱蘸色浆进行擦缝，并将沾污的板面擦拭干净，铺上锯木养护3天。

8. 镶贴踢脚板

镶贴踢脚板时，大理石、花岗石、预制水磨石踢脚板的高度一般为100～200mm，厚度为15～20mm。踢脚板施工前，应认真检查，清理墙脚，并提前一天浇水润湿。按需要的数量，将阳角处踢脚板的一端切成45°角；将踢脚板用水刷净，阴干备用。镶贴时，由阳角开始向两侧试贴，然后，检查是否平直、缝隙是否严密、有无掉角等，这些均已达到合格要求，方可实贴。

踢脚板的贴法，一般用粘贴法，当墙脚抹完底层砂浆后，根据踢脚板出墙面的厚度，再抹上1：2水泥砂浆找平、划毛；水泥砂浆硬化后，将已浸湿阴干的踢脚板背面抹上2～3mm厚的水泥素浆，按控制线镶贴正确，用橡皮锤轻击贴实，并用靠尺找直、找平，用方尺找角；次日，用与地面同色的水泥色浆对踢脚板进行擦缝。

9. 上蜡

待结合层砂浆强度达到70%以上时，可用磨石机装上240～300号油石洒水研磨一遍，然后清洗、晾干、上蜡、抛光。

上蜡抛光的操作方法是：首先配制草酸溶液，其浓度配合比例为热水：草酸＝1：0.35(重量比)混合。经冷却后用布蘸上草酸溶液涂拭水磨石表面，然后用300～320号油石细磨，磨至表面光洁无垢；或者用浓度10％的草酸溶液加入1％～2％氧化铝涂刷在磨石面上，再细磨出光，清洗晾干后打蜡。蜡液的配合比为川蜡：煤油：松香水：鱼油＝1：4～5：0.6：0.1。配制蜡液时先将蜡和煤油在桶内加热至120～130℃，边加热边搅拌至全部溶解成蜡液。使用时加入松香水和鱼油调匀。打蜡的方法是：用布团蘸取蜡液，均匀地擦拭于磨石上，稍干后即用磨光机擦磨。磨光机是在磨石机转盘上组装粗布团构成的。当磨石表面磨出光亮后，再涂一遍蜡液，再磨至表面光滑明亮为止。

四、常见施工缺陷及预防措施

1. 板块空鼓

(1)主要原因如下：

①基层处理不干净，结合不牢。

②结合层砂浆太稀。

③基层干燥，水泥素浆结合层刷的不均匀或已干硬。

④结合层砂浆未压实。

⑤铺贴不当。

(2)预防措施如下：

①施工前应彻底清除基层上的灰渣和杂物，并用水冲洗干净。

②结合层砂浆可采用干硬性砂浆。砂浆应搅拌均匀，切忌用稀砂浆。

③铺砂浆前应先湿润基层，水泥素浆刷匀后，随即铺结合层砂浆。

④结合层砂浆铺抹时应拍实、揉平、搓毛。

⑤板块铺贴前应用水浸湿、晾干，试铺后，再浇水灰比为 0.45 的水泥素浆正式铺贴。严禁撒水泥面铺贴。定位后，用橡皮锤轻击板块，压实。

2. 板接缝高低差大

(1)主要原因如下：

①板块直角度偏差大、厚薄不均匀。

②铺贴操作中检查不严格。

(2)预防措施如下：

①用“品”字法挑选合格产品，剔除不合格品；对厚薄不匀的板，采用厚度调整器在背面抹砂浆调整板厚。

②应采用试铺方法，浇浆宜稍厚一些，板块正式落位后，用水平尺骑缝搁置在相邻的板块上，边轻捶板面压实，边检查相邻板块接缝高差，直至板面齐平为止。

第三节　碎拼大理石地面

一、构造作法

碎拼大理石地面，亦称冰裂纹地面。它是采用经过挑选的不规则的大理石碎块，不规则地铺贴在水泥砂浆找平层上，用水泥砂浆或水泥石粒浆填补块料间的缝隙而形成。碎拼大理石地面的拼缝形式，有不规则折线和不规则曲线两种，如图 3-6 所示。

碎拼大理石地面的构造层次，与大理石、花岗石和预制水磨石地面相同，见图 3-7。

二、施工前的准备工作

1. 施工机具

碎拼大理石地面的主要施工机具有：磨石机、磨石、钢卷

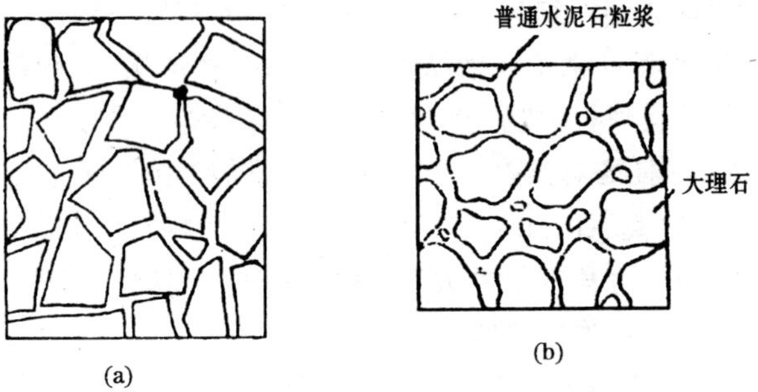

图 3-6 碎拼大理石地面的拼缝形式

(a)不规则折线 (b)不规则曲线

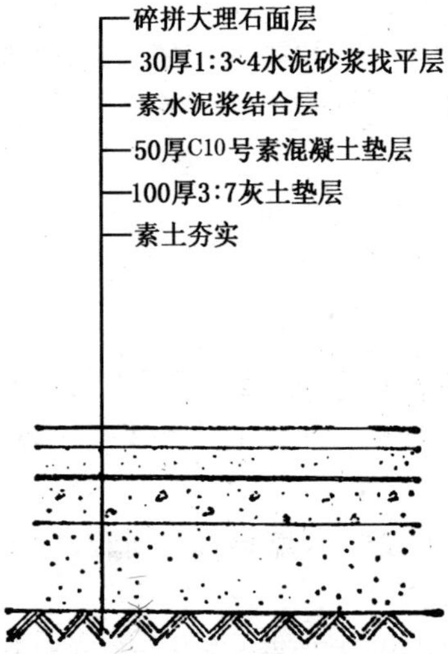

图 3-7 碎拼大理石地面构造

尺、水平尺、墨斗、尼龙线、靠尺、木刮尺、木锤或橡皮锤、木抹子、铁抹子、小灰铲、喷水壶、茅草刷、擦布、合金扁凿等。

2. 材料

碎大理石块，须经过挑选，选择那些颜色协调、厚薄一致的板块。结合层砂浆所用的水泥，宜用 425 号硅酸盐水泥、普通水泥或矿渣水泥；白水泥标号不应低于 325 号。骨料宜用中砂或粗砂，用前过筛。石粒的种类、粒径、各颜色的配合比，应根据面层图案、色彩设计要求而定。石粒在使用前应清除杂草和泥土，剔除风化、水锈和杂色石粒，并淘洗干净，晾干备用。颜料应用耐光、耐碱的矿物颜料。抛光用的地板蜡，可用川蜡或石蜡。

3. 基层处理

基层平整度应符合规范要求，清除基层表面的浮灰、油垢和垃圾，用水冲洗干净。提前一天用水湿润表面。

三、施工方法

碎拼大理石地面的施工工艺过程为：弹线→试拼→试排→扫浆→铺结合层砂浆→铺地面板→填缝→养护→磨缝→上蜡。

碎拼大理石地面的铺贴方法与大理石地面相同。石板间的缝隙，可大可小，互相搭配贴出各种图案；缝隙可用同色水泥色浆嵌抹，做成平缝；也可以嵌入彩色水泥石粒浆，嵌抹时应凸出板面 2mm，养护结硬后，用金刚石将凸缝磨平，面层磨光，再上蜡抛光。上蜡抛光的施工方法与大理石地面相同。

四、常见施工缺陷及预防措施

常见施工缺陷是颜色不协调。

(1)主要原因：铺贴前未进行试拼、调色。

(2)预防措施如下：

①铺贴前应对板块进行挑选，选择厚薄一致的板材。

②铺贴时，随时用水平尺找平，注意调整砂浆厚度。

第四节　陶瓷锦砖地面

陶瓷锦砖俗名马赛克，用优质瓷土烧制而成，其质地坚硬，经久耐用，色彩、形状多样，具有耐磨、防水、耐腐蚀、易清洁等特点。陶瓷锦砖适用于卫生间、厨房、化验室及精密工作间地面。

一、构造作法

陶瓷锦砖须铺设在整体性和刚性较好的基层和垫层上，用 20mm 厚 1∶3 干硬性水泥砂浆作为结合层，用白水泥擦实锦砖缝隙。其构造层次如图 3-8 所示。

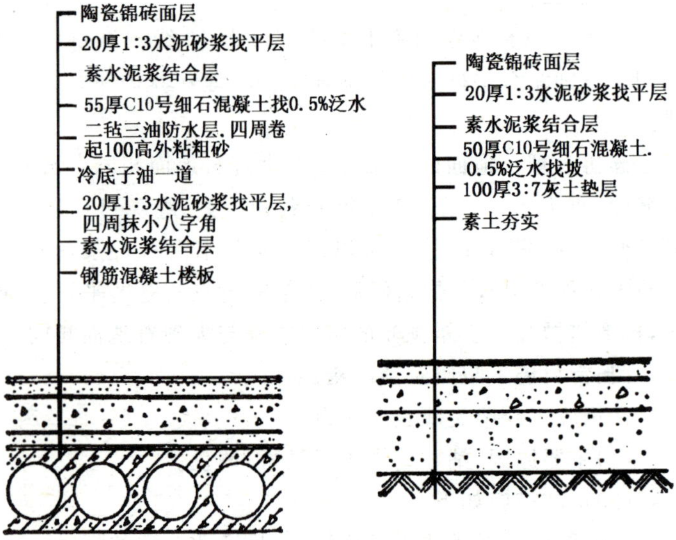

图 3-8 陶瓷锦砖地面构造

二、施工前的准备工作

1. 施工机具

主要施工机具有：尼龙线、水平尺、方尺、墨斗、喷水壶、刮尺、木抹子、靠尺、灰桶、铁抹子、排笔、小灰铲、水桶、钢皮开刀、木拍板、木锤和橡皮锤、擦布和棉纱、茅草刷、鸡脚刷、木踏脚板等。

2. 材料

陶瓷锦砖，325 号普通水泥、白水泥，粗砂或中砂。

3. 基层处理

基层表面平整度应符合规范规定的要求。铺贴前应清除表面的浮灰、杂物，用水冲洗干净，提前一天湿润基层表面。

三、施工方法

陶瓷锦砖地面的施工工艺过程为：抹水泥砂浆找平层→抹结合层→铺陶瓷锦砖→拍实→洒水→揭纸→拨缝→灌缝→养护。

1. 抹水泥砂浆找平层

根据墙上 50cm 水平线，在墙上弹好地面水平标高线，做标志块，标志块间距 1.5m，根据标志块作标筋。标志块和标筋的表面应比地面水平标高线低一块陶瓷锦砖的厚度。然后铺抹找平层水泥砂浆，砂浆应采用机械拌和，其干硬度以手捏成团，落地即散为好。铺砂浆前，先在基层上浇一道素水泥浆，水灰比 0.5。标高确定一般为 25～30mm。水泥砂浆可从里向门口铺抹，虚铺高度可比结合层标高高出 3～4mm，然后用刮尺刮平、拍实，用木抹子找平。有泛水要求的地面，应事先用标筋找出坡度。

2. 抹结合层、铺陶瓷锦砖

找平层水泥砂浆养护 2～3 天后，开始铺贴陶瓷锦砖。铺贴前应将找平层表面用清水湿润，铺贴宜从门口开始，沿进深方向先铺一条陶瓷锦砖标准条，用方尺找好规矩作为标准条，以标准条拉控制线，按线从里向外退着铺贴。如房间的地面要求镶边，应先铺贴镶边部分。铺贴时，先在准备铺贴的水泥砂浆层表面撒水泥面，再用水刷子弹上适量的清水，然后用排笔蘸水将陶瓷锦砖背面刷湿，按顺序进行铺贴；铺贴接近墙边时，应预先量尺预排，以便调整缝隙，避免产生端头缝隙过小过大的现象；如果预排时发现锦砖铺得太松或太紧，可切开贴线，用开刀适当调缝。

3. 拍实

整个房间的陶瓷锦砖铺完后，从一端开始用木锤和拍板依次拍平，拍至素水泥浆挤满缝隙为止。

4. 洒水、揭纸

用喷壶在已铺好的面层均匀地洒水，使陶瓷锦砖的贴纸浸透为宜，经 15～25 分钟，即可以把锦砖贴纸揭掉，擦净。注意不要洒水太多，以免粒片浮起；洒水也不宜过少，以免浸水不透，而贴纸不易被揭起。

5. 拨缝、灌缝

揭纸之后，按砖缝拉线，依照先纵向后横向的顺序，用开刀依线将缝隙拨直拨匀，拨好后用排笔蘸浓水泥浆灌缝，或用水泥面将缝隙填满，适当洒水、擦平。拨缝、灌缝之后，应检查缝格的平直度、接缝的高低差、板面调整；沾污在砖面上的水泥浆，应在凝固前清除干净。在进行上述检查操作时，操作人员应在木踏板上行走，严禁直接踩踏在陶瓷锦砖地面上。此外，应注意根据施工时的气温情况，掌握操作时间，要求在5～6 小时内完成全部操作，以免砂浆结硬而无法工作。

6. 养护

陶瓷锦砖地面全部铺完经过 24 小时之后，在其上撒锯末，养护 4～5 天，之后方可上人行走。

四、常见施工缺陷及预防措施

1. 地面标高超高

(1)主要原因如下：

①结合层砂浆控制不严，过厚。

②标筋上平标高未复查。

(2)预防措施如下：

①按标筋上平，控制结合层砂浆厚度，不超高。

②标筋完成后，应按地面水平标高线加一块陶瓷锦砖厚度，复查标筋顶面标高，应符合要求。

2. 缝格不均匀

(1)主要原因：选料不严格，陶瓷锦砖尺寸大小不一致。

(2)预防措施：同一房间使用的陶瓷锦砖长、宽尺寸必须相同，不合格的产品应剔除。

3. 缝隙不顺直，纵横错缝

(1)主要原因如下：

①拨缝不认真。

②铺贴时未及时检查调整。

(2)预防措施如下：

①揭纸后，拉线用开刀把缝隙拨直、拨匀。

②坚持按水平标高线拉纵向、横向线进行检查，发现错缝，立即纠正。

4. 空鼓、脱落

(1)主要原因如下：

①结合层砂浆摊铺后未及时铺贴陶瓷锦砖。

②未认真压实，或门口等部位过早地踩踏。

(2)预防措施如下：

①结合层砂浆铺完后，应接着铺陶瓷锦砖，撒干水泥面时应洒水润湿，陶瓷锦砖背面应刷湿。

②每铺贴一块，应认真拍实至素水泥浆挤出；门口铺贴后，应垫木板方可以过人。

第五节　劈离砖、缸砖地面

劈离砖是一种无釉粗面陶瓷板。劈离砖的色彩和品种繁多，表面有花纹图案。劈离砖砖体密实，强度高，具有耐磨、耐酸碱、不打滑的特点，适用于公共建筑和住宅的厅堂、厨房、卫生间，以及车站、候车室、行李房、餐厅等地面。

缸砖又名防潮砖，它由陶土烧制而成。其质地坚硬耐磨、色调均匀、抗腐蚀、能防潮，多用于室内走廊、门厅、厨房、浴厕等地面。

一、构造作法

劈离砖、缸砖地面，是用水泥砂浆作结合层，将劈离砖、缸砖铺贴在 1∶3 水泥砂浆找平层上。砖块之间有约 3mm 的灰缝，其构造作法如图 3-9 所示。

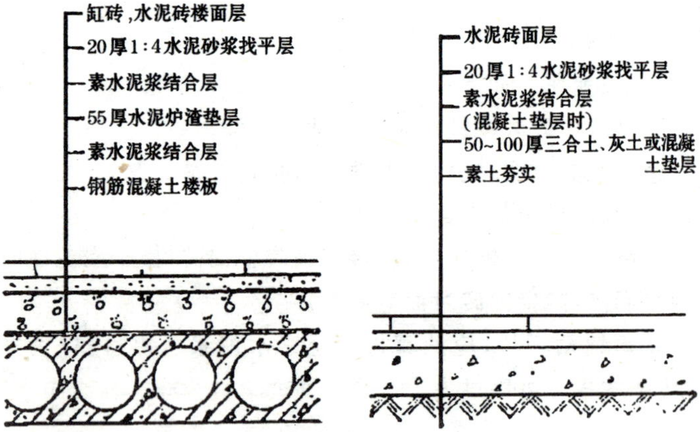

图 3-9　劈离砖、缸砖地面构造

二、施工前的准备工作

1. 施工机具

劈离砖、缸砖地面施工的常用机具有：钢卷尺、尼龙线、水平尺、方尺、墨斗、喷壶、铁抹子、刮尺、木抹子、靠尺、小灰铲、勾缝条、木锤、合金钢扁凿、擦布、小水桶、硬木拍板、小型台式砂轮、手提式切割机。

2. 材料

劈离砖(或缸砖)；水泥，应选用 425 号或 325 号白水泥、普通水泥或矿渣水泥；拌制水泥砂浆用粗砂，嵌缝用中砂或细砂。

3. 基层处理

在施工前清除基层表面浮土、油污和垃圾，用水冲洗表面、晾干。检查地面平整度，应符合规范要求。

根据墙 50cm 水平标准线，弹出地面标高线。

三、施工方法

1. 抹找平层砂浆

根据地面标高线，在房间地面的四周及中间作标志块，标志块间距 1.5～2m。标志块表面比地面标高线低一个铺砖加结合层的厚度。再按标志块做纵横标筋；有地漏和排水孔的部位，应从四周向地漏或排水方向做放射状标筋，坡度 0.5%～1.0%。

然后，根据标筋铺抹结合层砂浆。铺抹前应将基层浇水湿润，刷一道水灰比为 0.4～0.5 的素水泥浆，随刷随铺 1∶3 干硬性水泥砂浆，砂浆稠度在 3.5cm 以内。根据标筋的标高，用木抹子拍实，用短刮尺刮平，再用长刮尺通刮一遍，并检查平整度偏差不大于 4mm；拉线测定标高和泛水，符合要求后，用木抹子搓成毛面。在踢脚板部位，应抹好底层水泥砂浆。

2. 弹线、分格、定位

找平层养护 2～3 天后，在找平层上按大样图要求弹出控制线。铺砖的形式有“直行”、“人字行”和“对角线”等铺法。弹线时，以房间中心点为中心，弹出相互垂直的两条定位线，如图 3-10 所示。在定位线上按瓷砖的尺寸进行分格，如整个房间可排偶数块砖，则中心线就在瓷砖的中心位置上。分格、定位时，应距墙边留出 200～300mm 作为调整区间。另外应注意，若房间内外的铺地材料不同，其交接线应设在门口中心。并且在门口处不应出现不完整的瓷砖块。收边块(不完整的收砖块)应在不显眼的墙边。

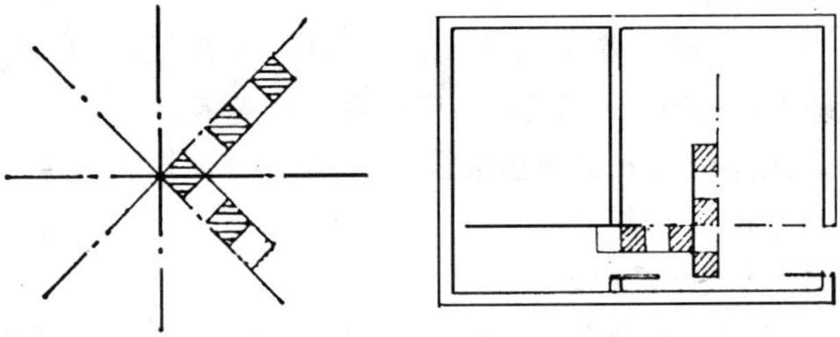

图 3-10 弹线、定位

3. 砖块浸水

将排列选配好的砖块清洗干净后，放入水中浸泡 2～3 小时，取出晾干备用。

4. 铺砖

在处理好的基层上，摊铺一层 1∶3.5 的水泥砂浆，厚度小于 10mm。用尼龙绳或棉线按墙面标高点拉出地面标高线及垂直交叉的定位线。按定位线的位置铺贴定位带。铺贴方法是用 1∶2 的水泥砂浆摊在瓷砖背上，再将瓷砖与地面铺贴，用橡皮锤敲击瓷砖面，使其与地面压实，其高度与地面标高线吻合。铺贴8块以上时，用水平尺检查平整度，高出部分用橡皮锤敲平；对于低的部分，应起出瓷砖后用水泥砂浆垫高。房间小于 $40m^2$ 时，通常做T形定位带；较大房间做十字形定位带，可多人同时施工。定位带如图3-11所示。

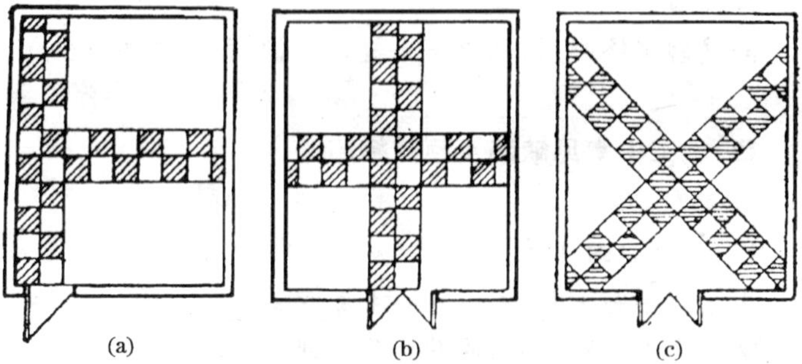

图3-11 标准定位带

(a)面积较小房间做T字形 (b)、(c)面积较大房间作十字形

定位带铺好后，可大面积铺贴。按定位带的排砖、标高拉出控制线，按线铺贴。铺贴时水泥浆应饱满地抹于瓷砖背面，并用橡皮锤敲击密实，以防空鼓。边贴砖边用水平尺检查、校正。随时擦去表面的水泥浆。

5. 压平、拨缝

每铺完一个房间或一个区段，都要用喷壶洒水，约过15分钟，用木锤和硬木拍板按铺砖顺序捶拍一遍，压平、压实，并用水平尺校验。

压实后，拉通线拨缝调正，先拨纵缝，后拨横缝，使缝口平直、贯通；调缝后，再用木锤和拍板拍平，随即将缝内余浆或砖面上的灰浆擦去。对于破损的面砖应予更换。从铺砂浆到压平拨缝，应连续作业，常温下应在5～6小时内完成。

6. 嵌缝

铺完地面砖2小时之后，将缝口清理干净并刷水润湿，用1∶1水泥砂浆嵌缝；如果为彩色面砖，则用白水泥砂浆嵌缝。嵌缝应密实、平整、光滑。在水泥砂浆凝固前，要彻底清除砖面灰浆。对无釉面砖，严禁用扫浆灌缝的方法，以免污染表面。

7. 养护

嵌缝砂浆终凝后，铺上锯末浇水养护，养护时间不少于7天。

四、施工中常见缺陷及预防措施

1. 起鼓、起拱

(1)主要原因如下：

①结合层施工时，水泥素浆干燥或漏刷。

②结合层砂浆太稀，或粘结浆处理不当。

③块材未浸泡。

④室外地面受温度变化，胀缩起拱。

(2)预防措施如下：

①铺结合层水泥砂浆前，基层上水泥素浆应刷均匀，不漏刷，不积水，不干燥；随刷随摊铺结合层砂浆。

②结合层砂浆必须采用干硬性砂浆，铺砖粘结浆采用湿浆板底刮浆法和撒干水泥时应浇湿；铺贴后，砖必须压紧。

③铺砖前，块材应用清水浸泡2～3小时，取出晾干即用。

④室外地坪必须设置分格缝断开。

2. 相邻两板块高低不平

(1)主要原因如下：

①材料厚薄尺寸不一致。

②个别厚薄不均的板块未做处理。

(2)预防措施如下：

①剔除不合格产品。

②个别厚薄不均的板块，可用砂轮打磨成一致。

3. *砖面污染*

(1)主要原因如下：

①砖面受水泥浆污染变色。

②铺贴时，未及时擦净从砖缝中挤出的水泥浆。

(2)预防措施如下：

①无釉面砖有强吸浆性，严禁在铺好的面砖上，直接拌和水泥浆灌缝，可用浓水泥浆嵌缝。

②缝隙中挤出的水泥浆，应及时用棉纱擦干净。

第六节　塑料地面

塑料地面主要指用塑料地板革、塑料地板砖等材料铺贴的地面。这些材料是用 PVC 塑料和其他塑料，再加入一些添加剂，通过热挤压法生产的一种片状地面装饰材料。塑料地板与涂料、地毯相比，在价格上较适中，使用性能较好，适应性强，耐腐蚀，行走舒适，应用面广泛，花色品种多，装饰效果好。

适用于宾馆、医院、实验室、净化车间、住宅等居住和公共建筑的地面。

目前国内塑料地板、塑料地板材料品种有上百种。按掺入树脂来分有聚氯乙烯或聚丙烯塑料地板。树脂中加入一定比例的橡胶可制成塑胶地板。成品有硬质、半硬质和弹性地板。外形有块状(地板砖)和卷材(地板革)两种。生产方法有热压法、压延法、注射法等。目前市场上的产品多为热压法生产的半硬质 PVC 塑料地板砖。

塑料地面卷材是以聚氯乙烯树脂为基料，加入增塑剂、稳定剂等，经塑化连续辊压或挤出辊压而成。塑料卷材的产品有三种：一种是软质单色聚氯乙烯地面卷板，另一种是不发泡聚氯乙烯印花地面卷材，第三种是发泡聚氯乙烯印花地面卷材。

软质单色聚氯乙烯印花地面卷材的底层和面层性质相同，是均质的，面层多为平滑的，也有压花的。这种软质卷材的质地比较柔软，有一定弹性，步行其上脚感较好，噪声也小，适用于烟头灼烫较轻的各种建筑地面。产品规格：宽度为0.8～1.2m，厚度0.8～1.2mm，每卷长度20～25m。

不发泡聚氯乙烯印花地面卷材的面层为透明聚氯乙烯膜，中间为印花，质地比较柔软，铺设后平伏，能耐一定的机械划伤，但不耐油污和烟头灼烫。适用于通行密度不高和保养条件较好的民用及公共建筑地面。产品规格：宽度为1.5m，厚度0.8～1mm，每卷长度20～25m。

发泡聚氯乙烯印花地面卷材的结构与不发泡聚氯乙烯印花地面卷材非常类似，但它具有发泡层，较普通的结构是由三层组成：面层为透明聚氯乙烯膜，中间为发泡聚氯乙烯层，底层为底布，也有无底布，或底布在面层和发泡层之间的。其质地柔软、弹性好、脚感舒适、耐磨，有一定的隔热、隔音等特性。但是，容易受机械损伤和凹陷，不耐烟头灼烫。适用于民用住宅。产品规格：宽度为1.6～2m，厚度1.0～2.0mm，每卷长度20～25m。

一、构造作法

塑料地面应铺贴在平整光滑并有强度的地面基层上。

塑料地面的基层和垫层的作法与一般水泥地面作法相同。对于找平层，则要求平整、光滑，有一定的强度，一般用20mm厚1∶2.5水泥砂浆抹面，结合层应该用与面层相互兼容的胶粘剂。塑料块材地面的构造如图3-12所示。

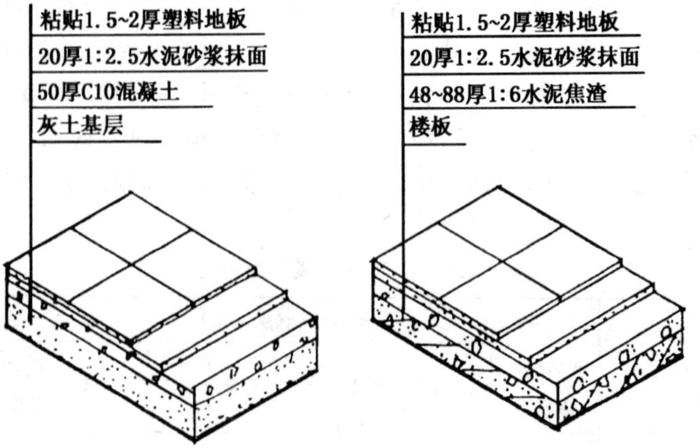

（a）地面　　（b）楼面

图 3-12　塑料地面构造

二、施工前的准备工作

1. 施工机具

铺贴塑料块材地面的常用机具有：梳形刮板、橡胶滚筒、橡胶压边滚筒、划线器、橡胶锤、割刀或多用刀、钢卷尺、钢板尺、尼龙线、油灰刀、墨斗、8～10kg 砂袋、小胶桶、剪刀、油漆刷、擦布等。

2. 材料

塑料地板块，塑料卷材，与塑料地板相兼容的胶粘剂，如溶剂型氯丁橡胶胶液、309 万能胶、JY-7 型双组分橡胶胶粘剂、聚醋酸乙烯粘结剂、405 聚氨酯粘结剂、立时得胶、环氧树脂胶，以及丙酮、汽油、塑料焊条等。

3. 基层处理

操作前应将基层表面清理干净，保持干燥，含水率低于10%。在施工中应保持洁净，切勿带入灰尘、砂粒等杂物。用

2m 直尺检查基层表面平整度，偏差不应超过 2mm，如有麻面等缺陷，须用腻子修补和涂刷一遍乳液。乳液和腻子的配合比见表 3-1。修补时，先用石膏乳液腻子嵌补找平，然后用 10 号铁砂布打毛，再用滑石粉乳液腻子刮第二遍和第三遍，直到基层平整无浮灰，再刷一道 107 胶水溶液，以增加胶结层的粘结力。

表 3-1　乳液及腻子配合比

名　称	配合比例(重量比)							
	聚醋酸乙烯乳液	107 胶	水泥	水	石膏	滑石粉	土粉	羧甲基纤维素
107 胶水泥乳液		0.5～0.8	1.0	6～8				
石膏乳液腻子	1.0			适量	2.0		2.0	
滑石粉乳液腻子	0.2～0.25			适量		1.0		0.1

三、施工方法

1. 塑料块材地面

塑料块材地面铺贴的施工工艺过程为：基层处理→弹线→试胶→预铺→涂胶→粘贴地面板→粘贴踢脚板→擦蜡、打光→养护。

(1)弹线。根据地面标高和设计要求，在基层上弹分格线：首先以地面中心点为中心，弹出相互垂直的两条定位线(中心线)，定位线可呈十字形、对角形或 T 形，如图 3-13 所示；然后，每隔 2～3 块板弹一道分格线，以控制贴块位置和使接缝顺直。

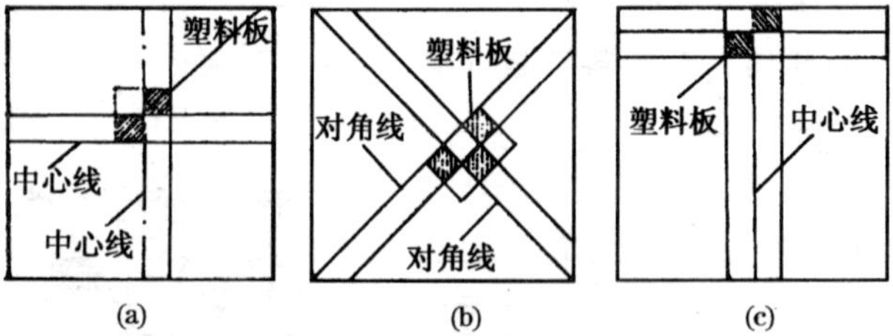

图 3-13 塑料块材地面弹线分格

(a)十字形 (b)对角线形 (c)T 形

如果整个房间的地板块为偶数,则中心线在中块塑料板块的接缝处;如为奇数,则中心线距离中块地板接缝正好为半块砖。分块定位时,应离墙边留出 200～300mm 宽度做为镶边;要注意塑料地板块的尺寸、颜色、图案的整齐性。若内外房间地板块的颜色不同,分色线应设在门框裁口线处,如图 3-14。分格线应设在门口中心,使门口地板块对称,并且不宜使门口地面出现小于 1/2 板块宽的窄条。

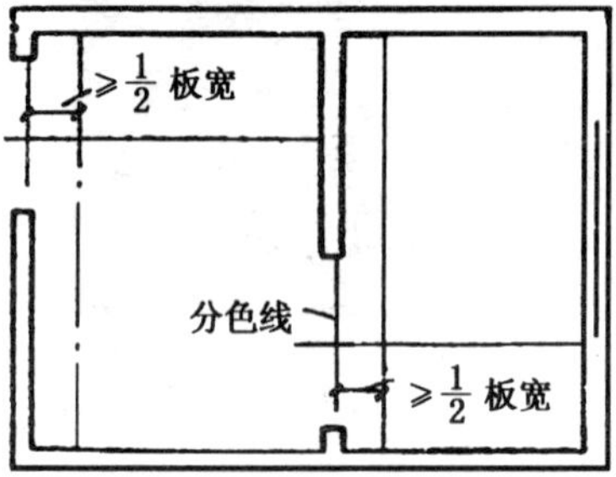

图 3-14 分色线的位置

如果需要作拼花花纹,可将地板块切成三角形或梯形,以此可拼成各种花纹,如图 3-15 所示。

(2)试胶

粘贴塑料地板的胶粘剂种类很多,对初次使用的胶粘剂,应先试胶,即取用 1～2 块塑料地板,在其背面和地面涂胶进行粘贴,经 2～4 小时后,观察塑料地板是否有软化和翘边现象，如果没有，方可使用所试的胶粘剂。

(3)预铺。对塑料地板脱脂除蜡、试铺、裁边。

①脱脂除蜡。聚氯乙烯塑料地板在使用前应放入75℃的热水中浸泡10～20分钟，使板面松软伸平后取出晾干待用(不得用火炉或电热炉预热)；另再用丙酮：汽油＝1：8混合溶液对其进行脱脂除蜡处理。

②试铺、裁边。塑料块材地面在铺贴前应按设计要求预拼图案和花纹，并进行试铺，以确定镶边板块的切割尺寸。切割方法是，在已铺设的板块上放一块白铁皮垫板和一整块地板砖，两者边缘与已铺设的板边平齐，另外再在上面放一整块地板砖，其一边抵靠墙面，而沿对边压尺割下板A，板A即为镶边块砖，如图3-16所示。

图3-15 塑料地面拼花

(a)板块切成三角形或梯形

(b)拼成各种花纹

(4)涂胶。包括涂底子胶和涂胶粘剂。

①涂底子胶。铺贴前，应将基层表面清扫干净，涂刷一层薄而匀的底子胶。底子胶的调制，应根据所使用的非水溶性胶粘剂，加汽油和醋酸乙酯进行

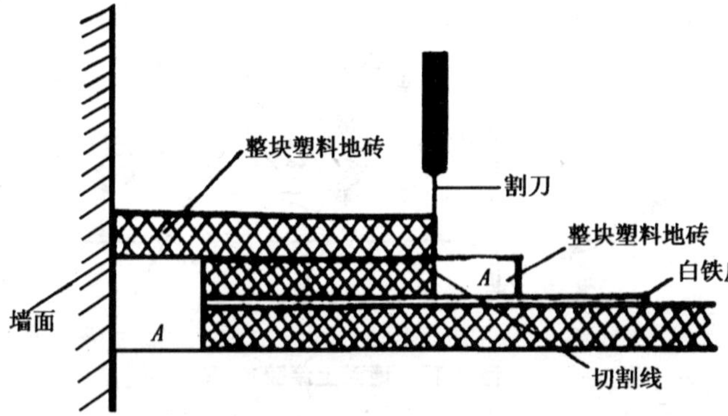

图 3-16　镶边板块切割方法

配制，其方法是按重量比，用原胶粘剂加入 10％的 65 号汽油和 10％的醋酸乙酯，混合后充分搅拌均匀。涂底子胶要用猪鬃刷，涂刷要均匀一致，越薄越好，不得漏刷。如果是用水溶性胶粘剂，将原胶加适量的水性溶剂搅拌均匀，然后涂刷。

②涂胶粘剂。底子胶干后，即可按弹线位置涂结合胶，进行铺贴。涂胶时，操作人员应戴口罩、手套，室内门窗要敞开通风，现场不准吸烟，胶料容器要密封，施工温度不能低于 5℃。如果采用水乳型胶粘剂粘铺塑料地板时，地面胶层可用齿形刮板涂胶，见图 3-17。涂刷要均匀，涂胶范围应超出分格线约 10mm，涂胶厚度控制在 1mm 以内，塑料板背面胶层，可用硬塑刮板纵涂一遍，稍干即可铺贴；如果采用溶剂型胶粘剂粘贴时，只需用齿形刮板在地面基层上均匀刮胶一遍，于常温 10℃～35℃时静停 5～15 分钟，手触胶面不粘手，即可铺贴。当采用聚醋酸乙烯溶剂时胶面不粘手，因其挥发迅速，涂刷面积不宜过大，只要稍加暴露就应马上铺贴。

(5)铺贴地板块。从十字中心线或对角线中心开始铺贴，

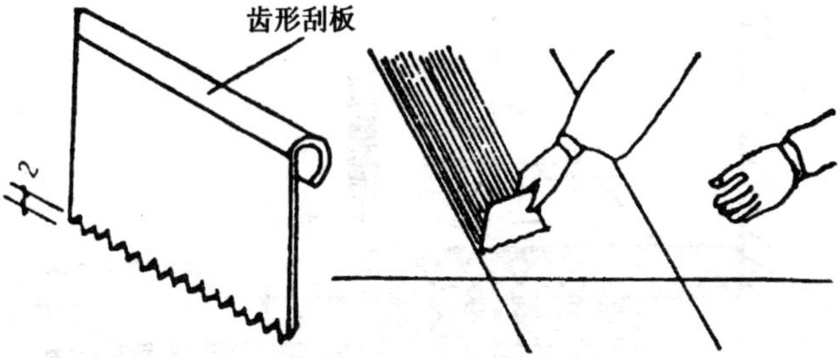

图 3-17　地面上涂胶

逐块进行。T 字形弹线，可从一端向另一端进行铺贴。排缝宽度一般为 0.3～0.5mm。铺贴方法是双手斜拿塑料板，先与分格线（或已铺好的地板块）对齐挨紧，再将左边板端与分格线（或与贴好的地板）比齐，然后顺势把整块板慢贴在地面上，用手掌按压，如图 3-18 所示。随即用橡胶滚筒或橡皮锤从板块中央向四周滚压或捶击，排除空气，压严锤实，如图 3-19 所示。

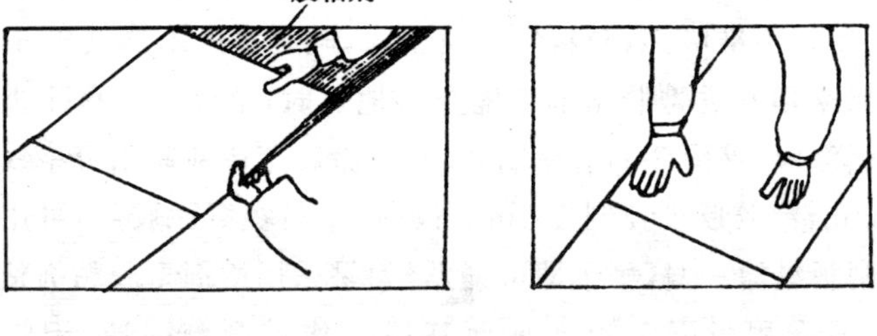

图 3-18　铺贴方法

铺贴中，每粘贴一块，应及时将板缝挤出的胶液用棉纱头擦净，以免污染板面。

(6)粘贴踢脚板。先弹好踢脚板上口水平控制线，按线从

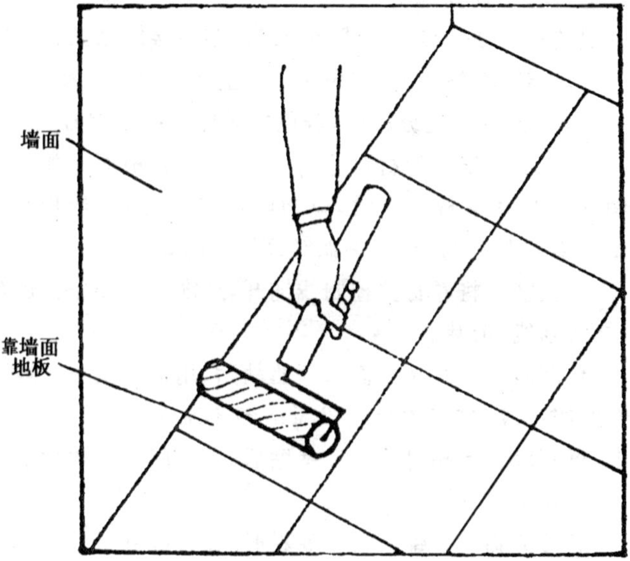

图 3-19 橡胶滚筒压实

阴角或阳角开始，在踢脚板粘贴面和墙面同时刮胶，胶晾干后即可按顺序铺贴。铺贴时最好三人一组，一人贴板块，另一人配合滚压，第三人保护刚贴好的阴阳角。在阴角处，踢脚板下口应剪去一个三角形切口，保证贴得平整。

(7)擦蜡、打光。塑料地板铺贴完毕后，将其表面轻擦干净，用软蜡满涂1～2遍，软蜡配合比为软蜡：汽油＝1：2～3(重量比)，另掺加1%～3%的与塑料地板同色的颜料，再用拖布擦拭至表面光亮一致。

(8)养护。塑料地板铺贴完，擦拭干净后，至少保养3天，保养期不能上人踩踏。

2. 塑料卷材地面

塑料卷材地面施工工序为：基层处理→松卷→弹线→预铺→刮胶→粘贴→接缝弹线→接缝切割→接缝粘贴、压平。

(1)松卷。在施工前，应先在地面上将卷材松卷摊开，静置3～5小时，使卷材充分放松，避免横向伸长产生相碰翘边。

(2)弹线。根据卷材尺寸和房间尺寸，在地面上弹出铺贴控制线。计算卷材尺寸时，应扣除搭接宽度，一般搭接2～5cm，有花纹的卷材，还应考虑对缝拼花的要求。

(3)预铺。将卷材按控制线铺开，对准花纹和条格进行预铺，然后划线、剪裁。

(4)刮胶、粘贴。从一面墙开始粘贴，用锯齿刮板在地面上按控制线刮胶，接缝边沿应留5cm暂不刮胶。先粘贴一幅的一半，再刮胶粘剂贴另一半。铺贴后，由中间往两边用滚筒赶压铺平，排除空气。

(5)接缝弹线。铺第二幅卷材时，在接缝处搭接2～5cm，在两幅卷材搭接缝上居中弹线。

(6)接缝切割。用钢板尺压在弹线上，切割两层叠合卷材，如图3-20所示。

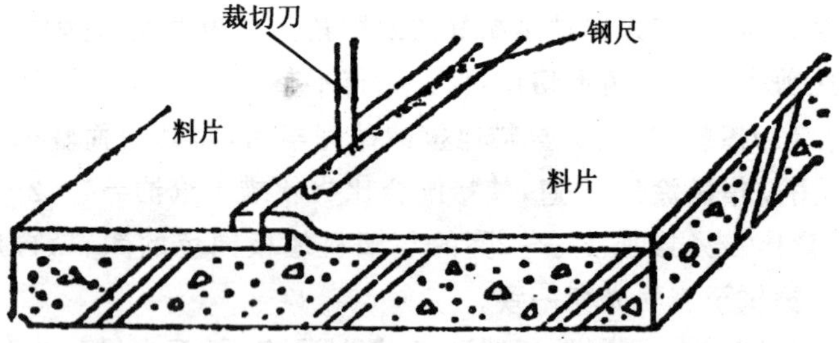

图3-20 卷材的接缝裁割

(7)接缝粘贴、压平。裁割后，撕掉板边，补涂胶液，压实贴牢，用滚筒滚压平整。

(8)焊接接缝。塑料块材地面和塑料卷材地面在基层粘贴之后，如果需要对其缝隙进行焊接，一般须经48小时后方可施焊，焊接时应采用热空气焊。

焊接的工艺过程为：焊缝坡口→施焊→修整。

①焊缝坡口。焊接前，应对相邻塑料卷材边切成V形槽(坡口)，坡口的角度和尺寸应根据焊条的规格先做试验，才能确定。一旦确定后，就可以用坡口直尺和割刀进行坡口切割，如图3-21所示。坡口务必平直，宽窄和角度一致。

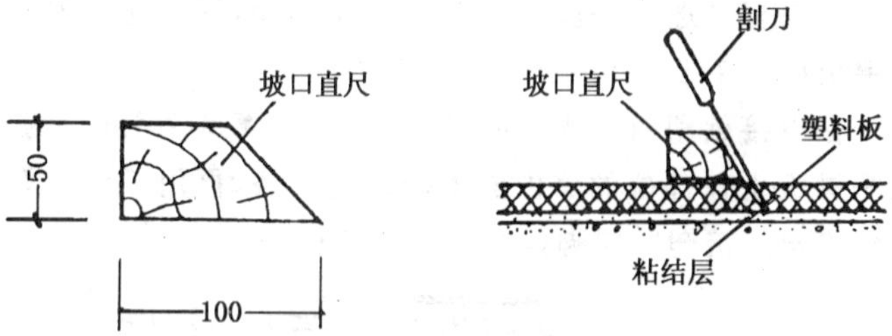

图3-21 坡口切割

②施焊。焊接用的焊条，应与被焊的塑料地板成份和性能相容，使用三角形或圆形焊条。

施焊前，首先接好焊接设备，打开空气压缩机，用焊枪吹去拼缝中的尘土和砂粒；用丙酮或汽油将拼缝和焊条表面清洗干净。其次检查压缩空气纯度，方法是将压缩空气往白纸上喷射30秒，若纸上无油和水的痕迹，则可认为符合要求。第三是接通电源，将变压器的电压调至100～120V，压缩空气压力控制在0.08～0.1MPa，热气流温度一般在180～250℃。如果温度过高，会使焊条和焊件焦化，材料分解；温度过低，则焊接不牢固，易造成脱焊。第四是用塑料地板条进行试焊，检查焊接牢固程度，决定焊接温度。

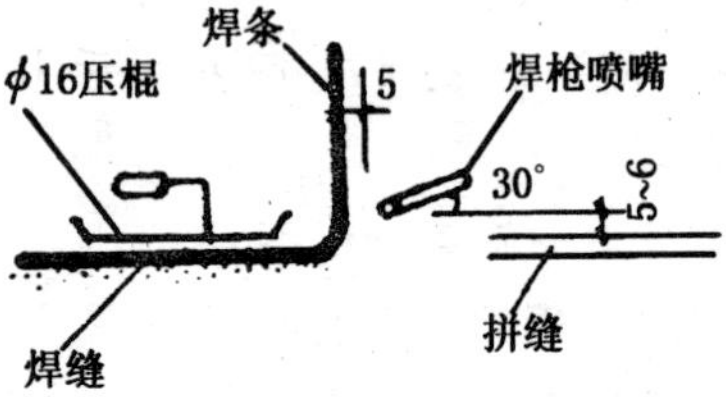

图 3-22　塑料地板施焊

施焊时，要两个人操作，一人持焊枪施焊，一人用压棍推压焊缝；施焊者左手持焊条，右手持焊枪，从左至右施焊，焊枪嘴与地面的夹角在 30°到 45°之间，喷嘴与焊条、焊缝的距离为 5～6mm，如图 3-22 所示。

焊枪移动速度一般为 0.1～0.5m/min，焊缝应呈圆弧形并突出面层 1.5～2mm。

在焊接软塑料踢脚板时，因为它与地面呈 90°角，一般要在踢脚板上口部位的墙内嵌木砖加封口条，再用三角形焊条贴着墙角焊接塑料踢脚板的接缝，如图 3-23 所示。

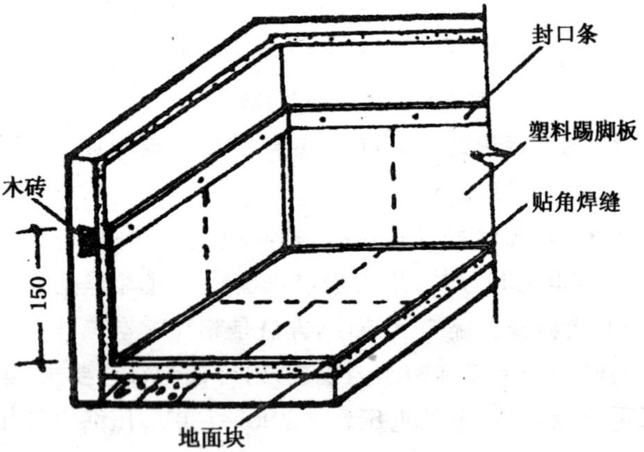

图 3-23　踢脚板的焊接

③修整。待焊缝冷却后，将突出面层的焊包用刨刀切削平

整，要仔细操作，切勿损伤两边的面层。对于焊接不平、烧焦、焊接不牢的缝隙应切除后重新焊接。

四、常见施工缺陷及预防措施

1. 地板与基层分离

(1)主要原因如下：

①基层质量差。

②基层强度低。

(2)预防措施如下：

①水泥砂浆(含混凝土)基层质量应良好，无空鼓、起砂、起皮等缺陷。

②水泥砂浆强度应达到12.0～15.0MPa。

2. 鼓泡

(1)主要原因如下：

①基层未干燥或基层渗水潮湿。

②塑料板未脱脂去蜡。

③铺贴时空气未排除。

④涂胶不均匀，且未压实。

(2)预防措施如下：

①铺贴时基层含水率不得大于8%，刀刻划水泥砂浆基层(含混凝土)呈白口。潮湿地面其基层下应做防水层。

②塑料板应用丙酮：汽油＝1：8溶液擦拭除蜡去脂。

③铺贴之后，应从中央向四周捶击或滚压，排除空气。

④用锯齿形弹簧钢板刮刀均匀刮胶，不漏涂；用橡皮锤或滚筒反复压实。

3. 翘曲

(1)主要原因如下：

①塑料板本身收缩变形翘曲。

②胶粘剂与塑料板材材料不配套。

③因气温过低、过高，胶粘剂粘结力减弱。

(2)预防措施如下：

①选择不翘曲的产品，卷材应松卷摊平静置3～5小时。

②应选择与塑料地面材料成分、性能相同的胶粘剂。

③施工气温应保持在10℃左右，且不得低于5℃；高温或低温季节，涂胶后手触胶面不沾手立即粘贴，以防固化。

4. 错缝

(1)主要原因如下：

①板材尺寸不准确，直角度差。

②铺贴方法不当，操作水平差。

(2)预防措施如下：

①按标准选材，剔除几何尺寸和直角度不合格的产品。

②铺贴时，隔几块按控制线铺贴标准条，消除累计误差。

5. 表面平整度不合格

(1)主要原因：①基层平整度偏差大；②塑料板材厚薄不均匀；③粘贴时未赶压平整。

(2)预防措施如下：

①基层的大面，墙边，两个房间连通门口，用靠尺检查平整度误差不大于2mm。

②挑选厚薄一致的板材。

③粘贴后，用滚筒或橡皮锤压实压平。

6. 凹陷

(1)主要原因如下：

①胶粘剂中的溶剂使塑料地板软化。

②基层局部不平。

(2)预防措施如下：

①选用不使塑料地板软化的胶粘剂，并先做试验，合格后方可使用。

②基层凹陷处应填平修整。

7. 焊缝焦化或脱焊

(1)主要原因如下：

①焊条质量差。

②焊接操作未控制好。

(2)预防措施如下：

①选用与塑料地板配套的焊条。

②施焊前选择合适的焊接技术参数，先小块试焊，其焊缝经检验合格后方可正式焊接。施焊过程中，还须试焊，进行检验，以保证焊缝质量。

8. 退色、污染、划伤

(1)主要原因如下：

①块材颜色稳定性差。

②胶液未擦干净。

③被钉或硬物损伤。

(2)预防措施如下：

①选择颜色稳定性好的材料。

②每粘贴一块，用棉纱布擦除胶污。铺贴完毕，用溶剂全面擦拭一遍。

③严禁穿钉鞋操作，避免硬物戳伤表面。

五、施工质量要求及检验方法

块材地面面层所用的材料品种和质量必须符合设计要求，面层与基层的粘结必须牢固，且无空鼓，无脱皮。

块材地面面层的表面质量要求及检验方法见表 3-2。

块材地面面层的允许偏差和检验方法如表 3-3 所示。

表 3-2 板块地面面层的表面质量要求及检验方法

项 目	质量要求		检验方法
板块面层的表面质量	合格	色泽均匀，板块无裂纹、掉角和缺楞等缺陷	观察检查
	优良	表面洁净，图案清晰，色泽一致，接缝均匀，周边顺直，板块无裂纹、掉角和缺楞等现象	

表 3-3 板块地面面层的允许偏差和检验方法

项目	允许偏差(mm)						检验方法
	陶瓷锦砖、高级水磨石板	缸砖	普通水磨石板	大理石板	塑料板	劈离砖	
表面平整度	2	4	3	1	2	3	用 2m 靠尺和楔形塞尺检查
缝格平直	3	3	3	2	3	3	拉 5m 线，不足 5m 拉通线和尺量检查
接缝高低差	0.5	1.5	1	0.5	0.5	0.5	尺量和楔形塞尺检查
踢脚板上口平直	3	4	4	1	2	3	拉 5m 线，不足 5m 拉通线和尺量检查
板块间隙宽度不大于	2	2	2	1			尺量检查

第七节　木质地面

木地面是一种传统的地面，由松木、硬杂木、水曲柳、菲律宾木、红木等材料制成。木地面具有古朴大方、脚感弹性好、导热系数小、美观、隔振等特点，是一种理想的装饰地面，适用于舞厅、演播室、舞台台面、体育比赛场地、练功房、高级别墅居室等地面。

按木地面的构造，可分为空铺木地面和实铺木地面两种构造方式；按其面层作法，又可分为单层木地面和双层木地面两种作法。

一、构造作法

1. 空铺木地面

空铺木地面多用于首层地面，它由地垄墙、压沿木、垫木、木龙骨（又称木搁栅、木楞）、剪刀撑、木地板（单层或双层）等组成。如图 3-24 所示。

地垄墙是承受木地面荷载的重要构件，其上铺油毡一层，再上铺压沿木和垫木。木龙骨的两端固定在压沿木或垫木上，在木龙骨之间设剪刀撑，以增强龙骨的稳定性。木龙骨、压沿木、垫木以及木地板的底面均应做防腐处理，满涂沥青或氟化钠溶液。

为了保证木地面下架空层的通风，在每条地垄墙、内横墙和暖气沟墙等处，均应预留 120×120(mm)的通风洞口，并要求在一条直线上，以利通风顺畅，暖气沟的通风沟口可采用钢护管与外界相通。在外墙每隔 3～5m 应留不小于 180×180(mm)的通风口，洞口下皮距室外地坪不小于 200mm，通风口应安设篦子。

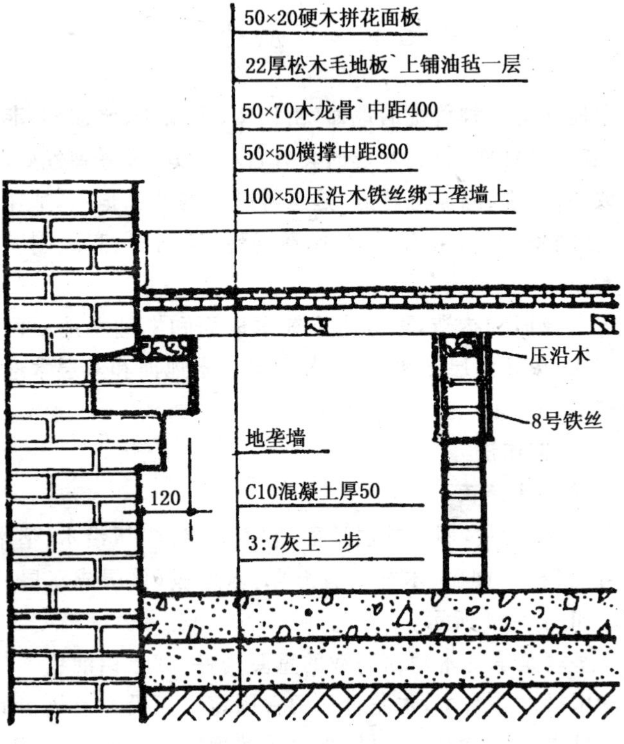

图 3-24　空铺木地面构造

单层木地面是在龙骨上直接铺钉木地板，龙骨间距 300～600mm，木地板厚度 15～18mm。双层木地板是先在龙骨上钉一层毛地板，板厚 10～12mm，毛地板上面再钉一层精制木地板或单面刨光的条板，板厚 8～10mm，两层板的铺设方向要交错 45°或 90°，面层板可以用短条板拼成方格形、人字形、席纹形等图案，如图 3-25 所示。面层板和毛地板之间铺设一层油纸和无纺布做缓冲层。面层为长条木地板时，其长度方向应顺房间光线进入的方向。面层木地板铺好后要刨光、打磨、清漆、抛光打蜡。

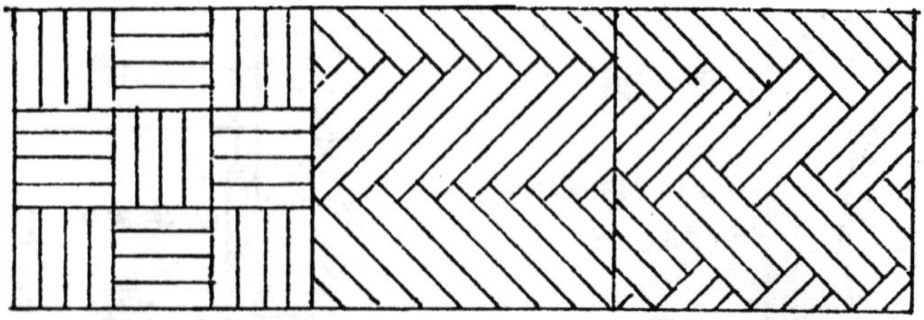

图 3-25　木地板的拼花

木地板的拼缝形式有：平缝、企口缝、嵌舌缝、高低缝、低舌缝等，如图 3-26 所示。

图 3-26　木地板的拼缝形式

木地板的四周墙脚处，应设木踢脚板，其高度 100～200mm，常用的高度为 150mm，厚 20～25mm；其所用的木材一般与木地板面层相同。木踢脚应事先刨光，上口刨成直线，为防止翘曲，在靠墙的一面应开一条深度为 3～5mm 的凹槽，当踢脚板的高度较大时，可开两条或三条凹槽。木踢脚板与墙面的连接方法是，在墙上每隔 400mm 砌入一块防腐木砖，外加钉木垫块与之连接；在地面转角处，一般要安装木压条盖住木踢脚板和地面的接缝。为保证龙骨层通风干燥，常在木踢脚板处开设通风口，或在木踢脚板上每隔 1～1.5m 钻ϕ6 通风孔，上下两排。木踢脚板的构造如图 3-27 所示。

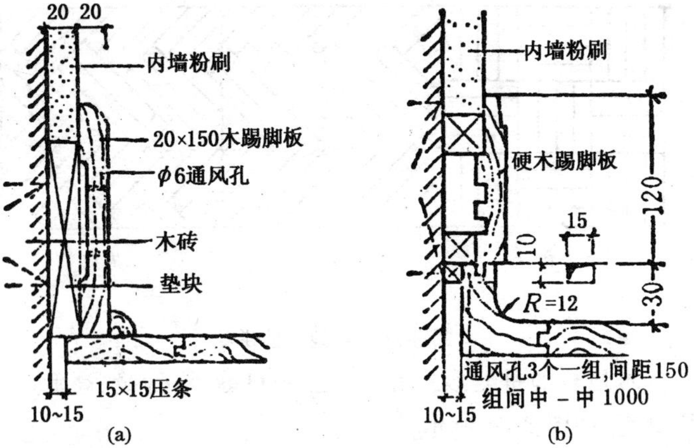

图 3-27　木踢脚板构造

(a)压条作法　(b)圆角作法

2. 实铺木地面

实铺木地面一般多用于楼层，但也可以用于底层，可以铺钉在龙骨上，也可以直接粘贴于基层上。

(1)底层实铺木地面。底层实铺木地面的基层和垫层作法，与其他首层地面的常规作法基本相同。为了铺木地板，需要在垫层上做防潮处理，铺一毡二油防潮层，其上浇注一层 60mm 厚的细石混凝土找平层，并预埋用 ϕ6 钢筋做成的∩形铁鼻子，或螺栓，间距 400mm，以便固定木龙骨。木龙骨断面尺寸为 50×70(mm)，间距 400～500mm，用 12 号铁丝将木龙骨与铁鼻子绑扎。木龙骨之间钉 50×50(mm)的横撑，间距 800mm；木龙骨与横撑均应涂沥青以防腐。

底层实铺木地面可做成单层或双层，构造如图 3-28 所示。

(2)楼层实铺木地面。楼层实铺木地面的承重层为钢筋混凝土楼板，在预制楼板板缝或现浇楼板中，预埋 ϕ6∩形铁鼻子或螺栓，以绑扎固定龙骨，其作法与底层实铺木地面相同，构造如图 3-29 所示。

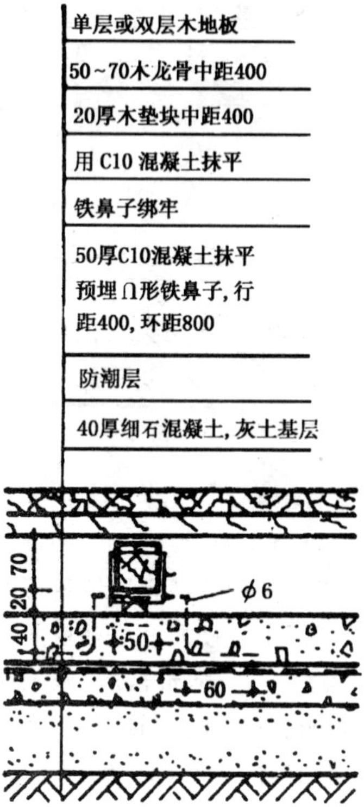

图 3-28　底层实铺木地面构造

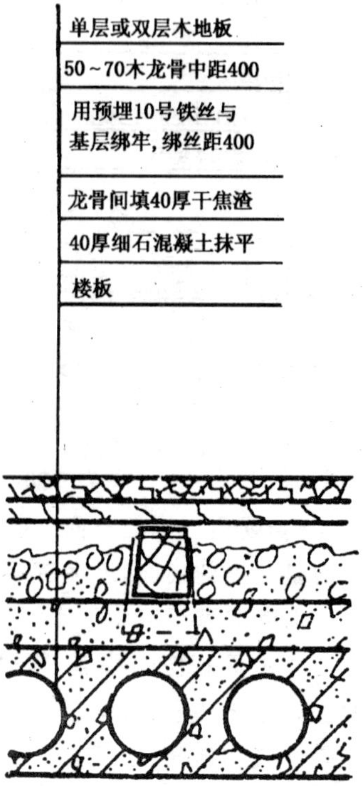

图 3-29　楼层实铺木地面构造

(3)粘贴式实铺木地面。粘贴式实铺木地面的作法，可用拼花木地板或薄木地板直接粘贴在混凝土或水泥砂浆基层上。若在底层铺贴时，应在混凝土垫层上铺设 70mm 厚的水泥焦渣找平层，其配合比为 1：6，然后再抹 20mm 厚的 1：2.5 水泥砂浆找平层，待水泥砂浆达到一定强度后，用 XY401 胶或热沥青粘贴拼花木地板或薄木地板，如图 3-30 所示。

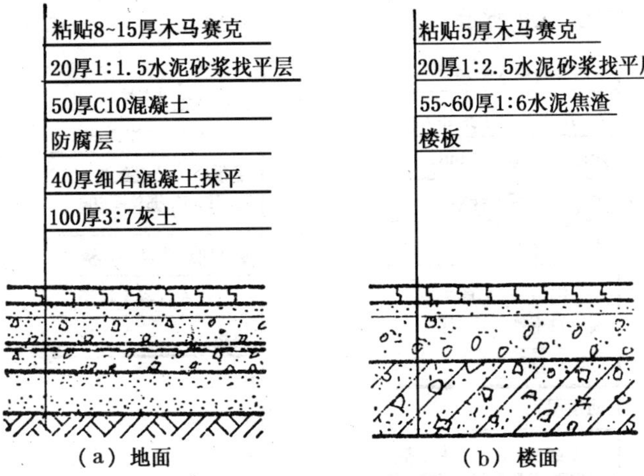

图 3-30　粘贴木地面

(4)硬质纤维板地面。硬质纤维板用木质纤维加工而成，正面是光滑的表面，反面有网痕，以胶粘剂或沥青胶结料粘贴在水泥砂浆基层或木屑水泥砂浆基层上。硬质纤维板地面具有与木地面相似的特点，其材料来源丰富、造价低廉、施工简便。适用于住宅、宾馆、学校、幼儿园、仪表车间、计量室、恒温室等建筑物地面，但不宜用于长期潮湿的场所，应避免与水长期接触。如做底层地面，要对基层进行防潮处理。硬质纤维板地面构造参见图 3-30。

二、施工前的准备工作

1. 施工机具

施工所用的主要机具有：

钢卷尺、墨斗、磨刀石、方尺、折尺、割角尺、油漆刷、撬棍、螺丝刀、手铲、斧子、锤子、单线刨、手锯、凿子(宽约19mm)、铁冲子、钎子棍、电锯、电刨、台钻、手电钻、冲击钻、刨地板机、磨地板机、刮胶板、排笔、开刀、牛角板、砂纸、烘蜡器、电烙铁及其他辅助工具。

2. 材料

木龙骨、撑木、垫木，最好用红白松。

毛地板为杉木，宽度不宜大于120mm。

硬木地板为水曲柳，板宽不宜大于120mm，亦可选用柞木、核桃木、黄檀木等，进口木材可选用北美橡木、银榉(又名山毛榉)和枫木，或台湾榉木、南洋榉木、钢柏木、柳桉木、柚木等等。

木踢脚板宽度120mm，厚度10～20mm。

还有防潮纸、氟化钠、胶粘剂、12号镀锌铁丝、隔音材料、镀锌金属篦子。

油漆材料如虫胶漆、聚氨酯清漆、水晶油等。

硬质纤维板，其标定规格见表3-4。

当为硬质纤维板地面时，还应准备木屑水泥砂浆和胶结材料：

(1)木屑水泥砂浆由以下材料组成：

锯木屑，粒径为0.15～0.5mm。

325号水泥，中砂，工业氯化钙。

木屑水泥砂浆的配合比见表3-5。

表 3-4 硬质纤维板的标定规格

幅面尺寸(mm)(宽×长)	厚度(mm)	尺寸允许公差(mm)		
		长、宽度	厚度	
			3,4	5
610×1220	3,(3.2),4,5(4.8)	±5	±0.3	±0.4
916×1830				
915×2135				
1220×1830				
1220×2440				
1220×3050				
1000×2000				

表 3-5 木屑水泥砂浆配合比(重量比)

材料名称	水泥(325 号)	砂(中砂)	木屑	工业氯化钙(无水)	水(洁净水)
配合比	100	100	13～14	2	60

(2)胶结材料包括:沥青胶粘剂、脲醛树脂水泥胶粘剂、乙烯类胶粘剂、氯丁橡胶类胶粘剂。

沥青胶粘剂的配合比(质量份)为:

10 号石油沥青 95 份,机油 10 份;

10 号石油沥青 95 份,机油 10 份,滑石粉 5 份;

10 号石油沥青 70 份,200 号石油沥青 30 份,滑石粉 5 份。

沥青软化点要求为 60～80℃。

配制沥青胶粘剂的方法是:将石油沥青入锅脱水,表面青亮不再起泡为止。再将已熔化的沥青过秤后放入另一锅内,按比例加入定量机油及滑石粉，保持油锅温度待用。加入机油时，沥青温度须冷却至180℃左右，并充分搅拌均匀，其控制温度为160～180℃为宜。

脲醛树脂水泥胶粘剂的配制，应使用不低于425号的硅酸盐水泥或普通硅酸盐水泥，工业氯化铵溶液的浓度为20％。

配合比应通过试验确定，或参考表3-6配制。

表3-6 脲醛树脂水泥胶粘剂配合比(重量比)

材料名称	脲醛树脂(5011)	水泥(425)	20％浓度氯化铵溶液 氯化铵：水=1：4	水(洁净水)
配合比	100	160～70	7～9	14～16

配制脲醛树脂水泥胶粘剂，应先将脲醛树脂加水拌和均匀，并不断搅拌，逐渐加入水泥，直到加完、搅拌均匀为止。已搅拌好的胶粘剂，应控制在3～4小时内用完。

乙烯类、氯丁橡胶类的胶粘剂，选用时应根据不同的基层材料由试验确定。

3. 基层处理

地垄墙间的杂物清理干净；地垄墙顶面要用水平仪抄平，并贴水泥砂浆标志块，抹1：2水泥砂浆找平层。养护，砂浆强度达到15MPa之后方可安装龙骨。

实铺木地面的基层为细石混凝土层或钢筋混凝土楼板。施工前应清理杂物，检查平整度及预埋件。

硬质纤维板地面的基层为：

水泥砂浆、木屑水泥砂浆或混凝土，基层应坚实，不得有起壳、起砂、起皮现象；用2m靠尺检查其表面平整度，偏差应小于2mm，其含水量应小于15％，表面清扫干净，但不宜光滑。

三、施工方法

1. 空铺木地板

空铺木地板的施工工艺过程为:地垄墙顶弹线→干铺油毡一层→铺压沿木、垫木→安装木龙骨、钉剪刀撑→弹线、钉毛地板→找平、刨平→弹线、铺钉硬木面板→找平、刨平→弹线、钉踢脚板→刨光、打磨→油漆。

(1)安装木龙骨。首先在地垄墙上干铺油毡一层,然后铺压沿木、垫木。在压沿木表面划出木龙骨的位置线,同时在木龙骨的端头划中线,按中线对位置线摆放龙骨。摆放时,木龙骨端头距离墙面不少于30mm,以利于防潮通风。

放好木龙骨后,用地垄上预留的12号铁丝将木龙骨进行绑扎。然后按木龙骨标高拉水平线,用水平尺调平、刨平,亦可对底部稍加砍削以便找平,但砍削深度不得超过10mm,并在砍削处涂防腐剂。木龙骨安装找平后,再用100mm长的铁钉,从木龙骨两侧斜向钉入,与下部的压沿木钉牢。在木龙骨之间,每隔800mm钉一道剪刀撑。

(2)铺设毛地板。铺双层木地板时,在木地板龙骨上先铺一层毛地板。铺设前,必须清除地板下空间的刨花、木屑等杂物,并在龙骨顶面弹出与龙骨成30°～45°角的铺钉线,如图3-31所示。

毛地板的拼缝方式,一般采用高低缝。铺钉时,应使木板的髓心向上,板间缝隙小于3mm;板的接头必须设在木龙骨上,留2～3mm缝隙,接头要间隔错开,不要全在一条龙骨上。木板与每根龙骨相交处,应钉两个钉子,钉的长度为板厚的2.5倍。钉头要砸扁,钉帽冲进板面内2mm,木板距离墙10～20mm。

毛地板钉完后,在板面上弹出方格网点并抄平、刨平,边

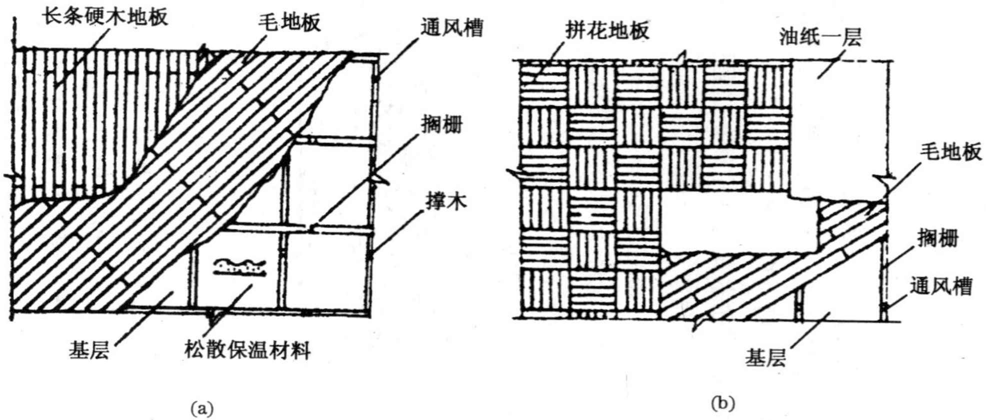

图 3-31　毛地板的铺钉

(a) 长条木地板　(b) 拼花木地板

刨边用直尺检测，使表面水平度与平整度达到控制标准后，方可钉硬木面板。

(3)铺设面层板。面层板分条木地板和拼花木地板两种。其铺设方法如下：

①条木地板的铺钉。条木地板的面层板，是板宽小于120mm 的长条木板，其正面应刨平，侧面为企口；面层板与木龙骨垂直，并要顺进门方向。

木板的接头，应在木龙骨的中线部位，并应间隔错开。木板的髓心要朝上，并与墙面之间留出 10～20mm 的缝隙。木板要逐块排紧，缝隙不得超过 1mm。

圆钉的长度为木板厚度的 2～2.5 倍，钉帽要砸扁，钉子从板的凸榫边凹角处斜向钉入，如图 3-32 所示。木地板与龙骨相交处只钉一个钉子即可。

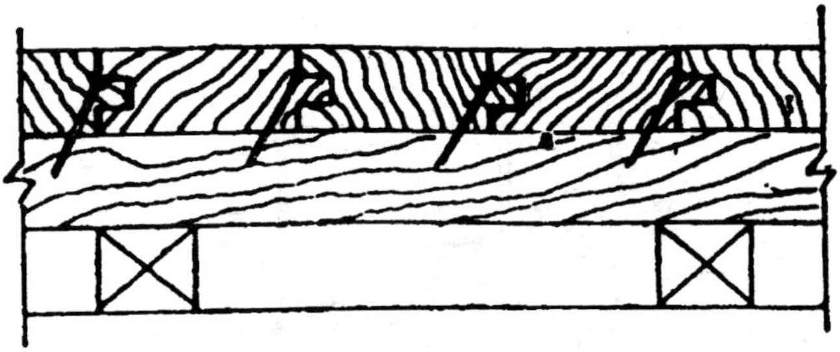

图 3-32　条木地板钉法

当为双层木地板，在毛地板上铺钉条木地板时，先在毛地板上弹直条铺钉线，由中间向边缘铺钉（小房间可从门口开始）；铺钉时，先跟线钉一条面层板作基准，检验合格后，顺序向前展开。为使条木地板排紧，可在木龙骨或毛地板上钉上一个铁扒钉，在扒钉与面层板之间打入一对木楔块以挤紧，如图

3-33 所示。对于最后一块，可用明钉钉牢，钉帽要砸扁，冲入板内 3～5mm。

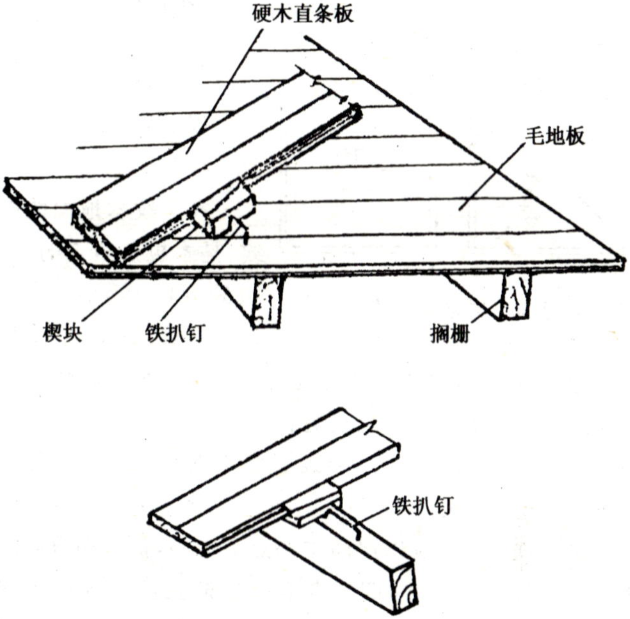

图 3-33 木地板排紧方法

如果是硬木条板，在铺钉前应在钉孔部位先钻孔，孔径为圆钉直径的 0.7～0.8 倍，然后穿钉子钉紧。

②拼花木地面的铺钉。为了保证拼花木地面的图案准确，在铺钉前必须弹线，以控制铺钉。

席纹拼花的弹线比较简单，只要在基面上弹出木地板走向的平行线即可。平行线的间距等于一条或两条木板宽度，以便于按线铺钉。

方格花纹的木地面，有两种铺贴方式：一种是木板块与墙面成 45°角；另一种是木板块与墙面平行。在弹线时，以房间中心点为中心，弹出两条相互垂直的定位线，定位线方向即是木板块的排列方向。当定位线与墙面角度不同时，即可铺贴出不同方格的花纹，如图 3-34 所示。

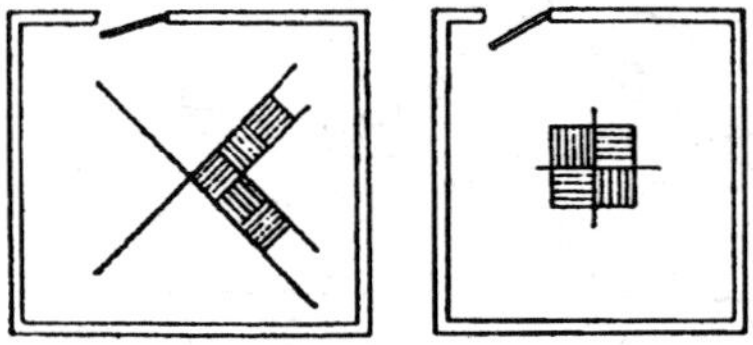

图 3-34　方格花纹弹线

当内外房间地板颜色不同时，分色线应在门框裁口线处。

人字纹木地面的施工线，是木板条角点的连线，如图 3-35 所示。

不难看出，木板与施工线的夹角通常是 45°。两条施工线之间的垂直距离即施工线间距，称作档宽(b)，其求法为：

施工线间距(档宽 b)＝地板条长度×45°角的余弦＝0.707×地板条长度。

木地板布置时，应以房间中心点为中心，地板档数必须是偶数，两边留头要一致，四周要有一定的宽度作为地板的镶边。确定施工线位置时，亦应以房间中心线为中心，弹出房间地面纵横两条中心线，在距纵向中心线左右两侧，以 a＝板条宽度×0.7071×0.5 为距离，各作一条中心线的平行线，这就是起始施工线。

从起始施工线开始，分别以档宽尺寸 b 向左右两边定出各档的施工线。各档的施工线顺次推移到圈边时，靠圈边的一档要窄一些，其宽度为 b—a，如图 3-36 所示。

施工线就是铺钉地板的控制线。因此，弹线必须准确。当档宽尺寸为非整数时，如果用尺来量距分档会造成较大累计误差，对此，可以使用斜线整数等分点来画施工线，即若镶边

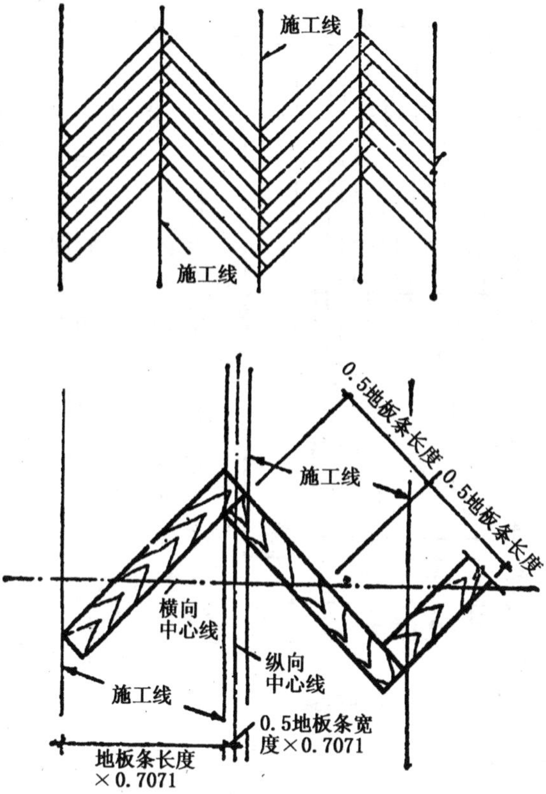

图 3-35 人字纹施工线

尺寸为 d,档数为 n(偶数),则取稍大于 b 的整数 c,画出各分点,即可求出各条施工线上的各分点,如图 3-36 所示。

施工线弹出后,第一块木板的铺设是保证整个地板对称的关键。从中点开始,对准角度定位线和施工线,先钉出标准条,铺出几个方块或几档作为标准板。标准板铺好并检验合格

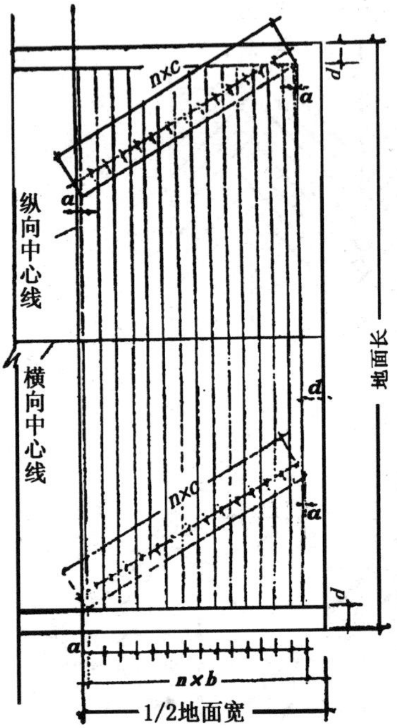

图 3-36　施工线布置

后，按弹好的档距施工线，边铺油毡边顺次向四周铺钉。

拼花木地板的铺钉，应在毛地板已经铺好，清扫干净，并铺一层沥青油纸或纱布后即可进行。各块木板间要相互排紧，个别缝隙不得超过 0.3mm，所用钉子的长度应为面层板厚的 2～2.5 倍，在侧面斜向打入毛地板内，钉头不可露出。当木板长度小于 300mm 时，侧面应钉 2 颗钉子；大于 300mm 时，要钉 3 颗钉子。

镶边的方法有两种：一种是用长条木地板沿墙铺钉；二是先用长条木地板圈边，再用短条木地板横钉。镶边地板应做成榫接，末尾一块木地板不能榫接，应加胶粘接、钉牢。

(4)面层刨光、打磨。木地板铺设完毕，在板面弹出方格线，测水平度。然后顺木纹方向用手工刨或刨地板机刨平、刨光，边刨边用直尺检查平整度。靠墙的地板应先行刨平、刨光，以便于安装踢脚板。

在刨光时，应注意消除板面刨痕、刨茬和毛刺。刨平后用细刨净面，检测平整度，最后用磨地板机顺木纹方向打磨，打磨厚度不宜超过1.5mm，并应无痕迹。

如为拼花木地板，则宜用刨地板机在与木纹成45°角方向上刨光，转速要高于5000r/min，慢速行走，不宜太快；停机不刨时，应先将地板机提起，再关电闸，以避免因慢速旋转而咬坏地板面；在边角处，可用手刨刨光。

(5)安装木踢脚板。应在木地板刨光后进行木踢脚板的安装。安装时，先在地板上弹出木踢脚板的厚度铺钉线，然后用约50mm长的钉子，将木踢脚板上下钉牢在墙内木砖上；在踢脚板的接头处，要锯成45°角的斜口，上下各钻两个小孔，钉入圆钉，钉头要预先砸扁，冲入板面2～3mm。

如果是企口木踢脚板，木踢脚板下圆角板条应与地面板同时铺钉。钉圆角板条时，要拉线校直之后，用约50mm长钉子，钉在上部木砖和下部的毛地板内，钉子间距一般为400mm，上下钉位要错开，接头处按45°角斜接，上下用两个钉子钉合，钉头砸扁，冲入板内2～3mm。钉前可用小木条靠墙垫平，使踢脚板的凸榫插入圆角板条的企口槽内，在踢脚板上拉直线，用钉子与木砖钉牢，接头处按45°角斜接，上下各钉一颗钉子。

(6)清漆木地板。清漆木地板是在已打磨好的硬木地板上着色、罩清漆。

①基层处理。将木地板上面及板缝里的灰土清扫干净，用铲刀刮净油渍、污垢，然后过水，用砂纸打磨，直至光洁平整，之后用湿布擦净；用与木地板颜色相近的腻子将木地板的拼缝、凹坑和裂缝填实、刮平；腻子干后，再用1号木砂纸打磨平滑，清除灰屑。腻子的配合比为清漆：石膏＝4：6(重量比)。

②刮批腻子。用大刮板在整个木地板面上满刮一遍较稀的油性腻子。刮批腻子时，可将腻子按刮批方向倒在地板面

上，成一窄条，然后用刮板顺着木纹方向在地板上来回刮批。腻子干燥后，可用1号木砂纸将地面全部打磨一遍，并清除灰屑。如第一遍腻子刮批后不平整，可再用腻子补嵌，之后再行刮批一遍。

③地板面着色。刷漆之前，应根据设计要求的颜色，对木地板进行着色。

清漆木地板常见的颜色有木本色、黄纳色、栗壳色、黑纳色等。这些颜色是通过配料与各种着色粉按一定的配合比混合，制成水老粉或油老粉，涂抹在木地板表面而进行着色的。例如：

a. 木本色的配合比：

水老粉　大白粉：立德粉：铬黄：水＝71：0.95：0.05：28

油老粉　大白粉：立德粉：松香水：煤油：光油：铬黄＝74：1.3：12.5：7.6：4.55：0.05

b. 黄纳色的配合比：

水老粉　大白粉：红丹：铁红：铬黄：水＝69：0.5：0.5：2：28

油老粉　大白粉：红丹：铁红：松香水：光油＝69：0.5：2：11：4

按配方比例调配着色材料时，着色粉要搅拌均匀。着色时，应以无色棉丝或刨花等蘸取着色粉，均匀地涂擦在木地板表面上，要多次反复涂擦以保证颜色均匀。有棕眼处，应注意擦满棕眼。涂擦后，不等着色粉干燥，就用无色棉丝或刨花将木面浮色擦掉。

④刷涂清漆。待着色粉干燥后，就可刷涂清漆。木地板清漆分高档、中档和低档三类。高档木地板清漆有日本产的水晶

油和聚氨酯清漆。在涂刷水晶油时，要与其配套产品“化白水”一起使用。一般涂刷两遍即可成活。第一遍用水晶油∶化白水＝5∶1的配合比调出稀水晶油，用油刷从一个方向来回均匀涂刷，不能有漏刷或过厚起皱现象；待漆膜干燥后，用水晶油∶化白水＝20∶1的配合比调出浓水晶油涂刷第二遍，涂刷方向应与第一遍横竖相交。

水晶油具有漆膜强韧、光泽丰富、附着力强及耐磨、耐水、耐化学腐蚀等特点，漆膜表面不需要上蜡。

中档的清漆有聚氨酯清漆，分为组分Ⅰ和组分Ⅱ两种。使用时，应按产品说明书给定的配合比进行配制，需要多少就配制多少，配好的涂料应该在当天用完，过夜就会失效。涂刷聚氨酯清漆通常是两遍成活，先刷踢脚板，再刷地面。刷地面时，应从靠窗处刷起，向门口方向退着刷。对于人字纹、席纹地板，应按一个方向涂刷；长条地板应顺木纹方向涂刷。操作时应用力将漆充分刷开、刷匀，不得漏刷。

涂刷清漆时，如果遇大块腻子疤，应该用油色或漆片加颜料预先进行修色。刷第一遍清漆与第二遍清漆的时间间隔为2～3天。多人施工时应注意互相配合，每人涂刷的厚薄应力求一致，尤其涂刷的接头处要刷平。涂刷完毕，将门窗关闭，以免灰尘沾污。

(7)木地板烫硬蜡。其工序如下：

①基层处理。将木地板表面的灰尘及拼缝内的杂物清除干净，并用布蘸水洗擦。干燥后，用砂纸顺木纹打磨，磨屑要清扫干净。人字纹木地板宜用机器打磨。

②打底子。就是抹润水粉和刷水色。

抹润水粉：根据样板颜色把色粉兑水调成水粉，用麻丝或棉丝蘸水粉在地板上擦抹，使色粉擦入木料棕眼内，然后顺着木纹将表面色粉擦净;涂抹的色粉应均匀,不漏抹;擦抹时要擦净,不留浮粉。

刷水色:用石性颜料按样板颜色兑好水色,用排笔蘸水色先刷踢脚板,后刷木地板,由里向外顺着木纹涂刷,刷到接头处要轻刷,不显刷纹,使木纹清晰;待色粉干透后,以砂纸打磨,用湿布擦净磨屑。

③烫蜡。烫蜡前,先把白蜡刨成蜡粉放在一个桶内,并将房间门窗打开,将蜡粉均匀地洒在木地板上,要求厚薄均匀一致,不宜过厚;然后用烘蜡器或烙铁将蜡粉全部烤化,烘蜡器或电烙铁应该离木地板表面约 10cm,小心不要烫坏地板,边熔化蜡液边将蜡液横向竖向抹擦均匀,厚度要适宜,以不露底为准,满烫一遍后,再复烫一遍。

④补蜡腻子。将蜡加色以后为蜡腻子,用刮板刮平刮光于木地板需补腻子处。

⑤起蜡出亮。用竹片或腻子刀把蜡面起净,以蜡刷子顺着木纹擦刷,然后用干净的麻袋垫在蜡刷子下面,再来回地擦出光亮。起面蜡时,应注意不得伤及地板颜色。

烘蜡器应在室外烧旺后方可抬入室内使用,要勤清灰,不污染地板。施工完毕应关闭门窗,以防灰尘沾污。

2. 实铺木地面

实铺木地面的施工工艺过程为:弹线抄平→修理预埋件→安装木龙骨、撑木→弹线、钉毛地板→找平、刨平→弹线、钉硬木地板→找平、刨平→弹线、钉踢脚板→刨光、打磨→油漆。

(1)弹线、抄平。在基层上,按设计规定的龙骨间距和基层预埋件,弹出龙骨位置线,如预埋件漏埋或偏差太大,应予修整。

(2)安装木龙骨。实铺木地面的龙骨,直接安放在基层上。

当预埋件为∩形铁鼻子时，应将龙骨刻槽，槽深不大于10mm，用双股12号铁丝将龙骨绑在∩形铁鼻子上。在预埋铁件绑扎处的龙骨下设调平垫木，然后拉线或用长直尺调平龙骨的上平面。当龙骨的固定铁件为螺栓时，在螺栓处设调平垫木，固定好龙骨，拉水平线，用直尺调平龙骨上表面。当为双层龙骨时，待下层固定后，再用约75mm长的木螺丝将上层龙骨固定在下层龙骨上。

垫木应经过防腐处理。宽度要大于50mm，长度为龙骨底宽的1.5～2倍，龙骨调平后，在其两侧斜钉约65mm长的铁钉，将龙骨与垫木钉牢。

龙骨的接头，应采用平接头，在每个接头的两侧，用长为600mm、厚25mm的双面木夹板夹住，每侧用3个约75mm长的钉子钉牢；亦可用6mm厚的扁铁双面钉夹。靠墙的龙骨端头，应距墙30mm，以利于防潮通风。

在铺钉龙骨时，应边钉边拉水平线或用长直尺抄平。个别不平处，如高差不大，可在龙骨上表面刨平。铺钉完毕，检查水平度合格后，钉剪刀撑或横撑，中距800mm。为防止钉剪刀撑时引起木龙骨走动，可在木龙骨上临时钉木拉条。剪刀撑应低于木龙骨表面，以便铺钉面板。在龙骨上面，每隔1m应凿开深10mm、宽20mm的通风小槽。

当龙骨间有保温隔音层时，应清除杂物，填入经干燥处理的松散保温隔音材料。保温隔音材料应低于龙骨上表面20～30mm。

(3)铺贴木地板。实铺木地面的毛地板和面层板的铺钉与空铺木地板相同。

面层板的铺设可用钉接或粘结两种方式。当采用粘结式铺贴时，木地板的板块可以从厂家采购，也可以用单块条形木地板对缝拼接。

拼花木地板的拼缝形式，可采用裁口接缝或平头接缝，如图 3-37 所示。

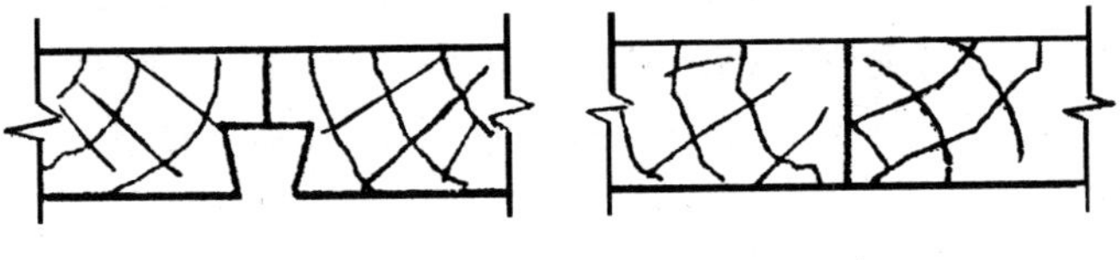

图 3-37　拼花木地板拼缝形式

(a)裁口接缝　(b)平头接缝

拼花木地板面层粘贴时，应根据设计图案和尺寸弹线。其施工线的布置、弹施工线的方法，与前述钉接式拼花木地板相同。施工线弹好后，按所弹的施工线试铺，检查其拼缝高低、平整度、对缝位置等情况，经反复调整符合要求后，进行编号。施工时按编号从房间中间向四周铺贴。粘贴方法，有沥青玛蹄脂粘贴法和胶粘剂粘贴法两种。

①沥青玛蹄脂粘贴法。用沥青玛蹄脂粘贴拼花木地面基层，要将基层扫净，涂刷一道冷底子油，再用热沥青玛蹄脂随涂随铺。

冷底子油的配合比为：

10 号建筑石油沥青 40%，煤油或轻柴油 60%；或 30 号建筑石油沥青 30%，汽油 70%。

冷底子油的调制方法如下：

将沥青放入锅中熔化，使其脱水不再起沫为止。将熬好的沥青倒入料桶中，再加入溶剂。如采用慢挥发性溶剂，则沥青的温度不得超过 140℃；如采用快挥发性溶剂，则沥青的温度不得超过 110℃。溶剂应按上述百分比分批加入，开始每次加入 2～3L，以后每次 5L。加入时，应不停地搅拌至沥青全部溶化为止。

涂刷冷底子油时，使用猪鬃大板刷，涂层要薄而均匀，不得有空白、麻点和气泡。冷底子油涂刷一昼夜后就可以粘贴拼花木地板面层。粘贴时，沥青的软化点以及沥青玛蹄脂熬制和铺设时的温度见表 3-7。表中地面受热的最高温度，应根据设计要求选用。

表 3-7　沥青的软化点以及沥青玛蹄脂熬制和铺设时的温度

地面受热的最高温度(℃)	按"环球法"测定的沥青玛蹄脂熬制温度最低软化点(℃)				铺设时温度不低于(℃)
	石油沥青	玛蹄脂	夏　季	冬季	
30 以下	60	80	180～200	200～220	160
31～40	70	90	190～210	210～225	170
41～60	95	110	200～220	210～225	180

当取 100cm^3 的沥青玛蹄脂加热至铺设所需的温度时(见表 3-7)，应能在平坦的水平面上自动地流成 4mm 以下的厚度。温度为 18℃±2℃时，玛蹄脂应为凝结、均匀而无明显杂物和填充料的颗粒。

铺贴木地板时，先在基层上涂刷热沥青一道，厚度约 2mm，同时在木地板的背面刷一道热沥青，要求薄而均匀，然后进行铺贴。随涂随铺，以免沥青冷却影响粘结。木地板要求水平就位，并用力挤压与相邻的木板严密无缝隙。相邻两块木板的高度差要相宜，在 1mm 以内。过高或过低均应重新铺贴。要避免沥青溢出表面，如有溢出应及时刮去，并擦干净。面层缝隙不应大于 0.3mm，面层与墙面之间的缝隙，应以踢脚板或踢脚条封盖。待结合层凝固后，即可进行刨平、磨光工作，所刨去的厚度，不宜大于 1mm，并应无刨痕。

②胶粘剂铺贴法。粘铺前，将基层表面彻底擦干净，然后按前述的钉接法弹出施工线。铺贴前，先在基层上用猪鬃大板刷涂一层薄而匀的底子胶。底子胶应使用与胶粘剂相适应的稀释剂稀释。例如，使用环氧树脂胶则用环氧丙烷丁基醚或丙酮稀释；万能胶用香蕉水稀释；木地板胶用 90 号汽油稀释。

待底子胶干燥后，按施工线的位置，由中央向四周按预排编号顺序铺贴。先在基层上刷一层厚约 1mm 的胶液，再在木地板的背面涂刷上一层厚约 0.5mm 的粘结剂，稍等其不粘手时即可铺贴。铺贴时，要将木地板水平就位，并用小锤轻敲使其紧密。粘贴要求与沥青玛蹄脂粘铺法相同。

3. 硬质纤维板地面

硬质纤维板地面的施工工艺过程为：湿润基层→弹线、做标志块、标筋→抹木屑水泥砂浆找平层→养护→弹线、预铺→刷胶→铺贴→刷涂料→打蜡、抛光。

(1)抹木屑水泥砂浆找平层。根据墙上 50cm 水平标准线，按设计标高弹出木屑水泥砂浆找平层的水平线。据此做标志块、标筋。

铺抹砂浆时，基层应预先浇水湿润，然后在基层上刷一层水泥素浆，随刷随铺木屑水泥砂浆，并用长刮尺按标筋刮平，用木抹子压抹搓平。木屑水泥砂浆的配合比应准确计量，宜采用机械拌和，拌和时上料顺序是：先将水泥、砂、木屑拌和均匀，然后加入氯化钙溶液，充分搅拌。砂、木屑、氯化钙溶液中的含水量应在拌和中扣除。砂浆稠度一般不应大于 30mm。找平层作完后，在常温下养护 7～10 天。

(2)弹线、预铺。当木屑水泥砂浆找平层强度达到 8～

10MPa，且表面含水率不大于15%时，可以按设计尺寸弹出分格线，在纤维板的板面上按分格线开成V形槽，然后预铺。接缝宽度控制在1mm。检查纤维板的平整度、拼缝平直度、缝隙宽度，并按实量裁割。踢脚板的尺寸按设计要求裁割。

(3)铺贴。为防止硬质纤维板铺贴后产生膨胀变形，铺贴前必须将板在水中浸泡24小时后，取出晾干备用。

硬质纤维板地面的铺贴顺序是从房间中央开始，按分格弹线向四周展开。铺贴时，先用刮板将脲醛树脂胶粘剂涂刷在木屑水泥砂浆找平层上，厚度约1mm，然后在纤维板的背面涂刷0.5mm厚的胶粘剂，涂层不宜过厚，以免从板缝隙中挤出。刷胶后静停5分钟，按顺序号将硬质纤维板料贴在基层上，并用木锤轻轻敲打一遍，使之紧密粘合，缝内挤出的胶粘剂应擦除干净；粘贴后，用ϕ1.8mm、长20mm的圆钉沿板四周的V形槽钉入。钉头应砸扁，冲入板内，钉子间距60～100mm，钉眼用同色腻子嵌平。地板铺贴完毕，再弹线粘贴踢脚板。

用沥青胶粘剂粘贴硬质纤维板时，基层必须清理干净并刷一道冷底子油，干燥12小时之后，即可用热沥青胶进行铺贴。铺贴顺序是从房间中央开始，对准分格线，按编号顺序向四周展开；面积小的房间可按所弹的中心线向两边铺贴，逐排向外。铺贴时，将沥青浇在基层上使之薄薄地匀开、自然流淌，稍停1分钟，待气泡逸尽，即可趁热铺贴。粘结层厚度一般不大于2mm，板缝约1mm，缝宽要均匀，边角要垂直。铺贴之后，随即上人从中间至周边进行踩压，往复压平压直。待大面积基本踩实后，立即敲击检查整个板面，对发出空鼓声的部位要加压踩实，使之结合良好，不许漏粘；对拼缝及边角处外溢的沥青胶，应立即趁热铲除；对滴在板面上的污迹，可以用棉纱加少量汽油予以擦净。

(4)刷涂料、打蜡、抛光。为了美观、防尘并提高防潮防水性能,硬质纤维板粘贴后1～2小时,胶粘剂硬化,即可进行表面处理,先用油灰批嵌钉眼,待嵌料干硬后,在硬质纤维板上满刷一遍清油,满刮一遍腻子,再用1号或1.5号水砂纸打磨表面,除去灰尘,刷地板涂料干燥后再打蜡、磨光,保养6～7天后即可使用。

此外,近几年从国外引进生产技术或材料,生产的复合木地板地面,很受人们的欢迎。

复合木地板是采用速生林木材制成的高密度板,表面经强化耐磨处理,加工成型为企口木地板。它具有耐磨划、易清洁、耐污染等优点,很适用于公共场所和家庭地面材料。其构造作法和施工方法与实铺木地板基本相同。

四、常见施工缺陷及预防措施

1. 行走时有响声

(1)主要原因如下:

①木材未经过干燥处理,安装后收缩松动。

②木龙骨绑扎处松动。

③毛地板、面板钉子少,钉得不牢。

④安装时,自检不严格。

(2)预防措施如下:

①企口榫应平铺,在板前钉扒钉,用楔块楔得缝隙一致再钉钉子。

②挑选合格的板材。

2. 表面不平

(1)主要原因如下:

①基层不平。

②龙骨下垫木调得不平。

③地板条起拱。

(2)预防措施如下：

①薄木地板的基层表面平整度应不大于 2mm。

②预埋铁件绑扎处铁丝绞紧后或螺栓紧固后，其龙骨顶面应用仪器抄平，如不平，应用垫木调整。

③地板下的搁栅上，每档应做通风小槽，以保持木材干燥；保温、隔音层填料必须干燥，以防木材受潮膨胀起拱。

3. 席纹地板不方正

(1)主要原因如下：

①施工控制线方格不方正。

②铺钉时，找方不严格。

(2)预防措施如下：

①施工控制线弹完，应复检方正度，必须达到合格标准。否则，应返工重新弹线。

②坚持每铺完一块都应规方拨正。

4. 地板戗茬

(1)主要原因如下：

①刨地板机走速太慢。

②刨地板机吃刀太深。

(2)预防措施如下：

①刨地板机走速应适中，不能太慢，转速应高于 5000r/min。

②刨地板机的吃刀不能太深，应吃刀浅一些多刨几次。

5. 地板局部翘鼓

(1)主要原因如下：

①受潮变形。

②毛地板拼缝太小或无缝隙。

③水管、气管滴漏泡湿地板。

④阳台门口不严，以及防水不力而进水。

(2)预防措施如下：

①预制圆孔板孔内应无积水；龙骨上应刻通风槽；保温、隔音填料必须干燥；地板下应铺钉油纸隔潮；铺钉地板时，室内应干燥。

②毛地板拼缝应留2～3mm缝隙。

③水管、气管试压时，地板面层刷油、打蜡应已完成；试压时应有专人负责看管，防止出现滴漏。

④阳台门口或其他外门口，应采取防水措施，严防雨水进入地板内。

6. 木踢脚板与地面不垂直、表面不平、接茬有高低

(1)主要原因如下：

①踢脚板翘曲。

②木砖埋设不牢或间距过大。

③踢脚板不直，成波浪形。

(2)预防措施如下：

①踢脚板靠墙一面应设变形槽，槽深3～5mm，槽宽不少于10mm。

②墙体预埋木砖间距应不大于400mm；如为加气混凝土块或轻质墙时，其踢脚板部位应砌粘土砖，使木砖能嵌牢固。

③钉踢脚板前，木砖上应钉垫木，垫木应平整；钉踢脚板时应拉通线。

7. 木质纤维板地面空鼓

(1)主要原因如下：

①粘贴不牢;未钉钉子。

②受纤维板伸缩变形的影响。

(2)预防措施如下:

①选用胶粘剂,应先经过试粘,合格后方能使用;每块板四周边缘须用圆钉钉牢。

②硬质纤维板铺贴前,必须用清水浸泡 24 小时后,晾干才能使用;铺贴时,板的接缝应留有 1～2mm 缝隙。

③同一房间的板,其厚度应一致;找平层施工时,应做灰饼、标筋,用长刮尺括平。

五、施工质量要求及检验方法

(1)木板的材质及其铺设时的含水率必须符合《木结构工程施工及验收规范》的有关规定。

(2)木地面的木龙骨、毛地板和垫木等必须作防腐处理;木龙骨安装时必须牢固、平直,在混凝土基层上铺设木龙骨,其间距和固定方法必须符合设计要求。

(3)木地面的面层必须铺钉牢固无松动,粘贴应牢固无空鼓。

(4)木地面面层的质量要求及检验方法见表 3-8。

表 3-8 木地面面层的质量要求及检验方法

项　　目		质　量　要　求	检验方法
一、木地板面层表面质量			
1. 长条、拼花硬木地板面层	合格	面层刨平磨光,无明显刨痕、戗茬;图案清晰;清油面层颜色均匀	观察、手摸和脚踩检查
	优良	面层刨平磨光,无刨痕、戗茬和毛刺等现象;图案清晰;清油面层颜色均匀一致	观察、手摸和脚踩检查

续表 3-8

项　　目		质　量　要　求	检验方法
2. 薄木地板面层	合格	面层刨平磨光，无明显刨痕、戗茬，板面无明显翘鼓	观察、手摸和脚踩检查
	优良	面层刨平磨光，无刨痕、戗茬，板面无翘鼓	观察、手摸和脚踩检查
3. 硬质纤维	合格	图案尺寸符合设计要求，板面无明显翘鼓	观察、手摸板面层和脚踩检查
	优良	图案尺寸符合设计要求，板面无翘鼓	
二、木地板面层板间接缝的质量			
1. 木板面层	合格	缝隙基本严密，接头位置错开	观察检查
	优良	缝隙严密，接头位置错开，表面洁净	
2. 拼花木板面层	合格	接缝对齐，粘、钉严密	观察检查
	优良	接缝对齐，粘、钉严密；缝隙宽度均匀一致；表面洁净，粘结无溢胶	
3. 硬质纤维板面层	合格	接缝均匀，无明显高差	观察检查
	优良	接缝均匀，无明显高差；表面洁净，粘结面层无溢胶	
三、踢脚板的铺设	合格	接缝基本严密	观察检查
	优良	接缝严密，表面光滑，高度、出墙厚度一致	

(5)木地面面层的允许偏差和检验方法见表 3-9。

表 3-9 木地面面层的允许偏差和检验方法

项目	允许偏差(mm)					检验方法
	木搁栅	硬木长条木板	拼花木板	薄木板	硬质纤维板	
表面平整度	3	2	2	2	2	用 2m 靠尺和楔形塞尺检查
踢脚板上口平直		3	3	3	3	拉 5m 线,不足 5m 拉通线和尺量检查
板面拼缝平直		3	3	3	3	拉 5m 线,不足 5m 拉通线和尺量检查
缝隙宽度不大于		0.5	0.2	0.2	2	尺量检查

第八节 涂料地面

在平整、坚实的找平层上涂刷地面涂料,形成坚硬耐磨的地面面层,称为涂料地面。

涂料地面的颜色丰富多彩,既可涂成单色,又可涂成复色和各种印花图案,其施工简便,造价也较低廉。有的地面涂料具有弹性、柔软舒适、隔声隔振;有的地面涂料能耐酸碱腐蚀、耐油污。对于洁净室、精密仪器室、计算机房等要求绝缘、防静电的房间,采用涂料地面是一种最佳选择,目前在国内外建筑中已有广泛的应用。

涂料地面的类型，按主要成膜物质分为聚合物水泥涂料地面、溶剂型涂料地面和合成树脂厚质地面。

聚合物水泥涂料地面，是以水溶性树脂或聚合物乳液与水泥一起组成有机与无机复合的水性胶凝材料，加入一定量的颜料、填料、各种助剂等，经搅拌均匀涂刷在水泥地面上，结硬形成的一种无缝彩色地面。它包括聚乙烯醇缩甲醛水泥地面、聚醋酸乙烯聚合物水泥地面。

溶剂型涂料地面，是以合成树脂为主要成膜物质，掺入颜料、填料、各种助剂及有机溶剂配制而成的一种地面涂料，涂于地面，随着溶剂挥发而结硬，形成涂料地面。溶剂型地面涂料，包括过氯乙烯地面涂料，苯乙烯地面涂料，聚氨酯地面涂料及石油树脂地面涂料等。

合成树脂厚质涂料地面，是以环氧树脂、聚氨酯、不饱和树脂等合成树脂为基料，加入颜料、填料、助剂等，组成厚质地面涂料。涂于地面结硬而形成的涂料必须加入固化剂，是一种双组分涂料，包括环氧树脂地面涂料、聚氨酯地面涂料、不饱和聚酯地面涂料等，其涂膜性能良好，与基层结合牢固，有一定的弹性，脚感舒适。

一、构造作法

涂料地面的面层由涂料涂饰而成，其基层与水泥砂浆地面相同，要求平整坚硬、表面光洁。为了保证平整，应在基层表面刮一道用相应涂料调制的腻子；干燥后打磨平整，再涂刷 3～4 遍相应涂料，总厚度约 2～4mm。为增加地面的装饰效果，可在地面上刻划分格或花纹图案；或者待涂料干燥后再涂地板漆、上地板蜡。涂料地面构造如图 3-38 所示。

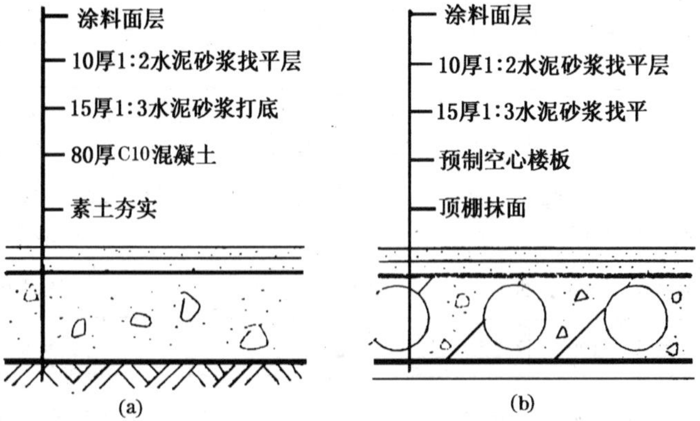

图 3-38　涂料地面构造

二、施工前的准备工作

1. 施工机具

涂料地面的主要施工机具有:灰桶、铁抹子、搪瓷小桶、耐碱小勺、钢刮板、0 号砂纸、直尺、橡胶刮板、80～100 目的罗筛、擦布、磅秤、喷壶、钢丝刷、涂蜡棉纱、胶皮手套等。

2. 材料

(1)聚乙烯醇缩甲醛水泥地面。采用普通硅酸盐水泥或硅酸盐水泥和白色硅酸盐水泥,其标号不低于 325 号。

聚乙烯醇缩甲醛:应使用含固量为 10%～12%、密度 1.05、pH6～7、粘度 3.5～4.0s,能与水泥均匀混合的合格品。

选用液态、糊状或水乳化型的地板蜡。

常用面层涂料的配合比见表 3-10。

表 3-10 常用面层涂料的配合比

颜色	材料(重量比)					
	水泥	107 胶	氧化铁红	氧化铁黄	氧化铬绿	水
铁红色	100	50	10			适量
橘红色	100	50	5	5		适量
橘黄色	100	50	2.5	7.5		适量
绿色	100	50			10	适量

(2)聚醋酸乙烯聚合物水泥地面。采用聚醋酸乙烯乳液，425 号普通硅酸盐水泥或白水泥。水泥与聚醋酸乙烯乳液的配合比为 2.5～3.5∶1。

颜料和填料：常采用氧化铁红、氧化铁黄、氧化铁黑等耐光性较好的颜料，加入量为水泥重的 10%～15%；常用填料为石英粉，要求细度在 100～120 目之间，加入量为水泥重量的 40%～60%。

消泡剂：常用磷酸三丁酯、有机硅乳液。

(3)过氯乙烯涂料地面。使用材料如下：

过氯乙烯树脂：其含量应达 61%～65%，用量占涂料总重量的 10%～16%，另加入涂料重量 2%～5%的松香改性酚醛树脂，以提高涂膜的硬度及光洁度。

增塑剂：采用邻苯二甲酸二丁酯作增塑剂，用量为树脂的 30%～40%，以改善涂膜的柔软性，并有助于颜料、填料的均匀分散。

稳定剂：常使用二盐基性亚磷酸铅作稳定剂，用量为树脂的 2%，以防止树脂在混炼过程中分解，并可延长涂膜的寿命。

颜料和填料：常用的颜料是氧化铁红、氧化铁黄、氧化铬绿、炭黑等，用量约为树脂的10%；如作为底层涂料，加入填料的用量为树脂的50%，以防止颜料沉淀、涂料流淌。

溶剂：常用溶剂是二甲苯、轻溶剂油等，占涂料的70%～80%。

(4)苯乙烯涂料地面。使用材料如下：

苯乙烯焦油：在地面涂料中占50%～60%；为防止涂料收缩龟裂，通常加入3%～5%的蓖麻油以进行改性。

颜料、填料：常用的颜料为氧化铁红、氧化铁黄、氧化铁黑等，其重量为涂料重量的9%～10%；常用的填料为石英粉、滑石粉等，加入量为涂料重量的12%～14%。

溶剂：常用溶剂有二甲苯、轻溶剂油、松节油或双戊烯等，占涂料重量的50%左右。

(5)环氧树脂涂料地面。使用材料如下：

环氧树脂：可采用低粘度的液体状环氧树脂。如牌号为E-44(6101)、E-42(634)等品种，主要起胶凝作用。

固化剂：应选用室温固化型的多胺类物质，如乙二胺、二乙烯三胺、三乙烯四胺、3-羟基乙二胺等。其中以乙烯多胺较好，使用时无烟雾，如用二乙烯三胺，一般用量为E-44环氧树脂重量的9%左右。

增塑剂：常用增塑剂是邻苯二甲酸二丁酯，加入量一般为树脂量的5%左右，过量将会影响涂料的质量。

稀释剂：常用二甲苯、丙酮等非活性稀释剂，以降低涂料的浓度，使其具有足够的流动性和对基层的润湿性，但不宜加入过多，以免涂料质量下降。当使用二甲苯时，其加入量为环氧树脂重量的15%左右。

填料：使用填料可以改善某些性能，如减少收缩，提高耐燃性、防滑性等。填料分粗骨料、细骨料两种:粗骨料可选用6号石英砂,其加入量为树脂:粗砂=1:1～1.5为宜;细骨料一般选用滑石粉,以改善和易性,其加入量为树脂重量的10%～20%,不宜过多,以免和易性变差,容易结团。

颜料:当地面需要配成颜色时,常用的白色颜料有钛白粉、氧化锌、锌钡白等;红色颜料有氧化铁红;黄色颜料有氧化铁黄;蓝色颜料有群青、钛菁蓝;绿色颜料有氧化铬绿、钛菁绿,等等。

颜料加入量,一般为涂料重量的1%～3%,白色颜料为5%左右。

液体物料配合比:

E-44环氧树脂　5000g

二甲苯　750g

邻苯二甲酸二丁酯　250g

二乙烯三胺　450g

固体物料配合比(以配制浅蓝色为例):

6号石英砂　5000g

滑石粉　500g

钛白粉　500g

群青　100～150g

(6)聚氨酯弹性地面。使用材料如下:

预聚体:是主要成膜物质,为多异氰酸酯和含有多异氰酸酯基的预聚物。

固化剂:使用胺类固化剂,如芳香族二元胺、二甲基乙醇胺等。

添加剂:可使用蓖麻油和邻苯二甲酸二丁酯作添加剂,蓖麻油能增强涂层的耐候性和耐水性;邻苯二甲酸二丁酯可增强涂层的韧性。

填料：为石英粉，其用量为涂料重量的40%～50%。

颜料：有钛白粉、硫化锌、锌钡白、氧化铁红、氧化铁黄、氧化铁黑、氧化铬绿等，加入量为涂料重量的2.5%～5%。

溶剂：常用醋酸丁酯、二甲苯等。

(7)不饱和聚酯涂料地面。使用材料如下：

不饱和聚酯：如307-1、307-2、UP等。

固化剂：如过氧化环己酮与苯二甲酸二丁酯制成的酮浆。

促进液：如钴液。

封闭剂：如蜡液。

液体物料配方：

不饱和聚酯307-2　500g

酮浆　200g

钴液(6%)　150～200g

蜡液　150g

3. 基层处理

用钢丝刷刷除基层表面的残留砂浆、积灰。

对表面沾有的油渍及其他污染物，可用油剂擦洗，用水冲净。

对旧水泥地面，如油污过多，应使用苛性钠或碳酸钠溶液擦洗，再用清水洗净。

对有缺陷的地面应修补抹平，并铲平凸起部分。

待基层充分干燥后方可涂刷，基层的含水率要小于6%。

三、施工方法

1. 聚乙烯醇缩甲醛水泥地面与聚醋酸乙烯聚合物水泥地面

聚乙烯醇缩甲醛水泥地面和聚醋酸乙烯聚合物水泥地面

施工工艺过程为：

配制涂料→刮涂地面涂料(3～4 遍)→砂纸打磨→弹线划格→刷罩面涂料→上蜡擦亮。

(1)配制涂料。包括配制颜料溶液、色浆和水泥色浆。

①配制颜料溶液。水泥、颜料在配合前应经细罗过筛；按配合比称取颜料放在容器内，加入适量的水。加水量因颜料而异，如氧化铁红的加水量为其重量的 0.5 倍，氧化铁黄的加水量为其重量的 1.5 倍，氧化铬绿的加水量为其重量的 0.35 倍，使颜料充分润湿。

若使用几种颜料，则应将各种颜料混合后干拌均匀，然后加水拌和。

为保证颜色一致，对所用的颜料应一次配足。

②配制色浆。将 107 胶称量后装入容器内，边搅拌边加入颜料，经充分搅拌后制成色浆。

③配制水泥色浆。称量色浆后装入容器内，边搅拌边加入定量的水泥，经充分搅拌均匀成胶泥。用量较大时，宜用小型搅拌机拌和；使用时，须用窗纱过滤；所配制的水泥色浆应随配随用，以防凝结。

(2)涂抹面层。涂抹时，将水泥色浆摊在地面上，用刮板用力地刮涂平整，每次刮涂的厚度约 0.8mm，待前一遍涂层稍干后，即用手指轻压无指纹时，方可刮涂下一遍，时间间隔一般为 2 小时；前后两次的刮涂方向要纵横交错。一般要涂刮 3～4 遍；第一、二遍主要起找平作用，刮满盖底，第三、四遍起装饰作用，最后一遍应抹平压光，隔天再用 0 号砂纸磨平，用擦布擦抹干净。

(3)养护。为了提高涂层的强度，防止出现龟裂，应在水泥色浆涂抹 24 小时后，设专人洒水养护，保证涂刷的湿润，养护时间不应少于7天。

(4)划线、分格或做图案。当设计要求分格或做花纹图案时,可在涂抹面层完工后隔一天,用0号砂纸打磨面层,使其平整,按要求分格弹线,进行艺术处理。制作花纹的方法是:用钨钢刀和直尺在面层上按花纹图案进行划缝,一般划缝的深度为1～1.5mm,缝的宽度约2～3mm,或者根据装饰效果的要求来确定划线尺寸,可宽可窄,主次有别。

(5)表面处理。面层经划线刷色、刻制花纹后,用地面涂料罩面,并上地板蜡做表面处理。

聚醋酸乙烯聚合物水泥地面的施工方法与聚乙烯醇缩甲醛水泥地面基本相同。为保证涂层与基层的粘结强度,应注意控制涂料的水灰比,要求水灰比≤0.5,最好控制在0.45以下,每道涂层厚度要控制在0.8～1.0mm。

2. 过氯乙烯和苯乙烯涂料地面

过氯乙烯涂料地面的施工工艺过程为:基层处理→涂刷底层、批刮腻子→涂面层→养护打蜡。基层处理前面已介绍过,这里主要介绍其它工序。

(1)涂刷底层、批刮腻子。基层干燥后,先在其上涂刷一道过氯乙烯作底层。隔天批刮一道腻子,将水泥地面基层上的裂缝、孔洞嵌补密实。腻子的配合比为:过氯乙烯地面涂料∶石膏粉∶水=100∶80～100∶8～10。

每道腻子干后,再满批2～3遍腻子,每批刮一道腻子,均应在干后用砂纸打磨平整,扫净灰尘,再批刮下一道腻子;后一道腻子与前一道腻子的批刮方向应相交叉,待最后一道腻子干燥后,经打磨、清扫后再涂刷面层涂料。

(2)涂刷面层。用过氯乙烯涂料涂刷面层,一般需涂刷2～3遍成活;每涂完一遍涂层,在干燥后用砂纸打磨,清扫干净，才能涂刷下一层涂料。

(3)养护、打蜡。面层涂料涂刷完毕，应在空气流通的情况下，养护 6～10 天，然后打蜡，即可使用。

苯乙烯涂料地面的施工工艺过程和施工方法与过氯乙烯涂料地面的施工方法基本相同。施工时，应先涂刷一道苯乙烯底漆，隔天起，刮 2～3 道腻子，每刮一道间隔 24 小时。腻子的配合比为苯乙烯焦油：熟石灰粉＝1：1。

在施工中，如发现涂料粘度变稠时，可适当加入二甲苯、甲苯、松节油等溶剂稀释。

由于苯乙烯涂料含有苯类溶剂，施工时应加强室内通风，并采取必要的劳动保护措施。

3. 环氧树脂涂料地面、聚氨酯弹性地面和不饱和聚酯弹性地面

环氧树脂涂料地面的施工工艺过程为：基层处理→刷底层涂料→批刮腻子→涂中层涂料→涂面层清漆→罩光清漆、上蜡。分别介绍以下工序：

(1)刷底层涂料、批刮腻子。先用加入固化剂的树脂稀溶液将地面满涂一道。第二天将甲、乙两组分的涂料混合，并加入滑石粉填料，调成稠状腻子，把基层上的孔眼、裂缝嵌平。

(2)涂刷中层和面层涂料。将涂料倒在地面上，用刮板平稳地摊开、摊平。摊铺时，往返次数不能太多，以免出现气泡。涂层厚度约 1.5mm。一次配料以 5kg 树脂为宜，配料过多，散热困难，容易产生爆聚。

涂刷前可用粉笔在地面上画上方格，每格 $1m^2$，每 $1m^2$ 用涂料 1kg，以此控制厚度。

涂刷时，通常从室内退向涂刷至门口。

如果做成类似大理石花纹的涂料地面，可以按上述配合

比在颜料中加入钛白粉，让其自然流平，就可产生大理石的花纹图案。

(3)养护、罩清漆、打蜡上光。涂料刷好后，应保持地面清洁，防止污染，夏天 4～8 小时即可固化，冬天约需 1～2 天。在已固化的涂料表面涂刷一层不加溶剂的环氧树脂清漆，再静置固化 7 天以上，以提高其耐污染能力。环氧树脂涂料地面交付使用前应打蜡上光，以提高装饰效果和耐污染性能。

聚氨酯弹性涂料地面的施工方法，基本上与环氧树脂涂料地面相同。这种涂料中的聚氨酯预聚体和固化剂均有成品供应，只需在现场加入适当的颜料和填料即可施工。如施工量大，可用小型搅拌机进行搅拌，使胶浆没有颗粒结团，并且填料被浆液充分浸润。浆料要随拌随用。

涂刷时，将涂料倒入画好的方格内，用胶皮刮板刮平、抹光。施工顺序应先内后外，减少接茬，两周后可交付使用。涂刷过程中要保持环境清洁，防止污染面层。

聚氨酯涂料有毒，施工时要戴手套和口罩，切忌将涂料溅入眼内。施工现场应有良好的通风，严禁烟火。

施工完毕，应及时将工具用二甲苯清洗干净，并用醋酸乙酯将手上沾污物擦去，再用清水和肥皂水彻底洗净。

不饱和聚酯涂料地面的施工工艺过程和施工方法与环氧树脂地面相同。

涂料的配制顺序是，在不饱和聚酯内先加钴液、蜡液，搅拌均匀后加入酮浆，再搅拌均匀后即可使用。要随配制随用，每次配 5kg 为宜。

不饱和聚酯涂料地面固化很快，一般在 12 小时以后就可以上人。

4. 聚合物水泥涂料地面的表面处理

聚合物水泥涂料地面的涂层，经砂纸打磨常易出现“发花”现象，对此，应进行表面处理。经过表面处理过的聚合物水泥涂料地面具有色泽均匀、光洁美观的特点，同时提高了涂层的耐磨性和耐久性。表面处理的方法，应根据涂料种类来决定，常用以下方法：

(1)水乳型地面涂料罩面。已打磨平整的地面涂层上，先均匀地涂刷两道氯-偏水乳型地面薄涂料，使涂层颜色均匀，然后再涂刷一道清乳液，使涂层上光更加光亮美观。

水乳型地面薄涂料，是在乳液内加入少量的与聚合物水泥涂层颜色相近的颜料配制而成，以使涂层的颜色最终能上下一致，成为一个整体。

(2)溶剂型地面涂料罩面。聚合物水泥涂料地面的罩面涂层材料，也可以用溶剂型薄质地面涂料及清漆。为使其颜色与涂层颜色一致，一般应先涂刷色漆，然后再罩清漆。

另外，还可以采用丙烯酸地面涂料及其清漆、聚氨酯地面涂料及其清漆等作罩面材料，经这类材料罩面后，可大大提高涂层的耐磨性。使用这些罩面材料，必须要求地面涂层完全干燥，否则将出现脱皮现象。

(3)地板蜡表面处理。涂层干燥，交付使用前，可以对涂料地面上一次地板蜡。如在地板蜡中加入少量的颜料和松节油，不但可以使涂层表面光亮美观，而且可以弥补涂层表面颜色不匀的缺陷；若经常上蜡，则能提高地面涂层的耐磨性，延长使用寿命。

四、常见施工缺陷及预防措施

1．表面粗糙、有疙瘩

(1)主要原因如下：

①混凝土或抹灰基层表面污物未清理干净；凸起处未处

理平整，砂纸打磨不够或漏磨。

②工具未清理干净，有杂物混在材料中。

③操作现场周围有扬尘或污物，落在刚涂刷的表面上。

④混凝土或抹灰基层表面太干燥，施工环境温度较高。

(2)预防措施如下：

①基层表面污物应清除干净，特别是混凝土或抹灰的接茬棱印，要用铁铲或电动砂轮磨光；腻子疤等凸起处要用细砂纸打磨平整。

②使用的材料要过筛，保持材料洁净，所用工具和操作现场也应洁净，以防止污物混入材料内。

③基层表面太干燥，施工现场温度太高时，可使用较稀的涂料涂饰。

④基层表面粗糙时，可用细砂纸打磨光滑，或用铲刀将小疙瘩铲除平整，并用较稀的涂料修饰一遍。

2. 起皮、涂膜部分开裂或有片状的卷皮

(1)主要原因如下：

①混凝土或抹灰基层表面太光滑，或有油污、尘土、隔离剂等未清除干净，涂膜附着不牢固；涂料粘性太小；涂膜表层厚，容易起皮。

②基层腻子粘性太小，而涂膜表层粘性太大，形成外硬里软的状态，涂膜遇潮湿，表层开裂卷皮。

(2)预防措施如下：

①混凝土基层表面的灰尘要扫净，如有隔离剂、油污等，应用5%～10%的烧碱溶液涂刷1～2遍，再用清水洗净。

②如基层表面较光滑，可用钢丝刷适当刷毛，然后扫洁，再均匀地刷一遍BZ-02胶粘剂。

③涂刷层不宜太厚，只要盖住基层，涂膜丰满即可。

④基层聚合物浆的粘性不能太小，表面涂料的粘性也勿过大，以聚合物浆有较强的附着力、涂膜又不掉粉为准。

⑤起皮的涂膜，要将起皮部分铲除掉，找出起皮原因，然后对症处理。

3. 腻子裂纹

(1)主要原因如下：

①腻子粘性小、稠度大。

②凹陷较大时，刮抹的腻子有半眼、蒙头等缺陷，造成腻子不生根或一次抹腻子太厚，形成干缩裂纹，甚至脱落。

(2)预防措施如下：

①调制腻子时，稠度要合适，胶液应略多些。

②基层表面尤其是凹陷处，要清理干净，并涂布一遍胶粘剂，以增加腻子附着力；孔洞大时，腻子粘性要略大些，并分层反复刮抹平整、坚实。

③裂缝较大并脱落的腻子要铲除，基层重新处理后再抹新腻子；半眼、蒙头腻子必须挖除，处理后再分层刮抹腻子，直至平整。

4. 腻子翻皮、翘起或呈鱼鳞状皱结

(1)主要原因如下：

①腻子粘性较小或过稠。

②混凝土或抹灰基层的表面有灰尘、隔离剂、油污等。

③在很光滑的表面及在表面温度较高的情况下刮抹腻子。

④腻子刮得过厚，基层较干燥。

(2)预防措施如下：

①调制腻子时，加入适量胶液，以使用合适为准。

②混凝土或抹灰基层表面的灰尘、隔离剂、油污等必须清

除干净。

③基层表面很光滑或在清除油污后，要涂一遍胶粘剂，再刮腻子。

④每遍刮抹的腻子不宜过厚，不可在潮湿和高温的基层面上刮抹腻子。

⑤翻皮的腻子要铲除干净，并找出原因，采取措施后重新刮抹腻子。

五、施工质量要求及检验方法

基层的基土必须均匀密实，填料的土质、干土重力密度必须符合设计要求和施工规范规定。垫层和构造层（保温层、防水防潮层、找平层、结合层）的材质、强度（配合比）、密实度等必须符合设计要求和施工规定。防水防潮层必须符合设计要求和地下防水工程有关规定，并与墙体、地漏、管道、门口等处结合严密，无渗漏。

面层必须符合以下要求：

(1)各种面层的材质、强度、配合比、密实度必须符合设计要求和施工规范的规定。

(2)面层与基层的结合必须牢固，不能发生空鼓现象。

(3)整体地面施工的质量要求及检验方法见表3-11。

(4)整体地面面层的允许偏差和检验方法见表3-12。

表 3-11　整体地面施工的质量要求及检验方法

项　　目	质　量　要　求		检　验　方　法
一、面层表面质量			
1. 水泥砂浆面层	合格	表面无明显脱皮和起砂等缺陷；局部虽有少数细小收缩裂纹和轻微麻面，但其面积不大于 800cm^2，且在一个检查范围内不多于 2 处	观察检查
	优良	表面洁净，无裂纹、脱皮、麻面和起砂等现象	
2. 水磨石面层	合格	表面基本光滑，无明显裂纹和砂眼，石粒密实，分格条牢固	观察检查
	优良	表面光滑，无裂纹、砂眼和磨纹，石粒密实，显露均匀；颜色图案一致，不混色；分格条牢固、顺直和清晰	
3. 107 胶水泥色浆涂抹面层	合格	表面基本光滑，无抹纹和裂纹	观察检查
	优良	表面光滑，颜色协调，无抹纹和裂纹	
二、地漏和供排除液体用的带有坡度的面层	合格	坡度满足排除液体的要求，不倒泛水，无渗漏	观察或泼水检查
	优良	坡度符合设计要求，不倒泛水，无渗漏，无积水，与地漏（管道）结合处严密平顺	

续表 3-11

项目	质量要求		检验方法
三、踢脚板的质量	合格	高度一致；与墙面结合牢固，局部空鼓长度不大于 400mm，且在一个检查范围内不多于 2 处	用小锤轻击、尺量和观察检查
	优良	高度一致，出墙厚度均匀，与墙面结合牢固，局部空鼓长度不大于 200mm，且在一个检查范围内不多于 2 处	
四、楼梯踏步和台阶	合格	相邻两步宽度和高度差不超过 20mm；齿角整齐，防滑条顺直	观察或尺量检查
	优良	相邻两步宽度和高度差不超过 10mm；齿角整齐，防滑条顺直	
五、楼地面镶边	合格	各种面层邻接处的镶边用料及尺寸符合设计要求和施工规范规定	观察或尺量检查
	优良	各种面层邻接处的镶边用料及尺寸符合设计要求和施工规范规定；边角整齐光滑，不同颜色的邻接处不混色	

表 3-12 整体地面面层的允许偏差和检验方法

项目	允许偏差(mm)					检验方法
	细石混凝土、混凝土(原浆抹面)	水泥砂浆	普通水磨石	高级水磨石	107 胶水泥色浆涂抹	
表面平整度	5	4	3	2	3	用 2m 靠尺和楔形塞尺检查
踢脚板上口平直	4	4	3	3	3	拉 5m 线，不足 5m 拉通线和尺量检查
缝格平直	3	3	3	2	3	

第九节　活动地板

一、构造作法

活动地板，又名装配式地面，是一种架空式地面。

活动地板由面板块、桁条（隔栅）及可调支架等组合装配而成，如图 3-39 所示。

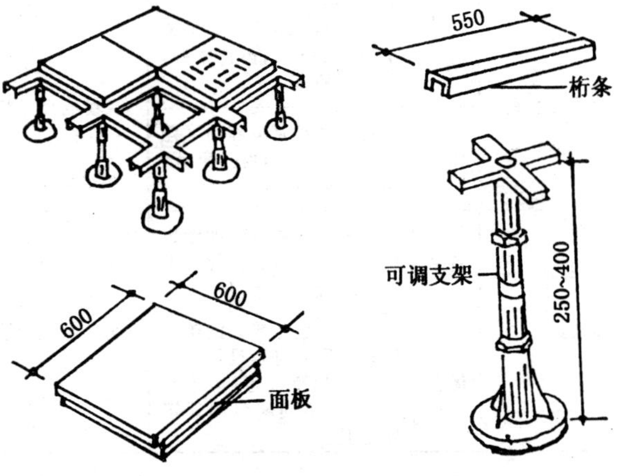

图 3-39　活动地板组成

活动地板按其面板的抗静电性能分类，有抗静电活动地板和不抗静电活动地板两种；按其面板的材质分类，有复合贴面活动地板和金属活动地板两种。活动地板的可调支架由铸铝或镀锌钢头、底座及双头螺杆三部分组成；活动地板的架空高度一般为 250～350mm，若做空调通风送气室使用，其高度要求大于 400mm；地板下面的架空层可以用来敷设各种电缆、管线，或做空调静压送风室，并可设通风口。架空部分做空调送风室使用时，其底层应做无尘块材地面，四周空间的墙面亦应做无尘饰面材料。活动地板具有平整、光洁、装饰性好、施工简单、装拆方便等优点，非常适合用作仪表控制室、计算机房、变电所控制室、广播电视用房、自动化办公室，以及高级宾馆会议室等地面。

二、施工前的准备工作

1. 施工工具

活动地板施工的主要工具有：各种类型的扳手、墨斗、方尺、水平尺、水平仪、标尺、直尺、尼龙线、锤子等。

2. 材料

活动地板施工的主要材料有：面板、桁条、可调支架、胀管螺栓等。如要进行构件的粘结，应使用环氧树脂胶粘剂。

3. 基层处理

安装活动地板之前，应先将地面清理干净，检查基层，应平整无明显凹凸不平。

三、施工方法

活动地板的施工工艺过程为：基层清理→弹支柱（架）定位方格网→测水平→固定支柱（架）底座→安装桁条（隔栅）→仪器抄平、调平→铺设活动面板。

1. 弹线

按面板尺寸，弹出支柱定位方格网，方格网的支点即为支架位置；在墙面四周弹好支架水平线和地板表面标高线。

2. 安装支柱

在地面方格网的交点上固定支架底座并安装支柱；按墙面上的支架水平线以纵横两个方向拉水平通线，用水平仪调整各支柱顶面的标高，并逐点抄平，再用水平尺校准支柱托板以保持水平，校正好后，锁紧顶面活动部分。

3. 安装桁条（隔栅）

当支柱顶面调平之后，弹出桁条安装线；从房间中间开始安装桁条，见图 3-40。桁条安装完毕，应测量桁条表面同一水平度和平整度、方正度，调至合格为止。

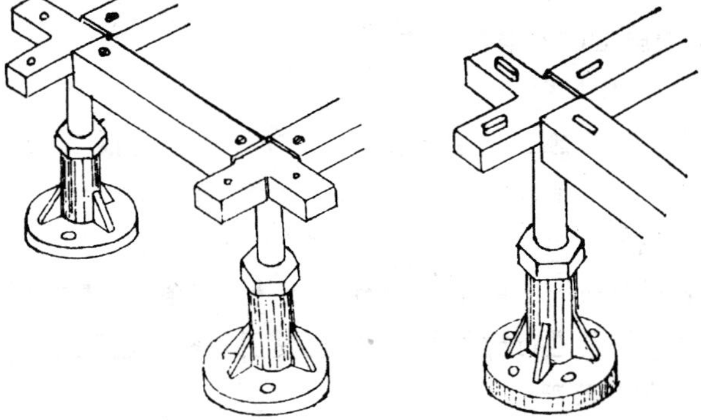

图 3-40　桁条与支柱的安装

4. 安装活动地板

在桁条上，按活动面板的尺寸，弹出分格线。按分格线安装面板并调整好板缝，使板缝顺直。当板块尺寸有误差时，应将误差小的板块安装在中间，而误差大的板块安装在墙边或不重要部位。

四、常见施工缺陷及预防措施

1. 相邻两块高低不平

(1)主要原因：面板厚薄不一致；可调支柱钢头不平。

(2)预防措施：严格选料，剔除不合格面板、钢头；同一房间选用厚度相同的板块。

2. 面板不实，行走时有响声

(1)主要原因：可调支柱顶面标高不一致，桁条不平。

(2)预防措施：桁条安装后，应测量其上表面同一水平度和平整度，使之在同一标高。

3. 错缝

(1)主要原因如下：

①面板尺寸不标准，直角度差；

②板条受潮，含水率过高；

③企口榫太松。

(2)预防措施如下：

①注意选材，同一房间应用相同尺寸的面板；

②地板条含水率一般不大于12%；

③安装最后一块地板条时，可将其刨成略有斜度，以小头插入并楔紧。

4. 铺贴房间面层出现大小头

(1)主要原因如下：

①房间本身平面尺寸不成“方”。

②受铺放面板缝隙影响。

(2)预防措施如下：

①做内墙抹灰时，房间内的纵横净距尺寸，应调整一致，并注意找“方”。

②铺面板时，严格按施工弹线控制，缝隙应一致。

五、施工质量要求及检验方法

(1)活动地板的支柱(架)和桁条的型号、规格、材质均必须符合设计要求。

(2)活动地板的支柱(架)位置要正确，其顶面的标高应一致；桁条必须牢固、平直，且无松动变形。

(3)面层的板块必须铺贴牢固、无松动、无空鼓、不脱胶。

(4)活动地板的质量要求和检验方法见表3-13。

表 3-13　活动地板的质量要求和检验方法

项　　目	质　量　要　求		检　验　方　法
板块面层表面质量	合格	色泽均匀，粘、钉基本严密，板块无裂纹、掉角、缺楞等缺陷	观察检查
	优良	图案清晰，色泽一致，周边顺直，粘、钉严密，板块无裂纹、掉角和缺楞	
接缝质量	合格	接缝均匀，无明显高差	观察检查
	优良	接缝均匀一致，无明显高差，表面洁净，粘结面层观察检查无溢胶	
踢脚板铺设	合格	接缝基本严密	观察检查
	优良	接缝严密，表面光洁，高度、出墙厚度一致	

(5)活动地板的支柱(架)、面层允许偏差，以及检验方法见表 3-14。

表 3-14　活动地板的支柱(架)、面层允许偏差和检验方法

项　　目	允许偏差(mm)	检　验　方　法
1. 支柱(架)顶面标高	±4	用水平仪检查
2. 板面平整度	2	用 2m 靠尺和楔形塞尺检查
3. 板面拼缝平直	3	拉 5m 线，不足 5m 拉通线和尺量检查
4. 板面缝隙宽度不大于	0.2	尺量检查
5. 踢脚板上口平直	3	拉 5m 线，不足 5m 拉通线和尺量检查

第十节　地毯地面

地毯分为纯毛地毯和化学纤维地毯(简称化纤地毯)。纯毛地毯具有质地优良、柔软性好、美观高雅的特点,但价格昂贵,易被虫蛀或霉变;化纤地毯具有价格便宜、资源丰富的特点,如经改性处理,能耐老化、防污染。因此化纤地毯已成为较普及的地面装饰材料,常用于宾馆、饭店、住宅等建筑的地面。

一、构造作法

地毯一般铺在水泥地面上,其构造作法如图 3-41 所示。

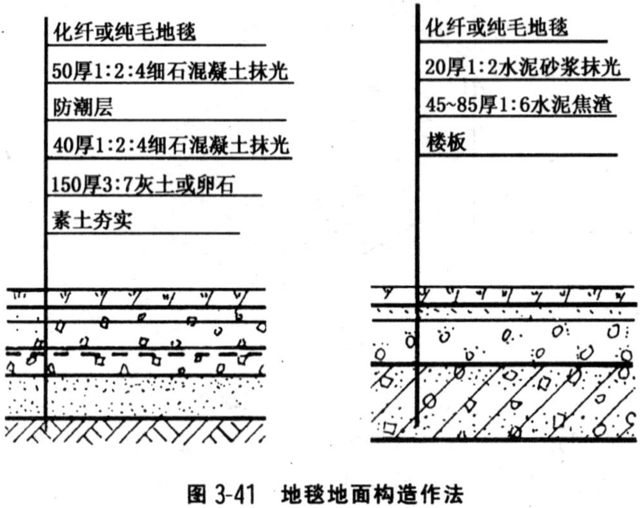

图 3-41　地毯地面构造作法

地毯地面的铺设方法有两种:一种是固定式铺设,另一种是不固定式铺设。根据需要,地毯可以整个地面全部铺设,也可以局部地面铺设。

用固定式方法铺设地毯,一般采用粘结固定法、倒刺板固定法和压条固定法三种方法。粘结固定法是用胶粘剂将地毯背面的周边与地面直接粘合，胶粘的宽度为100～150mm，涂胶用量为每 m^2 约0.05kg，或在地面上将胶粘剂涂成1m见方的方格，再铺上地毯；倒刺板固定法是在房间地面的四周边上，钉上带有朝天钉钩的倒刺板，地毯背面被倒刺板的小钉钩钩住，如图3-42所示；压条固定法是在地毯周围的边上设置20×30(mm)或者10×25(mm)的木压条，用特制的钢钉将木压条和地毯钉入水泥地面上。

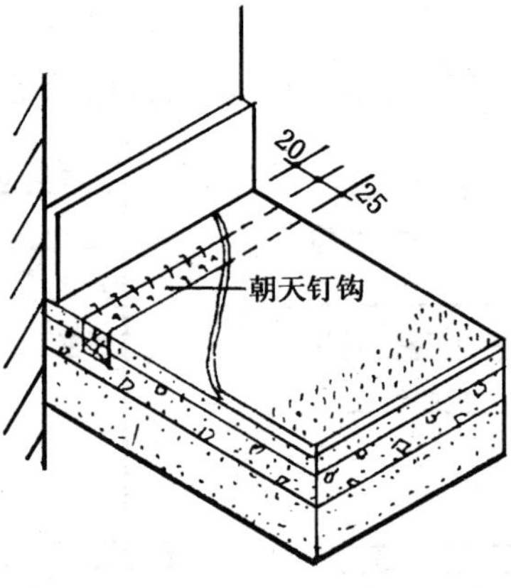

图3-42 倒刺板固定地毯

不固定式铺设地毯，是将地毯按尺寸裁好边，粘结拼缝成为一张整片后，直接摊铺于地上，不与地面粘结，四周沿墙修齐即可。

在楼梯踏步上铺设地毯，有三种固定方法：第一种是用倒刺板固定，将倒刺板钉在踏步面上和踢面阴角的两边，倒刺板之间留出15mm的间隙，以便地毯塞入固定。倒刺板钉钩应

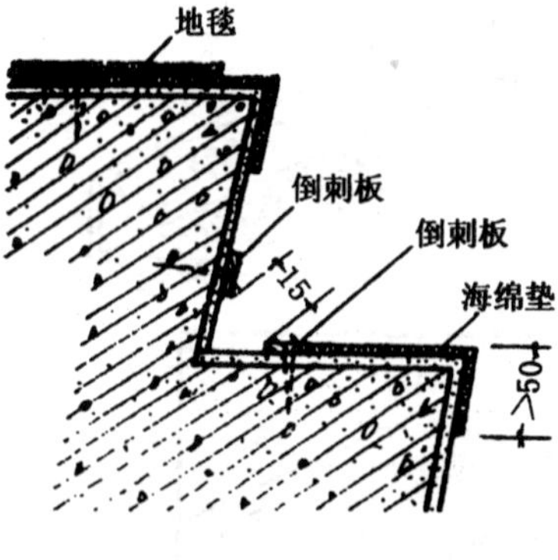

图 3-43 倒刺板固定踏步地毯

倾向阴角面，如图 3-43 所示；第二种固定方法是用挂角条固定，挂角条用厚约 1mm 的铁皮制成，将挂角条用钉子固定于每个踏步阴角处，依靠挂角条两边角的倒刺将地毯固定，如图 3-44 所示；第三种固定方法是用粘结法固定，在楼梯踏步面和踢面上刷胶粘剂直接粘结。

楼梯最高一级踏步与楼层地毯相接处，其连接方法有两种：一种是用木倒刺板对接；另一种固定方法是用铝合金条在踏步阳角处收口，如图 3-45 所示。

地毯在门口处的收口方法，其收口位置应在门扇下门口中部，为了避免门口处地毯被踢起，在地毯收口边需加设铝合金门口压条，门口压条的一边用螺钉固定在地面上，再将地毯毛边塞入压条内压紧，如图 3-46 所示。

在门外，或者地毯与其他材料相接处，可以采用铝合金 L 形倒刺条，或用铝合金锑条将地毯的端边固定并收口，如图 3-47 和图 3-48 所示。

二、施工前的准备工作

1. 施工机具

地毯铺设的施工机具有：裁边机、张紧器、手握裁刀、手推裁刀、油刷、熨斗、弹线粉袋、扁铲、墩拐、锤子、尖嘴钳、直尺、钢卷尺、大撑子、小撑子和吸尘器等。

2. 材料

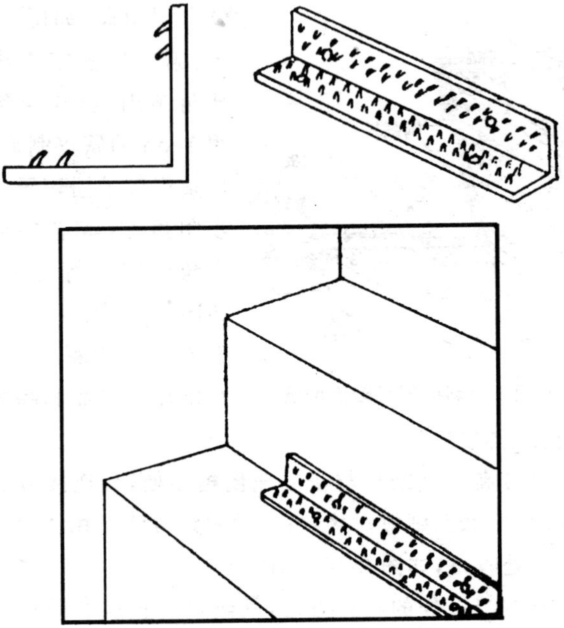

图 3-44　挂角条固定踏步地毯

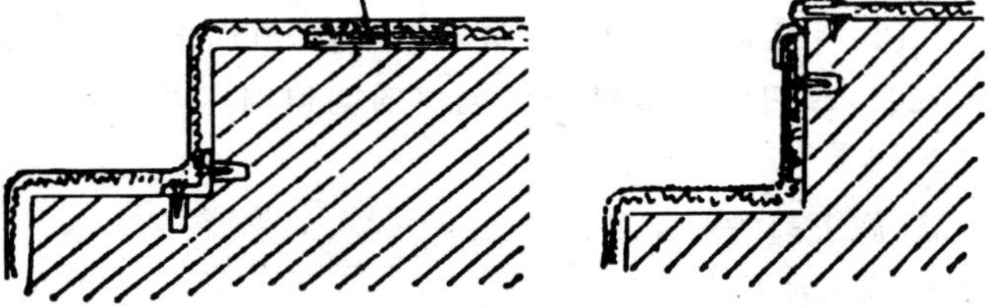

图 3-45　楼梯地毯的收口处理

(a)木倒刺板对接　(b)铝合金条收口

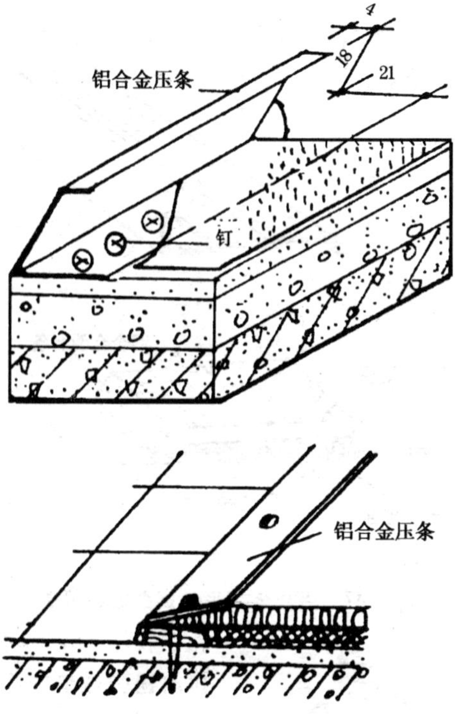

图 3-46　铝合金压条固定

地毯：如纯毛地毯、混纺地毯、合成地毯、剑麻地毯、橡胶地毯、塑料地毯等。

胶粘剂：常用的胶粘剂是由天然乳胶和增稠剂、防霉剂配制而成，应无毒、不霉、快干，一般应在半小时内达到所需要的粘结强度。

倒刺板：在长 1200mm、宽 24～25mm、厚 4～6mm 的三保板条上，斜钉两排朝天小钉钩作挂毯之用，如图 3-49 所示。

收口压条：如图 3-46、图 3-47、图 3-48 所示。

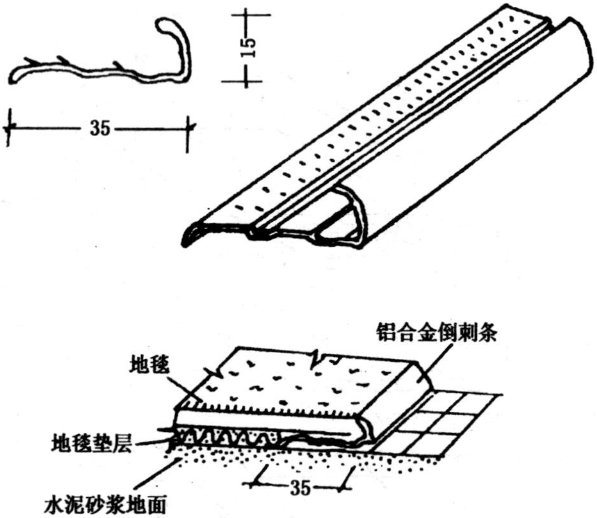

图 3-47　铝合金 L 形倒刺条收口固定

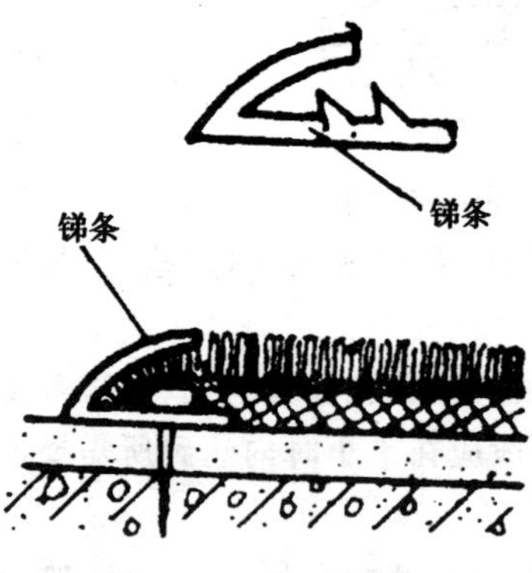

图 3-48　铝合金锑条收口固定

胶带：用于地毯的接缝和地毯弹性垫的固定。

地毯弹性垫：软橡胶制波形垫，放在地毯下。

3. 基层处理

在铺设地毯前，地毯应干燥，含水率不大于 8%。基层表面应平整、干燥、清洁。若有油污，应用丙酮或松节油揩拭干净。高低不平处应用水泥砂浆填嵌平整或用砂轮磨

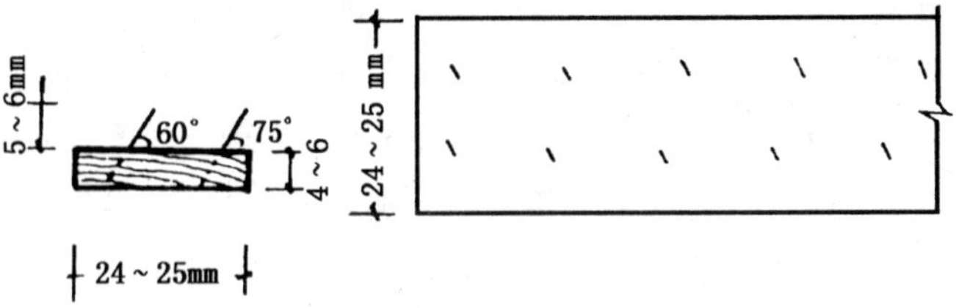

图 3-49 倒刺板

平。

三、施工方法

地毯铺设的施工工艺过程如下：

固定式：裁割地毯→固定倒刺板、收口条→接缝缝合→铺贴→修整、清洁。

不固定式：裁割地毯→接缝缝合→铺设→修整、清洁。

1. 裁割地毯

在裁割地毯前，应测量房间的实际地面尺寸，地毯应按地面长度的实际尺寸加宽 20mm 下料，宽度应扣去地毯边缘计算。然后，在地毯背面弹线。对于大面积的地毯，可用裁边机裁割；小面积地毯，则用手握裁刀从地毯背面裁切。如果是圈绒地毯，应从环毛的中间切开；如为割绒地毯应使切口绒毛整齐。将裁好的地毯卷起编号。

2. 固定倒刺板、收口条

沿墙边和柱边用钉子固定倒刺板，倒刺板应距踢脚板 8mm，钉距 300～400mm。在门口处和地毯与其他材料交接处固定收口条。

3. 接缝缝合

在地毯背面对齐接缝，用直针缝合结实，并在缝合处涂刷一道 50～60mm 宽的白胶，并粘贴上牛皮纸或白布条，或者用塑料胶带纸粘贴保护接缝。而后，将正面铺平，用弯针在接缝处做绒毛密实的缝合，要求表面不得显露拼缝，此法用于有麻布衬底的化纤地毯。粘结时，先在地面上弹一条直线，沿线铺一条麻布带，在带子上涂上一层地毯胶带粘结，但须熨，并用扁铲在接缝处碾压平实。

4. 铺设

地毯的铺设有两种操作方法：第一种方法是将地毯就位，先固定地毯的一边，以大撑子承脚顶住对面的墙或柱子，用大撑子扒齿抓住地毯另一边，安装连接管，通过撑头杠杆的伸缩将地毯张拉平整；第二种方法是，先将地毯的一条长边固定在沿墙的倒刺板上，并将地毯毛边塞入踢脚板下面的空隙内，然后，用小地毯撑子置于地毯上，用手压住撑子，再用膝盖顶住撑子胶垫，从一边向另一边逐步推移，使地毯拉平拉直。铺设时要多人同步作业，反复进行多次，直至拉平为止。最后将地毯固定在倒刺板上，割掉多余部分的地毯。

用胶粘剂粘贴地毯时，可以用油刷将胶液涂刷在地面上，静待5～10分钟，待胶液溶剂挥发后，即可铺贴地毯。涂刷胶液可满刷或部分涂刷。对于人流多的公共场所地面，应采用满刷胶液；对于人流少且搁置家具较多的房间地面，可部分刷胶。即先在房间地面中部涂一块胶，地毯铺设后，用撑子往墙边拉平，再在墙边塞入踢脚板下。当需要拼接时，在接缝处刮一道胶液，并拼合密实。

5. 修整、清洁

地毯铺设完毕，经过修整后将收口条固定住自由边，最后用吸尘器清扫一遍地毯，以保持清洁。

6. 楼梯地毯的铺设

楼梯地毯铺设的质量好坏，与行人行走的安全有关，应确保固定可靠。其施工工艺过程为：测量与剪裁→固定倒刺板和挂角条→铺设地毯。

(1)测量与剪裁。首先测量楼梯踏步的踏面宽度与踢面高度，其次根据楼梯踏步数计算地毯长度，考虑到在使用中对容易磨损部位的挪动，应加长 450～600mm 的余量。剪裁时，按画线并找出地毯的纺织线剪裁。拼缝时，先将地毯两边对正修齐，再将两块地毯用针线粗接起来，最后用胶粘剂贴上麻布，并将拼好的地毯面向内卷起待用。

(2)固定倒刺板和挂角条。倒刺板或挂角条在踏步上的固定，一般用水泥钉，或者在钉位处用电钻打孔，孔内埋入木楔，通过木楔用钉子钉住固定。

(3)铺设地毯。楼梯地毯的铺设，可从上至下逐步进行。最上一级的地毯可用图 3-49 所示的方法固定；每级阴角处的地毯，用扁铲将其绷紧后压入两根倒刺板之间缝隙内；余下的加长部分，可折叠后钉于最下一级踏步的竖板上。当采用粘结法固定时，楼梯表面应冲刷清洗干净，待干燥后在楼梯面上刷胶，每个梯级的平面和竖面各刷一条宽 50mm 的胶液带，再将地毯压贴在楼梯上，使其平整。防滑条应钉在踏步板阳角边缘，然后用不锈钢膨胀螺钉固定，钉距为 150～300mm。

四、常见施工缺陷及预防措施

1. 卷边、翻边

(1)主要原因如下：

①地毯固定不牢。

②地毯粘结不牢。

(2)预防措施如下：

①墙边、柱边应钉好倒刺板，以固定地毯。

②粘结固定地毯时，选用优质地板胶，刷胶应均匀，铺贴

后应拉平压实。

2. 表面不平、打皱、鼓包

(1)主要原因如下：

①地面本身凹凸不平。

②未做拉伸处理。

③地毯受潮变形。

(2)预防措施如下：

①地面表面平整度偏差不应大于 4mm。

②铺设地毯时，必须用大撑子撑头、小撑子或专用张紧器张拉，平整后方可固定。

③地毯铺设后，严防浸湿，雨淋或受潮。

3. 显拼缝、收口不顺直

(1)主要原因如下：

①接缝绒毛未作处理。

②收口处未弹线找直，收口长不顺直。

(2)预防措施如下：

①地毯接缝处用弯针做绒毛密实的缝合。

②收口处先弹线，收口条应跟线钉直。

4. 发霉

(1)主要原因：首层地面未作防潮处理。

(2)预防措施如下：首层地面做防水、防潮处理，铺地毯时，地面含水率不得大于 8%。

5. 拼缝处露底衬、露缝线

(1)主要原因：地毯接缝时未张平。

(2)预防措施：接缝时，用撑子张平伏贴后再缝合。

6. 楼梯地毯位移、绊脚

(1)主要原因如下：

①楼梯踏步阴角两边的地板倒刺木条之间未留有间隙，地毯不能压进阴角内。

②地板倒刺木条上突起的抓钉太稀，抓不住地毯。

(2)预防措施如下：

①楼梯踏步地毯铺设时，在踏步阴角两边的地板倒刺木条应钉牢，并留有1.5cm的间隙，将拉紧后的地毯用扁铲压进阴角间隙，并让地板倒刺木条上的抓钉紧紧抓住地毯。

②倒刺板上的抓钉太稀或损坏时，应加钉或更换抓钉。

7. 踏步转角包覆不实

(1)主要原因如下：

①楼梯踏步地毯铺设时，地毯未拉紧就包覆，地毯未能平伏楼梯的踢板(竖板)与踏板。

②阴角地板倒刺木条上的抓钉未抓住地毯，转角处地毯又未拉紧且包覆不严实。每阶踏板阳角又没有及时钉铝角防滑条，造成转角包覆不实。

(2)预防措施如下：

①楼梯地毯铺设时，应从高一级铺设起，在第一阶转角处用螺钉将铝角防潮条拧紧，然后拉紧地毯，循竖板而下，平伏竖板，并用扁铲将地毯压进阴角内。然后铺达第二阶转角处，同样拉紧地毯，逐级操作。

②凡因包覆不实，影响行人踩踏的楼梯地毯应全部掀掉，重新铺设。

五、施工质量要求

(1)地毯的品种、规格、色泽、图案应符合设计要求；地毯的质地要符合现行的有关标准和产品说明书的规定。

(2)铺贴地毯时，要求地面面层应平整、洁净；铺好的地毯无松弛、起鼓、皱折、翘边等缺陷。

(3)地毯的接缝应粘结牢固,接缝要严密,无明显的接头显露,也不离缝。

(4)地毯的颜色、光泽应基本一致,无明显的错花、错格现象发生。

(5)地毯的周边应与倒刺板嵌挂牢靠、整齐;其在门口处的收口要顺直、牢固。

(6)在踢脚板处的地毯边缘必须严密塞紧,封口要平整。

第四章　顶棚装饰施工

顶棚又称天棚、天花板、平顶。当在顶棚与楼板(或屋面板)之间留有一定空间、将顶棚悬吊在结构层下部时，顶棚亦称吊顶。

顶棚是房间的顶面，它既要满足技术要求，如保温、隔热、隔音或吸声；又要满足艺术要求，是室内装饰的重要组成部分。

顶棚的类型，可以根据外观形式、结构形式、骨架和罩面所用的材料来进行分类。

按顶棚的外观形式，可分为平滑式、分层式、井格式、开敞式、结构顶棚等。

按顶棚的结构形式，可分为直接喷浆顶棚、抹灰顶棚、吊顶棚等。

按顶棚骨架所用的材料不同，可分为木龙骨吊顶、轻钢龙骨吊顶、T形铝合金龙骨吊顶等。

按顶棚的罩面材料不同，可分为灰板条抹灰吊顶、木丝板吊顶、石膏板吊顶、矿棉吸声板吊顶、钙塑装饰板吊顶、塑料板吊顶、纤维水泥加压板吊顶、金属装饰板吊顶等。

另外，还可以用茶色胶镜、金属胶镜、茶色镜面玻璃、铝镁曲板等吊顶。

本章分节介绍顶棚抹灰及线脚抹灰、木龙骨吊顶、U形轻钢龙骨吊顶、T形金属龙骨吊顶、铝合金装饰板吊顶和开敞式吊顶的构造作法，以及施工方法等内容。

第一节 顶棚抹灰及线脚抹灰

顶棚抹灰常用于钢筋混凝土板抹灰顶棚、木吊顶中的板条抹灰顶棚、苇箔钢板网和钢板网抹灰顶棚。

线脚抹灰亦称灰线抹灰、线条抹灰、扯灰线，是传统抹灰工程中的装饰线条抹灰。它利用各种不同的起伏曲直、厚薄不等的线条造型，达到室内装饰的美化效果。在一些要求标准较高的公共和民用建筑中，经常可以见到在其顶棚四周、梁底、柱顶以及吊顶周围等处采用灰线抹灰，如图 4-1 所示。

图 4-1 装饰线脚抹灰

一、构造作法

1. 钢筋混凝土板抹灰顶棚

钢筋混凝土板抹灰顶棚的基层，有现浇钢筋混凝土板和预制钢筋混凝土板两种，其构造见图 4-2。

图 4-2 抹灰顶棚

由于基层不同,其构造分层作法亦不同,见表 4-1。

表 4-1　混凝土板顶棚抹灰分层作法

名　　称	分　层　作　法	厚度(mm)	施　工　要　点
现浇混凝土楼板顶棚抹灰	①1∶0.5∶1 水泥石灰混合砂浆抹底层 ②1∶3∶9 水泥石灰砂浆抹中层 ③纸筋石灰或麻刀石灰抹面层	2 6 2 或 3	纸筋石灰配合比是,白灰膏∶纸筋＝100∶1.2(重量比) 麻刀石灰配合比是,白灰膏∶细麻刀＝100∶1.7(重量比)
	①1∶0.2∶4 水泥纸筋砂浆抹底层 ②1∶0.2∶4 水泥纸筋砂浆抹中层找平 ③纸筋灰罩面	2～3 10 2	
	①1∶0.5∶4 水泥石灰砂浆抹底层 ②1∶0.5∶4 水泥石灰砂浆抹中层 ③纸筋灰罩面	4 4	底层与中层抹灰要连续操作
	①1∶0.3∶6 水泥纸筋灰砂浆抹底层、中层 ②1∶0.2∶6 水泥细纸筋灰罩面压光	7 5	适用机械喷涂抹灰
	①1∶1 水泥砂浆(加水泥重量 2%的聚醋酸乙烯乳液)抹底层 ②1∶3∶9 水泥石灰砂浆抹中层 ③纸筋灰罩面	2 6 2	①适用于高级装修工程 ②底层抹灰需养护 2～3 天后,再做找平层

注:①本表所列配合比无注明者为体积比;②水泥 325 号以上,石灰为含水率 50%的石灰膏;③抹灰前将预制板缝勾实、勾平。

2. 板条、苇箔金属网及钢板网顶棚抹灰

板条、苇箔金属网及钢板网顶棚抹灰应分层进行,其构造层次见表 4-2。

表 4-2 板条、苇箔金属网及钢板网顶棚抹灰分层作法

名称	分层作法	厚度(mm)	施工要点
板条、苇箔金属网顶棚抹灰	①纸筋石灰或麻刀石灰砂浆抹底层 ②纸筋石灰或麻刀石灰砂浆抹中层 ③1∶2.5 石灰砂浆(略掺麻刀)找平 ④纸筋石灰或麻刀石灰砂浆罩面	3～6 3～6 2～3 2 或 3	底层砂浆应压入板条缝或网眼内,形成转脚结合牢固
	①1∶0.2∶2 石灰水泥砂浆(略掺麻刀)抹底层,灰浆要挤入网眼中 ②挂麻丁,将小束麻丝每隔 30cm 左右挂在钢板网网眼上,两端纤维垂下,长 25cm ③1∶2 石灰砂浆抹中层,分两遍成活,每遍将悬挂的麻丁向四周散开 1/2,抹入灰浆中 ④纸筋灰罩面	3 3 2	①钢板网吊顶龙骨以 40cm×40cm 方格为宜 ②为避免木龙骨收缩变形使抹灰层开裂,可使用 ϕ6 钢筋钉在木龙骨上,然后用铁丝把钢板网撑紧,绑扎在钢筋上 ③适用于大面积厅室等高级装修工程

注:①本表所列配合比无注明者为体积比;②水泥 325 号以上,石灰为含水率 50%的石灰膏。

3. 线脚抹灰

装饰线脚有整体抹灰和预制粘贴两种作法。整体抹灰是用灰浆在顶棚上现场扯制。预制粘贴是先做线脚预制块,然后在现场粘贴。装饰线脚的式样很多,较简单的顶棚灰线线脚尺寸如图 4-3 所示,复杂的灰线线脚可根据装饰要求设计。

二、施工前的准备工作

1. 施工机具

顶棚抹灰的常用工具有铁抹子、钢皮抹子、压子、塑料抹子、木抹子、阴角抹子、圆阴角抹子、塑料阴角抹子、阳角抹子、

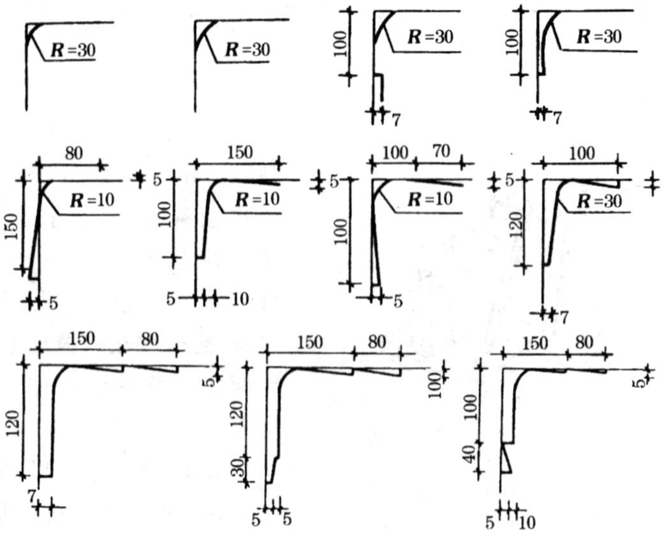

图 4-3 顶棚线脚尺寸

圆阳角抹子、捋角器、小压子、大小鸭嘴、托灰板、木杠、软刮尺、八字靠尺、靠尺板、钢筋卡子、方尺、托线板和线锤、分格条、量尺、木水平尺、阴角器、长毛刷、猪鬃刷、鸡腿刷、钢丝刷、茅草帚、小水桶、喷壶、水壶、粉线包、墨斗。

线脚抹灰除了使用上述工具外,还需要按照线脚的尺寸大小及形状,先做出木制的足尺灰线模型,用模型来扯制线脚。这种模型分死模和活模两种。

(1)死模。也称“死马”,适用于顶棚四周与墙面交接处设置的灰线抹灰,以及较大的灰线抹灰。如图 4-4 所示,死模中间的一块木板称模身,其边缘有灰线处称模口,在模口包以白铁皮,以减少抹灰时的摩擦阻力;顶面的一块木板称为模侧板,在模侧板上钉金属片或长方形小木块称模头,在抹灰线时,模头紧靠上靠尺;底面的木板称模底板,底板下面钉有一根小木条，抹灰线时，小木条坐在下靠尺上。利用上下两根固定靠尺做轨道，拉出线条。因为模身不能在靠尺中间取下，故称死模。

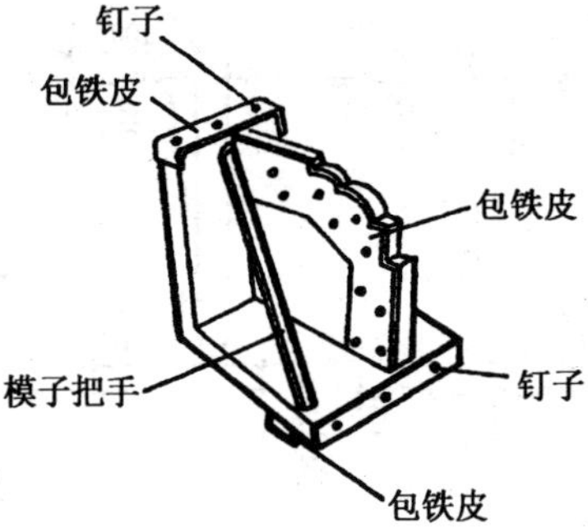

图 4-4 死模

(2)活模。也称“活马”，适用于梁底线脚、灯座周围线脚及门窗套线脚。活模一般由模身和模口组成，模口包白铁皮。使用时，活模靠在一根尺上，用两手握模捋出线脚来。见图 4-5。

图 4-6 是一种圆形灰线活模，它适用于室内顶

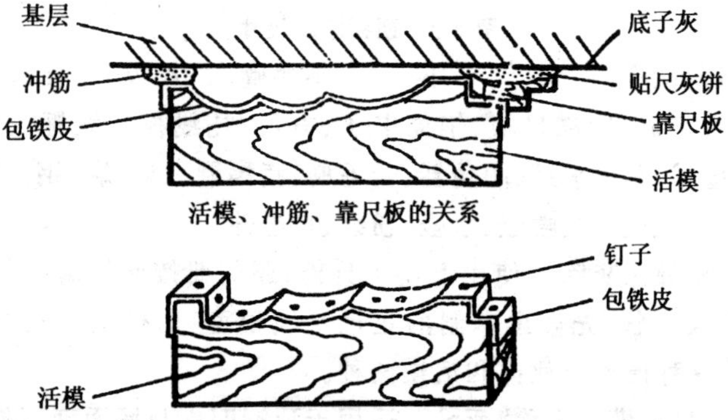

图 4-5 活模

棚上的圆形灯座线脚及半圆形门窗洞口顶部的线脚。它的一端为线脚木模，另一端按圆形灰线半径长度钻一小孔。操作时，将有孔的一端用钉固定在圆形灰线的中心点上，另一端木

模即可在半径范围内绕中心移动，扯制出圆形灰线。

图 4-6　圆形灰线活模

(3)合页式喂灰板

合页式喂灰板是配合死模抹灰线的上灰工具。它是根据灰线大致形状，用铁丝将两块或数块木板穿孔连接，能折叠转动，使灰线接角光滑，如图 4-7 所示。

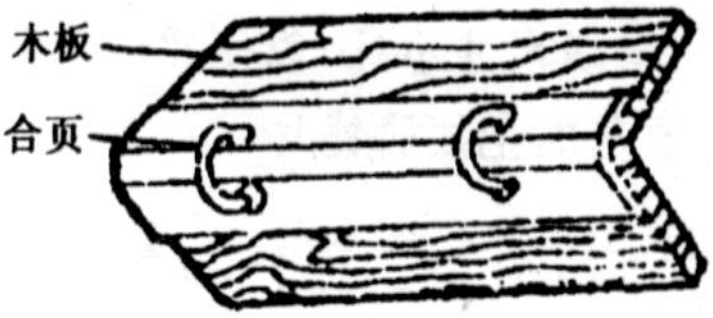

图 4-7　合页式喂灰板

(4)接角直尺

它是用来合拢灰线阴角接头的常用工具，如图 4-8。接角直尺是用硬木制成的，有斜度的一边为刮灰的工作面，它的大小长短以镶接合拢长度来确定，两端成 45°斜角。使用接角直尺的优点是便于操作时能伸至合角的尽端，又不致碰坏另一边已镶好的灰线。

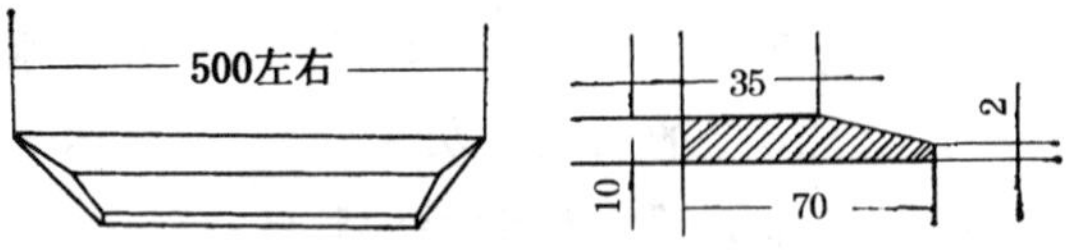

图 4-8　灰线接角直尺

2. 材料

顶棚抹灰所用的材料有：水泥、石灰膏、砂、纤维材料（麻刀、纸筋、草秸）、107 胶等。

线脚抹灰所用材料按所在部位的不同而不同，室内装饰线脚常用纸筋灰、水泥纸筋灰和石膏灰浆。

3. 基层处理

抹灰之前应检查楼板：检查板缝是否用细石混凝土灌实，并用水加10%火碱清洗表面油污；对于光滑的混凝土楼板表面应予凿毛。抹灰前，先在清洁干净的混凝土楼板表面刷一道水灰比为0.37～0.40的素水泥浆，并在其内掺入水泥重量3%～5%的107胶。

在进行顶棚灰线抹灰前，首先应对墙面四角找方，不仅阳角要方正，阴角也要归方。找方的方法一般与抹灰时找规矩相同，要找出顶棚抹灰的厚度，并弹出水平线。先抹墙面的底层、中层灰，靠顶棚处的墙面要留出灰线尺寸不抹，以便在中层灰上粘贴靠尺板，避免后抹底、中层灰时把线脚碰坏。

三、施工方法

1. 钢筋混凝土板顶棚抹灰

(1)找规矩。顶棚抹灰通常不做标志块和标筋，用目测的方法控制平整度，以无明显高低不平及接茬痕迹为度。因此，在找规矩时，可以先根据顶棚的水平线来确定抹灰的厚度，然后在墙面四周与顶棚交接处弹出水平线，以此作为控制抹灰的水平标准。

(2)抹底、中层灰。一般底层砂浆采用配合比为水泥：石灰膏：砂＝1：0.5：1的水泥石灰膏砂浆，底层抹灰厚度一般为2mm，用铁皮抹子用力压实，越薄越好。

底灰抹完后，紧跟着抹第二遍中层灰并找平。中层灰的厚度为6mm左右。抹过之后，用软刮尺刮平赶匀，随刮随用长毛刷子将抹印顺平，再用木抹子搓平，在顶棚管道周围处可用小工具顺平。

抹灰顺序，一般是由前往后退，并注意方向必须与混凝土板板缝或模板木纹方向垂直，以利于将砂浆挤入缝内，结合牢固。

抹灰时，厚薄应掌握适度，太厚容易掉灰，太薄则不易找平。抹后，用软刮尺赶平，如平整度欠佳，应再补抹和赶平。但不宜多次修补，反复修补容易搅动底灰而引起掉灰；如底层砂浆吸水快，应及时洒水，以保证底层粘结牢固。

在顶棚与墙面交接处，一般是在墙面抹灰完成后再做顶棚抹灰；也可以在抹顶棚时，对距顶棚 20～30cm 的墙面同时完成抹灰，方法是用铁抹子在墙面与顶棚交角处添上砂浆，用木阴角器抽平压直即可。

(3)抹面层灰。待中层灰干燥至六成至七成，用手指捺而不软但有指印时，再开始抹面层灰。如底层砂浆过于干燥，应先洒水湿润，而后再抹面层灰。

面层灰一般是用纸筋石灰或者麻刀石灰。纸筋石灰的重量比为白灰膏：纸筋＝100：1.2；麻刀石灰的重量配合比为白灰膏：细麻刀＝100：1.7。

抹纸筋石灰或麻刀石灰时，一般用钢皮抹子或塑料抹子分两遍成活：第一遍抹得越薄越好，抹子要稍持平，抹完后，等待灰浆稍干，再用塑料抹子或小压子顺着抹纹压实压光。

2. 板条、苇箔及金属网顶棚抹灰

先在木龙骨上钉木板条、苇箔或金属网，再在其上抹麻刀灰。板条宽度不大于 35mm，厚度为 7～10mm。板条与小龙骨应垂直铺钉，间隙为 9mm 左右，以便让底灰挤入板条间隙及背面。板条接头应在小龙骨上，接缝宽为 3～5mm。

为了避免因板条端头接缝在一条龙骨上过长，从而导致抹灰开裂、脱落，当板条搭接长度超过 500mm 时，必须使接缝错开，板条表面应顺平，要求在 2m 长度以内，凸凹偏差不大于 10mm。

当在板条上抹灰时，在抹灰前应先将板条洒水湿润。然后从墙角顶棚开始横着板条方向抹底层砂浆。抹时应将纸筋石灰或麻刀石灰用铁抹子用力来回压抹，将灰膏挤入板条缝隙中，形成转角如图 4-9。紧接着按同方向再抹一层，用铁抹子按鱼鳞式抹压。稍停一会，再抹石灰砂浆找平，用软刮尺前后左右刮平，不必压光，但要用木抹子搓平。待找平灰达到六七成干时，再用铁抹子顺板条方向抹罩面灰，抹时接茬要平整，抹纹要顺直，揉实压光。

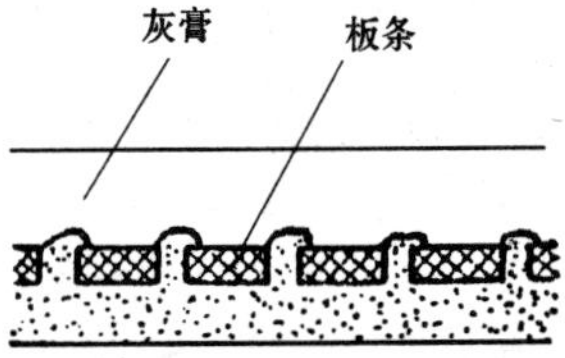

图 4-9 灰膏压入板条内嵌固

罩面灰要二遍成活，头一遍要薄薄地抹一层，二遍找平压光。面层抹完，待灰浆稍收水后，就要立即压光除去起泡和抹纹，压晚了则压不出光面，而且越压越不平，还要出现黑抹子印。

苇箔顶棚抹灰的施工方法，与板条抹灰基本相同。但在抹底层灰时，先顺着苇箔抹，然后再横着抹压，要比板条抹灰稍用力。

金属网顶棚抹灰，抹灰前要洒水湿润基体表面，底层砂浆应用力挤压到钢板网中，紧接着抹第二遍，并压入第一遍砂浆中，头两遍作为打底。待第二遍六七成干时，用石灰砂浆抹灰找平，软刮尺刮平。待找平层六七成干时，抹罩面纸筋灰或麻刀灰，用钢皮抹子揉实压光。

大面积顶棚及高级抹灰顶棚，由于抹灰厚度增加，应加钉麻丝束，麻丝束间距 400mm，并交错布置。麻丝长度 350～450mm，在抹灰前用骑马钉钉在小龙骨上。抹灰时，分遍将麻丝束按放射状梳理抹进中层砂浆中，如图 4-10 所示。方法是在底层灰七成干后，抹第二遍罩面纸筋灰时，将一半的麻丝梳理均匀，分别粘贴在抹灰层上，粘成燕尾形。待第二遍砂浆七成干后抹第三遍时，将余下的一半麻丝束均匀分开粘贴在抹灰层上，刮平并用木抹子抹平。

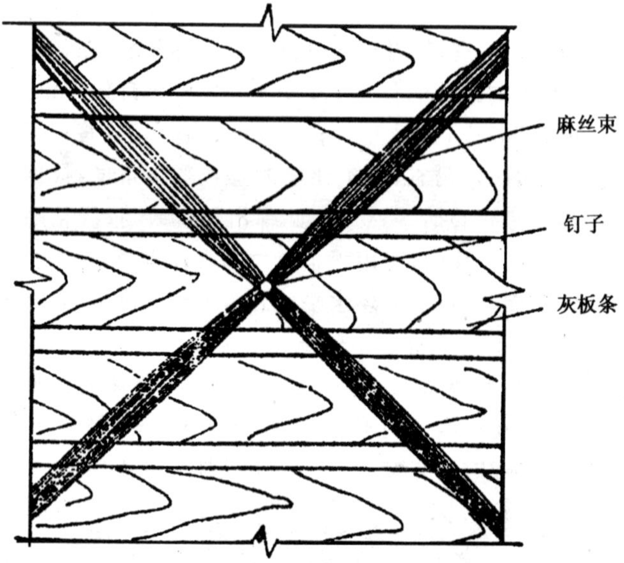

图 4-10　麻丝束布置

3. 线脚抹灰

(1)简单线脚。对于顶棚灯座周围的简单圆形灰线，可使用活模扯制。操作前应根据顶棚抹灰层厚度，将顶棚底角及中层抹好灰，留出灯位灰线部分，或者先抹一条比灯位线稍宽的圆形冲筋，作为扯制灰线和活模运行的依据。在扯制灰线前，应先找准中心点，然后将活模一端钉在中心点上，并使其能灵活转动；扯制灰线时，用活模绕中心往返扯动，这样就将灰线扯抹成型。

(2)多线条灰线。对于多线条灰线，因其部位不同，需要分别使用死模和活模进行操作：

①死模双尺操作法。在墙面底中层灰抹完后，根据墙面水平线，量出线脚下口位置，根据线脚下口水平线贴好下靠尺，称为稳尺。粘贴稳尺的方法，是用纸筋石灰：水泥＝1：1的水泥混合砂浆灰饼，或者用石膏灰来粘贴靠尺板。在靠尺板稳平后，如果能找出砖缝位置，用铁钉将靠尺板钉住，则更牢固可靠。下靠尺稳定后，沿四周墙面校正一遍。然后将死模坐在下靠尺上，用线锤吊直，找正死模的垂直平正角度，根据模头外侧定出上靠尺位置。然后按此弹出位置线，依线粘贴上靠尺。如果是板条顶棚，可用板条或竹条夹住上靠尺。上、下靠尺要粘贴牢固，出进上下要水平一致。死模坐入后，上下灰口要适宜，如图4-11所示。

死模推拉时要自如，不卡死、不松动，如有阻碍和偏差可校正上靠尺。靠尺两端头不能抵墙，应留有大于死模宽度的距离，以便安放和取出死模。

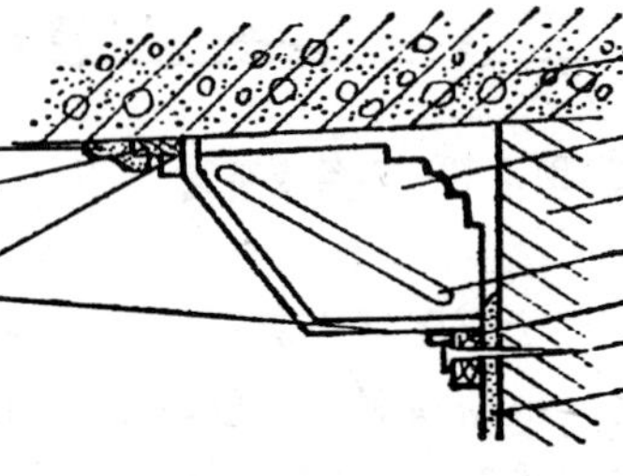

图4-11　死模安装示意图

为防止一次涂抹砂浆过厚而造成起鼓开裂现象，灰线扯制要分层进行。当粘贴靠尺的灰饼干硬后，先薄薄地抹一层1：1：1水泥石灰砂浆，其内略掺麻刀，使其与混凝土顶棚粘结牢固。接着用1：1：4水泥石灰砂浆，其内略掺麻刀，一层层地抹次一道垫层灰，垫层灰厚度由灰线尺寸决定。随时推动死模，超过灰线面的多余砂浆要及时刮掉，低凹处随即添加砂浆补平，直至灰线表面砂浆饱满为止。成型后，将死模倒拉一次，以便于在抹第三、第四道出灰线时不卡模。

抹后的第二天应先用 1∶2 石灰砂浆抹一遍出线灰，再用纸筋灰罩面。石灰砂浆所用的细砂，要用 3mm 筛孔的筛子筛过。扯制罩面灰的方法与上述出线灰操作基本相同，但应使用喂灰板上灰。扯制时，一人在前将罩面灰放在喂灰板上，双手托起，使灰浆紧贴灰线的出线灰上，并将喂灰板顶住死模模口进行喂灰，另一人在后推动死模，如图 4-12 所示。待基本推出棱角时，用细纸筋灰罩面，直推至灰线棱角整齐光滑。推灰之后取下死模，刷洗干净。两次推抹后，罩面灰的厚度不应超过 2mm。

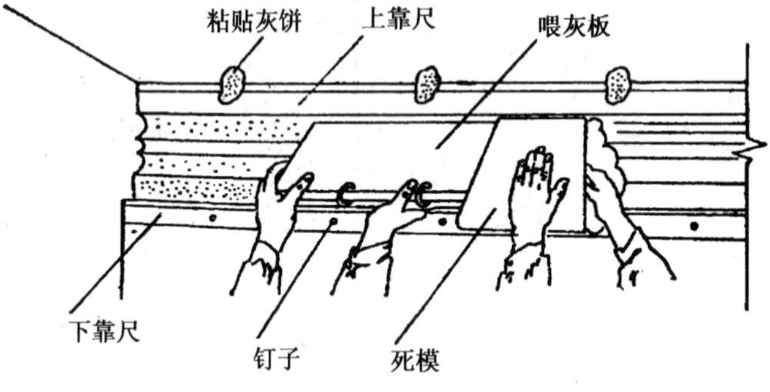

图 4-12　喂灰板操作

扯模和喂灰的操作，要求动作协调、脚步平稳，使喂灰板依靠死模的推动前进。推抹罩面灰，应分次连续作业，死模只能往前推，不能往后拉，无论是扯制出灰线还是扯制罩面灰，模头及模底板下面的小木条都要始终紧紧地靠在上、下靠尺板上，用力要均匀，保持死模平稳地沿轨道缓缓向前。

如果是抹石膏灰线，应在底、中层灰和出线灰抹完并有六七成干时，稍稍洒些水湿润，再用自己配好的4：6的石灰石膏浆罩面，灰浆要控制在7～10分钟内用完。

②死模单尺操作法。这种方法是只用下靠尺，不用上靠尺，上靠尺是用预先抹好的顶棚中层砂浆的冲筋压光条来代替的。这样就减少了粘贴上靠尺的工序，但操作难度比双靠尺大。简单的灰线，多用这种方法，如图4-13所示。其操作准备与双靠尺基本相同。操作时，将死模卡在下靠尺上，左手把死模紧靠在顶棚抹灰层上，用右手推动死模，行走推模要稳。其他操作与死模双尺操作法相同。

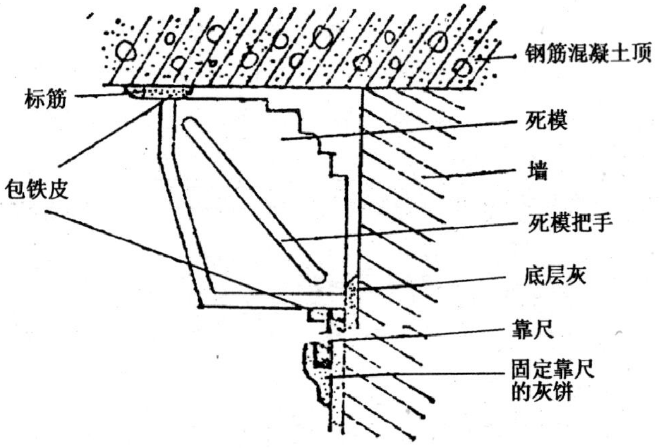

图4-13　死模单尺操作

③活模操作法。活模的操作方法与死模单尺操作法基本相同。活模的一边靠在靠尺板上，另一边紧贴在标筋上，用手推模而捋出线条。如图4-14所示。

(3)灰线接头。灰线接头也称合拢，是难度较大的操作，要

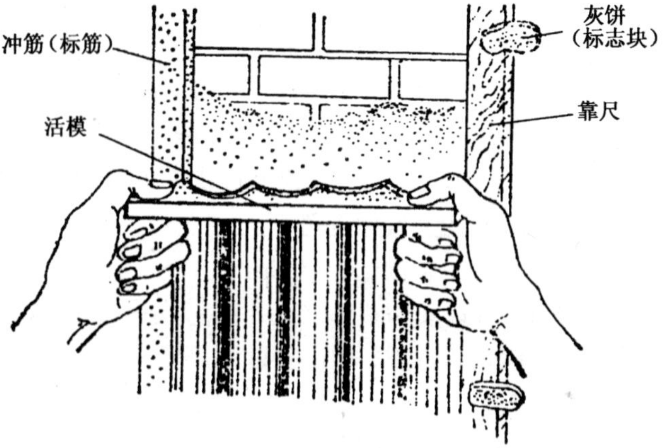

图 4-14　活模操作

求与四周已扯制好的灰线互相镶接贯通,使其棱角、尺寸大小及凹凸形状成为一个整体。为此,要求操作人员不但技术熟练,而且要能细心领会灰线每个细小组成部位的结构,掌握灰线接角的方法。

①接阴角的方法。当房间四周灰线抹完之后,拆除靠尺,切齐甩茬,然后连接,方法是先用抹子抹灰线的各层次,当抹上出灰线及罩面灰后,分别用灰线接角直尺的一边轻接已成活的灰线作为规矩,一边刮接角的灰线,使之成型。成型之后再用铁皮或竹皮修整使之不显接茬,最后用排笔轻刷,要求接头阴角的交线与立墙阳角的交线在一个平面之内。

②接阳角的方法。接阳角前,先要找出垛、柱阳角的距离,确定布线的位置,俗称“过线”。过线的方法是用方尺套在已成型灰线的墙面上,用小线锤按在顶棚灰线的外口(要与线口齐),吊在方尺水平面上端,用铅笔在方尺上画一条点线,再将方尺移在垛、柱上,紧贴顶棚将方尺上的点线过到顶棚上,就

成为垛、柱靠顶棚上面需要尺寸。然后用方尺与已成型灰线的上端放平，一头与短线比齐，再用铅笔画一条长线，直至形成灰线，一头至垛、柱最外口。在垛柱的另一面，用同样的方法求出所需要的线（总称灰线上口线）。过下口线只需将两边的成型线下口用方尺套在垛、柱上，与成型灰线最下面画齐即可。过好线后，即可抹扯线上做好接角。

操作时，应严格控制位置，不要超出上、下口的划线，先接阴角，后接阳角。抹时要与成型灰线相同，大小一致。抹后应仔细检查，要求阴阳角方正、成一直线。

4. 预制石膏花饰线脚

预制花饰线脚所用的材料，多数为石膏，也有的用水泥砂浆制成，但须进行表面处理。

（1）预制花饰线脚的制作。制作预制石膏花饰线脚，应先根据线脚形状作阴模，在阴模内浇制线脚。浇制时，先在阴模内浇一层明胶膜，胶膜宜薄不宜厚，结膜后在明胶膜花饰表面均匀涂刷一层无色纯净的油脂，不得漏刷和过厚。然后，将石膏粉调成石膏浆，石膏浆的重量配合比一般为石膏：水＝1：0.6～0.8，可以视石膏粉的性能做适当调整。石膏浆应用竹丝帚不停地搅拌，使其无块粒并稠度均匀。石膏浆拌制好以后，随即注入模具内约2/3容量，然后将模具轻轻振动。使石膏浆在花饰处充填密实，再掺入麻丝类纤维（不得夹杂金属丝，以防出现氧化锈斑），使其在运输和镶贴时不易断裂。掺入麻丝后，再继续浇注石膏浆至模口，待其稍结硬后，用直尺刮尺将背面划毛。翻模的时间一般控制在5～10分钟内，习惯的方法是用手摸时有热感即可翻模。

做好的石膏预制品要编号和注明使用部位，并平稳放置，通风干燥，不可堆叠码放。

当采用水泥浆预制花饰线脚时，阴模表面应先用白水泥填入作为衬底，然后再注入水泥砂浆，并在水泥砂浆中间放一层 ϕ3 钢丝网片，以加强牢固度。待稍收水后即可脱模，并应妥善安放养护。

预制花饰线脚在装饰商店也有出售，并且花样品种较多，可根据需要选择，从而省却了现制线脚的麻烦。

（2）预制花饰线脚的镶贴。顶棚预制花饰线脚的镶贴，一般用石膏浆粘贴，再用木螺丝固定。镶贴前应将基层清理干净，粘结层必须牢固平整，并根据设计要求的位置、尺寸预先弹线，然后按图试排。

镶贴时，先在背面用水润湿后，抹上石膏浆，然后将预制花饰线脚粘贴于基层位置，并作临时固定。

装饰线脚也可以用整体抹灰扯模和预制镶贴相结合的作法，先做好整体花饰线脚，而后清理好基层，再弹线，按镶贴工艺要求进行镶贴预制部分的花饰线脚。

镶贴于顶棚和梁底的预制花饰，应在顶棚或梁底预留木榫，安贴时除涂抹石膏浆外，还要以木螺丝做固定。

四、常见施工缺陷及预防措施

1. 裂缝和空鼓

现浇钢筋混凝土楼板板底抹灰，在边角产生不规则裂缝，中部产生通长裂缝；预制钢筋混凝土楼板则沿板缝产生纵向裂缝和空鼓。

（1）主要原因如下：

①基层未清理干净，抹灰前浇水不透或砂浆配合比不当，底层砂浆与楼板粘结不牢，产生空鼓裂缝。

②预制钢筋混凝土楼板安装不严，相邻板高低偏差大，造成厚薄不均，产生空鼓、裂缝。

③预制钢筋混凝土楼板安装排缝不均匀，灌缝不密实，在挠曲变形时，板缝方向出现通长裂缝。

(2)预防措施如下：

①严格按施工操作方法进行施工。

②控制好砂浆配合比。

2. 板条抹灰不平，产生空鼓、开裂

(1)主要原因如下：

①基层龙骨、板条等木料的材质不好，含水率过大，龙骨截面尺寸不够，接头不严，起拱不准，抹灰后产生较大挠度。

②板条未钉牢，板条间隙过大或过小，两端未分段错茬接缝，或未留缝隙，造成板条吸水膨胀和干缩应力集中，基层表面凹凸偏差过大，抹灰层厚薄不均匀与板条粘结不良，引起与板条方向平行的裂缝及接头处裂缝，甚至空鼓脱落。

③灰浆配合比和操作不当，各层抹灰时间掌握不好。

(2)预防措施如下：

①应严格按施工操作方法进行。

②选用优质材料，木材含水率、截面尺寸应符合要求。

③吊顶龙骨间距、接头、起拱均应符合设计要求。

3. 金属网抹灰不平，发生空鼓、开裂

(1)主要原因如下：

①砂浆水灰比较大，而养护又不好，出现裂缝。

②找平层采用麻刀石灰砂浆，底层采用水泥混合砂浆，由于收缩变形不一致，导致产生空鼓、裂缝，甚至抹灰脱落。

③金属网具有弹性，抹灰后产生挠曲变形，引起抹灰层开裂脱壳。

④施工操作不当，吊筋木材含水率过高，接头不紧密，起拱不准等，使抹灰层厚薄不均匀，抹灰层厚的部位易发生空

鼓、开裂。

(2)预防措施如下：

①严格按照施工操作方法进行施工。

②注意掌握好砂浆种类、配合比和水灰比。

第二节　木龙骨吊顶

木龙骨吊顶或称木吊顶，是以木材作为吊顶的基层，是吊顶的传统作法。

一、构造作法

木吊顶的组成，主要由吊杆(或吊筋)、大龙骨、小龙骨和面层组成。如图4-15所示。

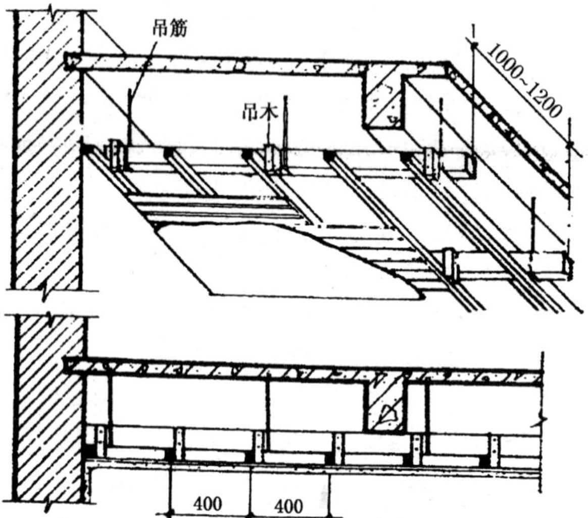

图4-15　木吊顶的构造

1. 吊杆及其与上部结构的连接

木吊顶的吊杆，在钢筋混凝土板下吊顶时，一般采用 ϕ6、ϕ8 钢筋制作；在木屋架下吊顶时，多采用 50×50(mm)的方木制作。吊杆与上部结构构件的连接方法有以下几种：

(1)当吊顶上部为预制钢筋混凝土楼板时，将 ϕ6、ϕ8 钢筋从板缝中预埋伸出，上部横放 ϕ10 的钢筋棒将钢筋锚住。吊杆可以此为吊点穿绕或焊接固定。如图 4-16 所示。

(2)在现浇钢筋混凝土楼板下固定吊杆，可采用如下作法：

①预埋 ϕ6 或 ϕ8 钢筋，一端弯折后锚固在楼板中，另一端伸出板外吊杆与其焊接。如第 324 页图 4-17 所示。

②在现浇钢筋混凝土板底预埋焊有半圆钢环的钢板，将吊杆绕在钢环上固定。如第 325 页图 4-18 所示。

③用射钉把焊有半圆钢环的钢板固定到钢筋混凝土板底，吊杆绕于钢环上。如第 326 页图 4-19 所示。

④在钢筋混凝土板底预埋焊有 ϕ10 连接筋的钢板，吊杆焊于连接筋上。如第 327 页图 4-20 所示。

⑤用射钉固定 L50×5 角钢，吊杆从角钢的钻孔中穿绕。如第 327 页图 4-21 所示。

⑥用射钉枪将带孔的钉打入混凝土板，在孔内穿镀锌铁丝吊杆。如第 328 页图 4-22 所示。

⑦在吊点位置，用冲击电钻打孔，设置膨胀螺栓，以固定吊杆。钻孔深度等于膨胀螺栓长度，钻孔直径根据螺栓直径确定。膨胀螺栓的使用参数见第 324 页表 4-3。

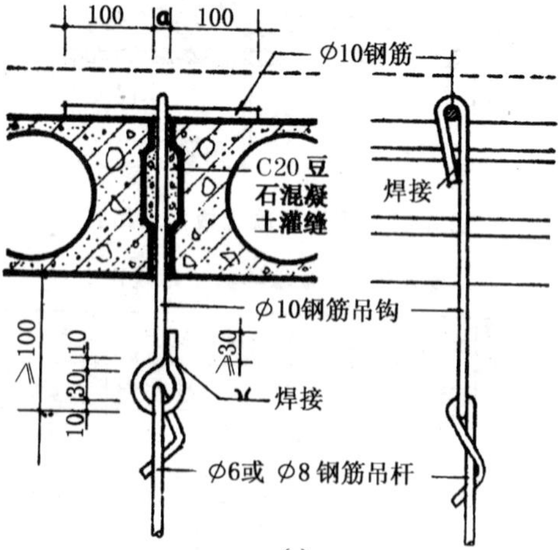

(a)

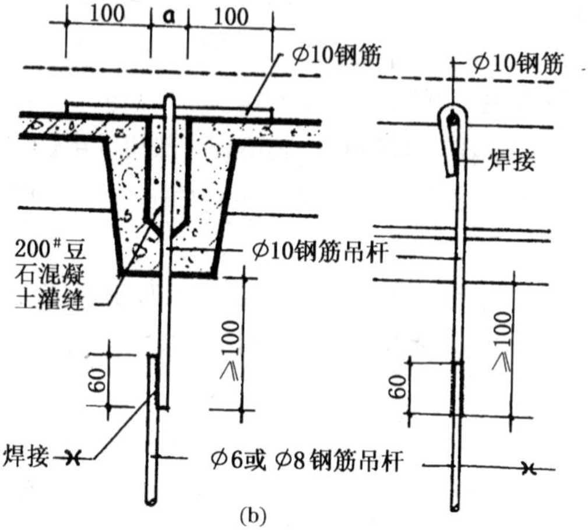

(b)

图 4-16　预制板上固定吊杆

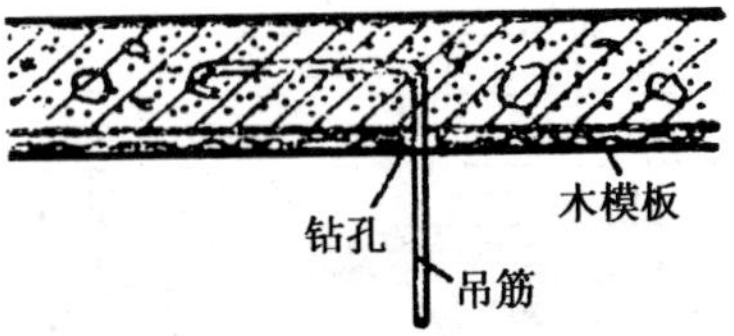

图 4-17　现浇混凝土板预埋吊杆

表 4-3　膨胀螺栓的使用规定

螺栓直径	M6	M8	M10	M12	M16
钻孔直径(mm)	ϕ10.5	ϕ12.5	ϕ14.5	ϕ19	ϕ23
钻孔深度(mm)	40	50	60	75	100
允许拉力(N)	2400	4400	700	10300	19400
允许剪力(N)	1800	3000	5200	7400	14400

注:上列数据系膨胀螺栓与不低于 C15 混凝土锚固时的技术参考数据。

⑧连接吊杆的方法是,先用膨胀螺栓固定木方或角铁作吊点,然后将吊杆与吊点连接。木方截面尺寸约 40×50(mm)。如第 328 页图 4-23 所示。

(3)在木屋架下做吊顶时,其吊杆一般用 8＃铁丝附加 40×40(mm)的撑木,或者用 40×40(mm)的木吊杆。如第 329 页图 4-24 所示。

吊杆与上部的连接方法,还要考虑顶棚的荷载大小及龙骨类型而定。上述连接方法亦可用于其他龙骨类型的吊顶。

2. 龙骨(搁栅)

龙骨是木龙骨吊顶的基层,由大龙骨、小龙骨组成。

大龙骨又称主龙骨、主梁,它直接与吊杆相连,常用断面尺寸为 50×60～80(mm),间距 1200～1500mm。大龙骨与吊杆的连接方法可以用绑扎、螺栓固定,也可用铁钉钉牢。如第 329 页图 4-25 所示。

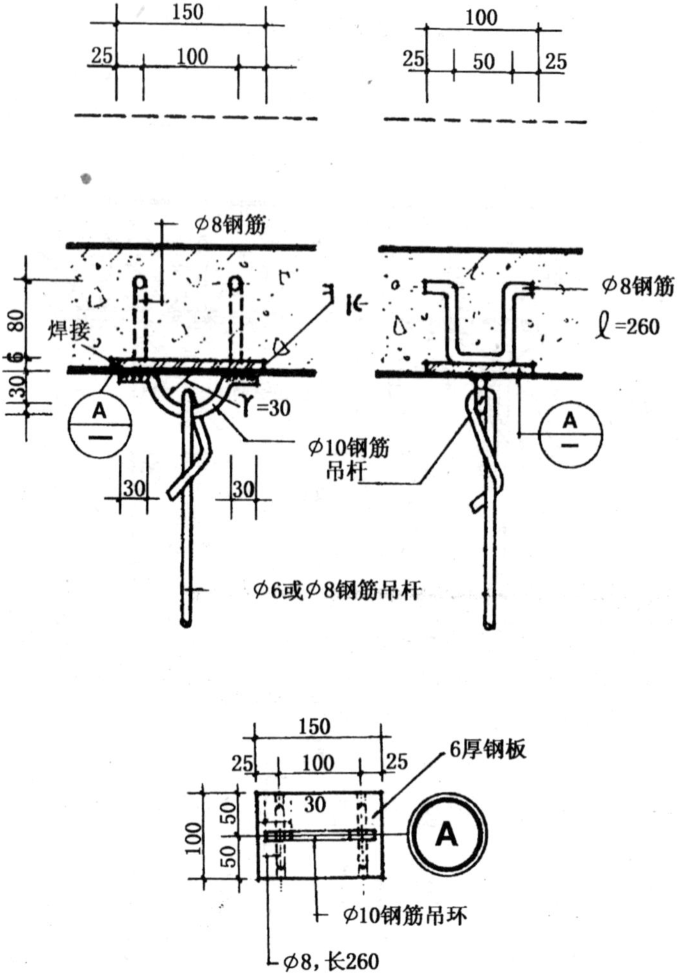

图 4-18　现浇钢筋混凝土板底预埋钢板

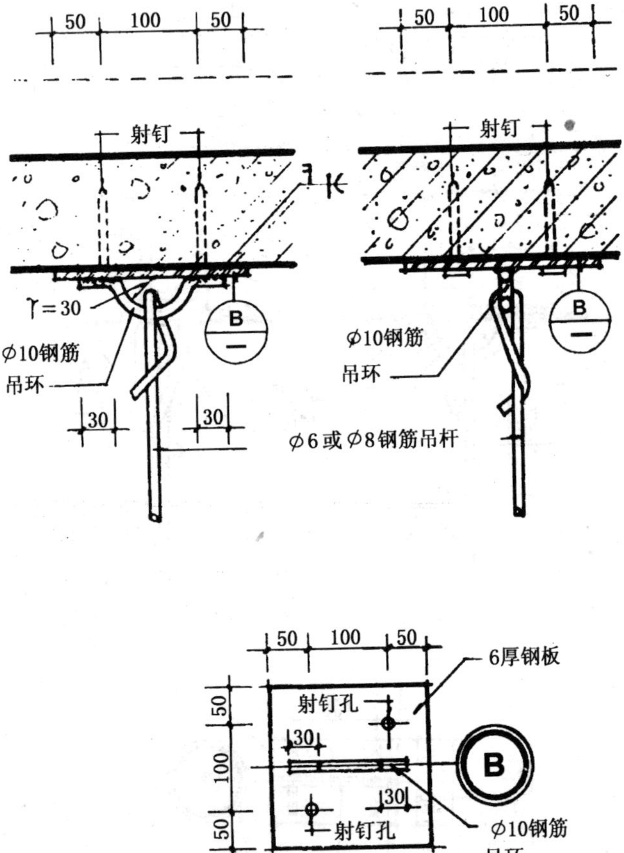

50
100
50
射钉
B
—
γ=30
φ10钢筋
吊环
30
30
φ6或φ8钢筋吊杆
6厚钢板
射钉孔
射钉孔
φ10钢筋
吊环

图 4-19　射钉固定钢板

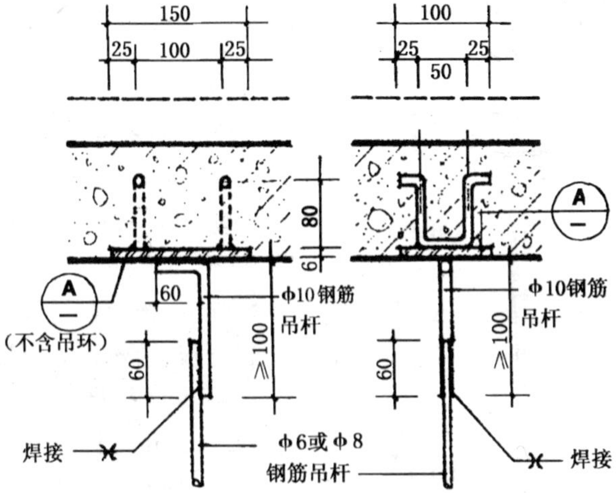

图 4-20 预埋钢板和连接筋

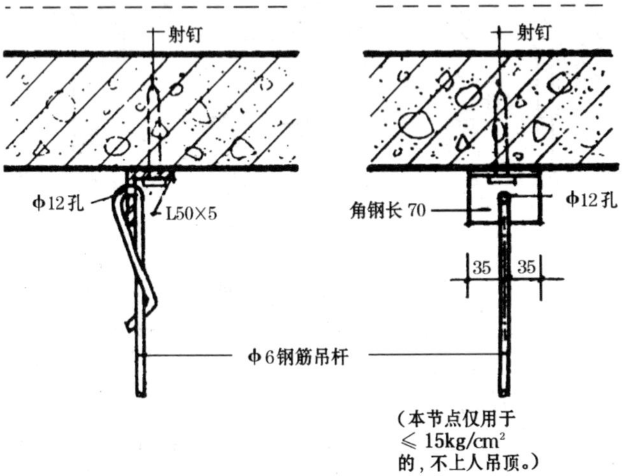

图 4-21 射钉固定角钢

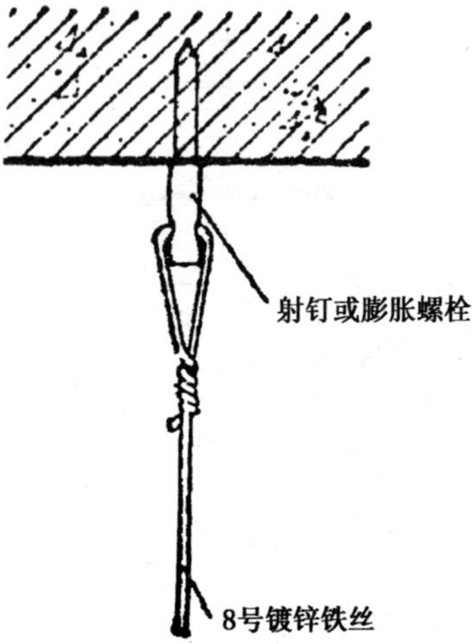

图 4-22　用带孔射钉固定吊杆

小龙骨与大龙骨垂直交错钉在大龙骨上，其常用断面为 40×50(mm)。小龙骨间距可根据顶棚面层材料和规格而定：当为灰板条抹灰面层时，一般为 400mm；胶合板面层为 450mm；当为装饰吸声板、石膏板、钙塑板等面层时，应视板材规格而定，一般为 500mm；当为纤维板面层时，间距为 600mm。大龙骨与小龙骨的连接，采用吊木，即在交叉点对角用吊木夹住钉牢。龙骨的布置与大、小龙骨连接，如第 330 页图 4-26 所示。

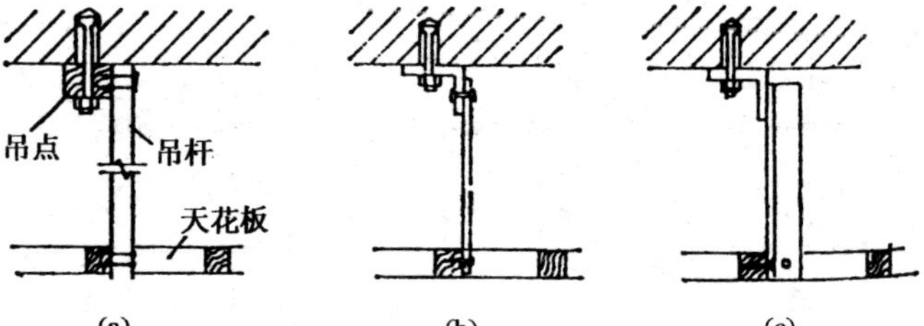

图 4-23　膨胀螺栓固定吊杆

(a)用木方固定　(b)用扁铁固定　(c)用角铁固定

在与小龙骨垂直方向，需加 40×40(mm)的横撑，间距视面层材料的规格尺寸而定。

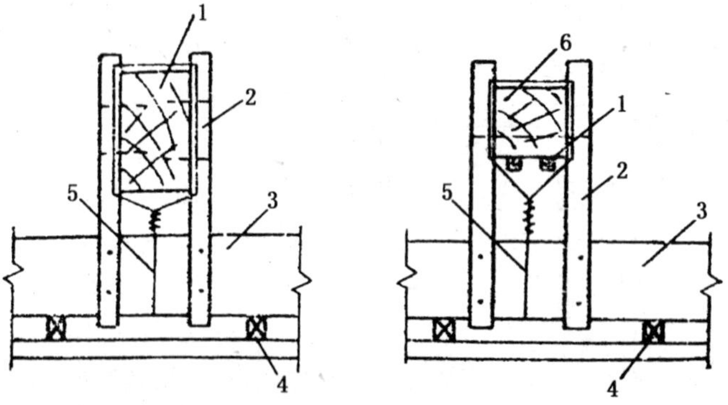

图 4-24　屋架下的吊杆固定

1. 屋架下弦　2. 立撑木　3. 大吊顶龙骨　4. 吊顶龙骨

5. 8 号铁丝　6. 垫木(100×100×500)

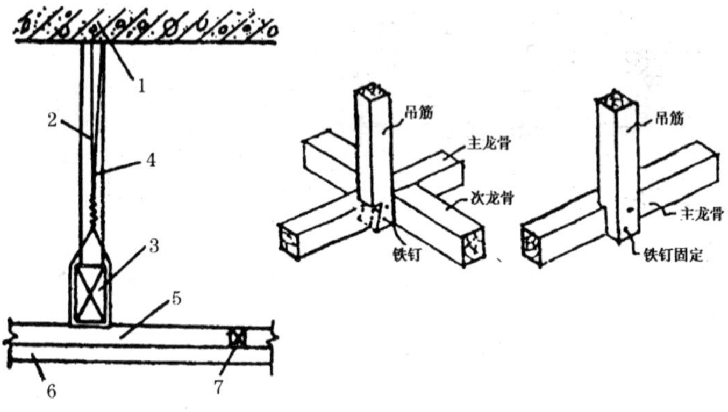

图 4-25　大龙骨与吊杆连接

1. 板内主筋　2. 8 号铁丝　3. 大吊顶龙骨　4. 立撑木(40×40×1200)

5. 吊顶龙骨　6. 顶棚面层　7. 横撑

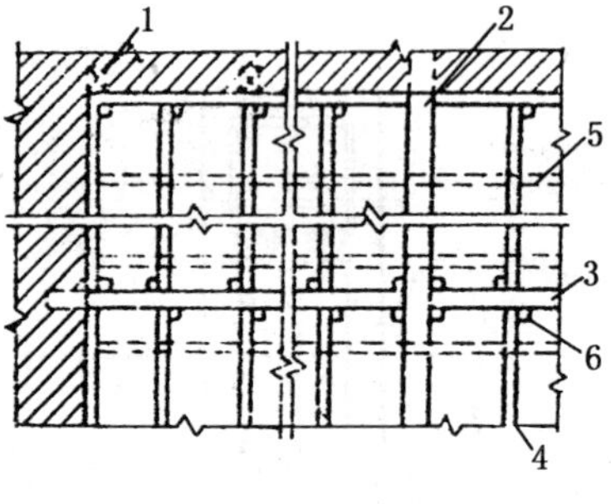

图 4-26 龙骨布置及大、小龙骨的连接

1. 木砖 2. 屋架 3. 大吊顶龙骨 4. 小吊顶龙骨 5. 横撑 6. 吊木

3. 面层

木龙骨吊顶的面层材料，多采用板条抹灰和钢板网抹灰，也可以使用人造板，如胶合板、纤维板、木丝板、刨花板等材料。

4. 节点构造

板条、钢板网抹灰吊顶的节点构造见图 4-27。

人造板吊顶的节点构造见图 4-28。

木吊顶检修孔节点构造见图 4-29。

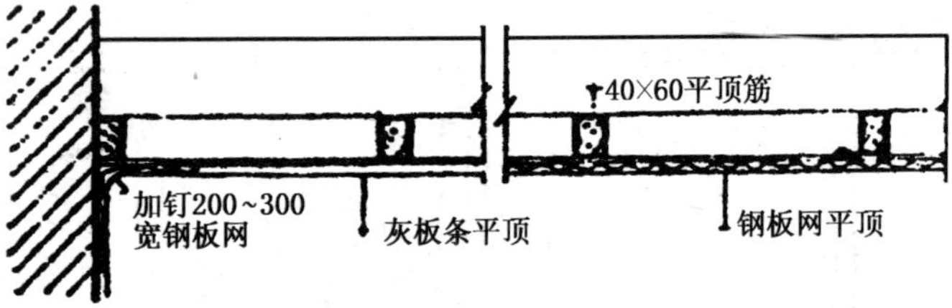

图 4-27 板条、钢板网抹灰吊顶的节点构造

二、施工前的准备工作

1. 施工机具

木吊顶的主要施工机具有：斧子、锯子、刨子、线锤、水平尺、方尺、墨斗、扳手、冲子、凿子、托线板、2m 卷尺、螺丝刀、钢丝剪刀、电钻、射钉枪、铆枪、曲线锯、电动圆盘锯、电动曲线锯、手提式电刨、风动打钉枪。

2. 材料

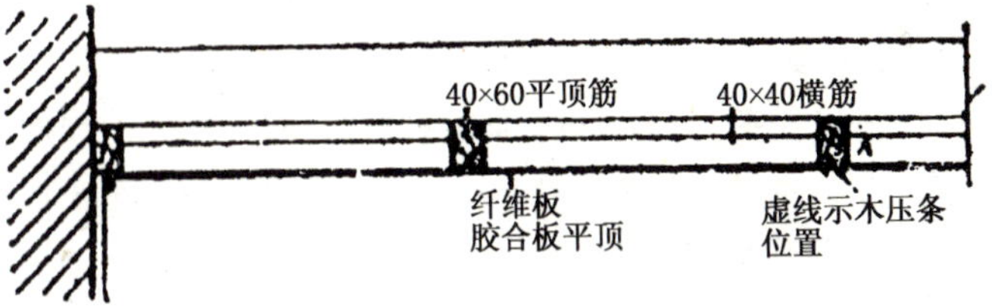

图 4-28 人造板吊顶的节点构造

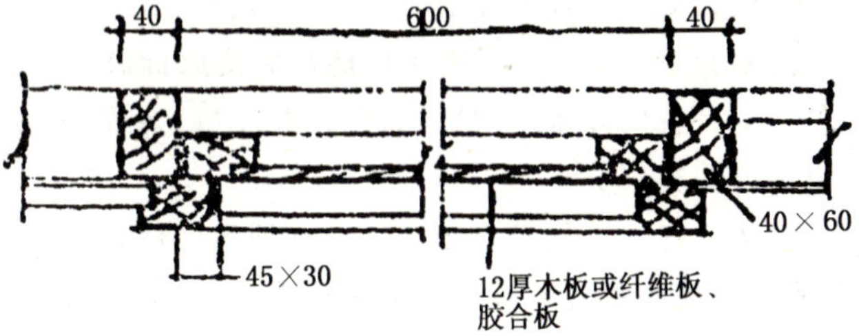

图 4-29 木吊顶检修孔的节点构造

木吊顶的主要材料：吊杆为 ϕ6 或 ϕ8 钢筋；木龙骨的材质及规格应符合设计要求，并应经过干燥处理，含水率应不大于18%；罩面板的品种、规格、图案均应满足设计要求。

3. 对基层的要求

吊顶工程施工前应具备：屋面或楼面的防水层完工；墙面抹灰操作完；吊顶内各种管线及通风管道安装调试完；地面湿作业完；墙面预埋木砖及吊顶罩面板水平标高线齐全。

三、施工方法

木吊顶的施工工艺过程为：弹线找平→检查预埋件→安装吊杆→安装大龙骨→安装小龙骨→安装罩面层→边缘接缝处理。

下面按基层安装、罩面层施工、吊顶边缘接缝处理三个部分作介绍。

1. 基层安装

(1)弹线找平。由墙上＋50cm水平线，用尺量至顶棚的设计标高，沿墙四周弹一道墨线，作为吊顶四周标高的水平控制线，其偏差应不大于±5mm。

根据大龙骨及吊点间距，弹出吊点布置线。大龙骨的吊点布置，应根据设计要求在吊顶上均匀分布。

放线之后，应进行检查复核，主要检查吊顶以上部位的设备和管道，对吊顶标高是否有影响，是否能按原标高施工；设备与灯具是否相碰；设备、灯具是否与吊杆相碰，等等。如发现问题，应进行调整。

(2)安装吊杆。根据吊点布置线及预埋铁件位置，进行吊杆的安装。吊杆应垂直并有足够的承载能力。当预埋的吊杆需要接长时，必须搭接焊牢，焊缝应均匀饱满、无虚焊。

(3)安装大龙骨。大龙骨的安装间距及断面尺寸应符合设计规定。大龙骨与墙的连接处，应伸入墙内不少于110mm，入墙部分应涂防腐剂。保温吊顶的大龙骨，如果是悬吊于桁架下弦节点时，应保证桁架下弦底面与保温层的净距不小于100mm。大龙骨安装后，应拉通线，以校正位置和标高。

(4)安装沿墙龙骨。在四周墙上沿吊顶水平控制线，固定靠墙的小龙骨，称为沿墙龙骨。沿墙龙骨与墙的固定方法通常有下面三种：

第一种方法：在墙体砌筑时，按吊顶标高，沿墙四周预埋经防腐处理的木砖，间距为1m，将沿墙龙骨钉在木砖上。安装前应检查木砖位置是否正确，如不符合要求，应予处理。

第二种方法：用电钻在墙上吊顶标高控制线以上10mm处打孔，孔径20mm，孔内打入木楔。然后，将沿墙龙骨用钉固定在墙内的木楔上。这种方法适用于砖墙和混凝土墙面。

第三种方法：先在龙骨上打一小孔，然后用水泥钉通过小孔将沿墙龙骨固定到墙上。此法适用于混凝土墙面。

沿墙龙骨安装后，在其上划出小龙骨间距。

(5)安装小龙骨。小龙骨应紧贴大龙骨安装。吊顶面层为板材时，板材的拼缝处，必须有宽度不小于40mm的小龙骨或横撑。

小龙骨和横撑应有一面刨平、刨光，安装时，刨光一面应位于同一标高，以使吊顶板的四面平顺。钉中间部分的次龙骨时应起拱：7～10m跨度的房间，一般按3/1000起拱；10～15m跨度，一般按5/1000起拱。在小龙骨的接头、断裂及大节疤处，均需用双面夹板夹住，并应错开安装。

(6)调整校正。龙骨安装后，要进行全面调整。用棉线或尼龙线在吊顶下拉出十字交叉的标高线，检查吊顶的平整度，并进行调整。校正方法是通过拉紧吊杆或下顶撑木，调整龙骨的高低，以保证龙骨吊平、顺直和中部的起拱尺寸。校正后，应将龙骨的所有吊挂件和连接件拧紧、夹牢。

(7)木龙骨底面弹线。在吊好的木龙骨底面上，按照吊顶板材的尺寸、留缝宽度，划线并弹出板材方格控制线，以保证装嵌板材时线条一致、接缝通直。

2. 罩面层施工

当吊顶的面层为胶合板或纤维板时，安装胶合板的接缝有对缝(密缝)、凹缝(离缝)和盖缝三种形式。

对缝，即板与板在龙骨处相对拼接，用粘接或钉的方法，将板固定在龙骨上，钉接固定时，钉距不超过200mm。对缝安装多用于表面加裱糊和喷涂饰面层的顶棚。

凹缝，即在两块板的接缝处，利用面板边缘的形状做出凹槽。凹缝有矩形缝和V形缝两种，见图4-30(a)(b)。由板边缘的垂直棱角形状而形成的凹缝，可对板边刨光，利用板的厚度形成凹槽。也可在拼缝处加钉带凹槽的板，凹缝的宽度不应小于6～10mm，凹缝宽度应一致，并平直、通顺，十字连通处不得有错缝。

盖缝，是将板的拼缝用木压条盖住，这样可避免由于缝隙宽窄不匀而影响美观，并使板面线型突出强烈。木压条必须是优质干燥的木材，规格尺寸一致，表面平整光滑，不得有扭曲现象。钉距一般不大于200mm，钉子要沿压条两边交错钉入，钉帽应砸扁，并冲入木压条0.5～1.0mm，钉眼用油性腻子抹平。盖缝条形式见图4-30(c)。

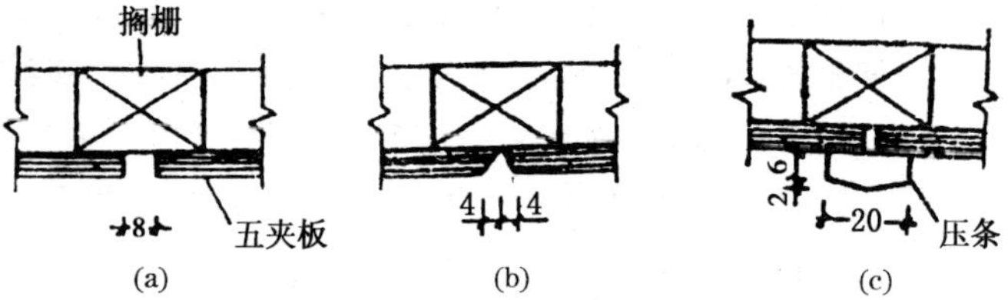

图4-30 胶合板吊顶拼缝形式

(a)矩形缝 (b)V形缝 (c)盖缝

室内胶合板吊顶，一般选用4mm加厚三合板或五合板。安装前，应对板进行选择，对于表面有缺陷的，如严重碰伤、木质断裂、划伤、失去尖角、木质脱胶起泡，以及难以修补的缺陷，应予剔除。

此外，还应复核胶合板的几何尺寸和形状，如长度、宽度、厚度，以及是否有翘曲变形。对于板面色泽，应选择正面纹理相近和色泽相同的，并应分别堆放。

如果面板采用离缝安装，应根据设计要求，预先进行分格布置。如采用密缝安装，则应考虑尽量减少在明显部位的接缝数量，以使吊顶规整。板材的布置方法有两种：其一为整板块居中，小块板布置在两侧，如图 4-31(a)所示；其二为整块板铺大面，旁边铺小板，如图 4-31(b)所示。

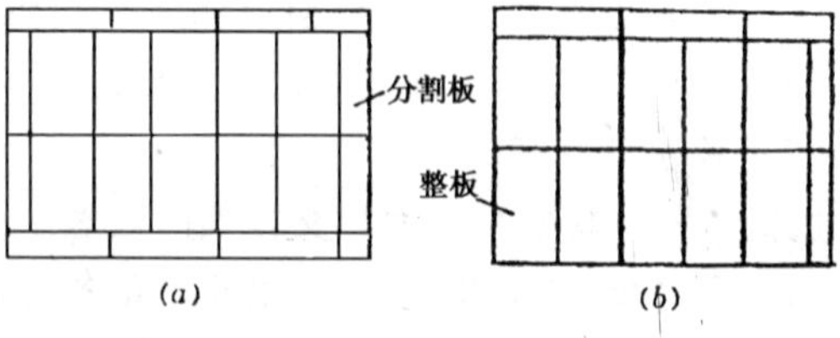

图 4-31　板块布置

密缝板块安装时，由于板块较大，应在铺钉前将胶合板正面向上，按照木龙骨分格的中心线，用带色棉线或铅笔在胶合板正面上画出钉位标志线，作为安装钉位的依据。对于方形和长方形的板块，用方尺找方，以保证四角方正，然后才能进行板边制作。密缝安装的板块，为便于嵌缝补腻子，减少缝隙的变形量，在板面四周边缘，用细刨刨出倒角，使缝的宽度在 2～3mm 为宜。

离缝安装的板块，应按尺寸用细刨在板边刨角，并用细砂纸磨光，达到边角整齐、安装方便的要求。

当吊顶有防火要求时，应在上述工序完成之后，对板块进行防火处理。方法是用 2～4 条木方，将胶合板垫起，使板面向上，用防火漆对其涂刷三遍，待晾干后再用。

上述工作完成之后，即可进行板块的铺钉安装，根据已经裁好的板块尺寸及龙骨上的板块控制线，进行铺钉。铺钉工作由中心向四周展开。铺钉时，将板的光面向下，托起到预定位置，使板块上的画线与木龙骨上的弹线对齐，从板块的中间开始钉，逐步向四周展开。钉头应预先砸扁，顺木纹冲入板面0.5～1.0mm，钉距80～150mm，应分布均匀，钉长25～35mm。如果板块的边长大于400mm，方板中间应加25×40(mm)的横档，使板面平整，防止翘鼓。

吊顶中的空调送风口、回风口、灯具口等开口处，可预先在胶合板上画出，待钉好吊顶饰面后再行开出。

3. 吊顶边缘接缝处理

主要是指不同材料的吊顶面相交接处的处理。如吊顶面与墙面、柱面、窗帘盒、设备开口之间，以及吊顶各交接面之间的衔接处理。接缝处理的目的是将吊顶板的转角接缝盖住。接缝处理所用的材料，通常是木装饰线条、不锈钢线条和铝合金线条等。所用线条的色彩与质感，可以有别于吊顶的装饰面层。

处理接缝的工序，应安排在吊顶饰面完成之后。用木线条时，一般是先钉好盖缝条，而后油漆饰面。使用电动或气动打钉枪来钉接线条。用铁钉钉接时，应将钉头砸扁，钉在木线条的凹槽处，或不显露的部位。采用不锈钢线条时，可先钉衬条，再将不锈钢线条粘结在衬条上。

常见的接缝处理形式如下：

(1)阴角处理。阴角是指两吊顶面相交时内凹的交角。常用木线条压住，如图4-32所示，在木线条的凹进位置打入钉子，钉头孔眼可以用与木线条饰面颜色相同的涂料点涂补孔。

(2)阳角处理。阳角是指两吊顶面相交时外凸的交角，常用的处理方法有压缝、包角等，如图4-33所示。所用材料一般用木条或塑料线条。

(3)过渡处理。是指两吊顶面相接高度差较小时的交接处理，或者两种不同吊顶材料对接时，在对接处的衔接处理。常

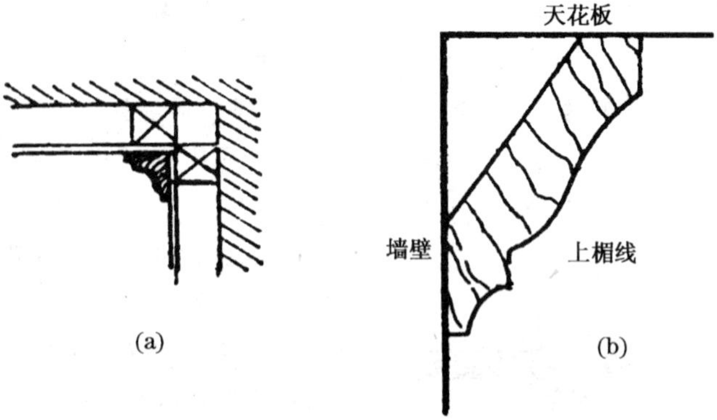

图 4-32　吊顶面阴角处理

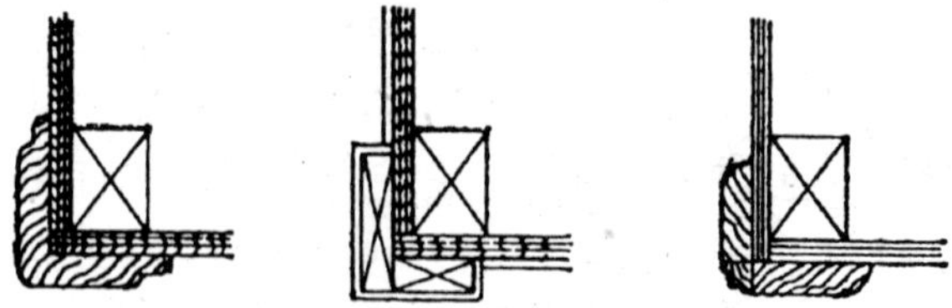

图 4-33　阳角处理

用的过渡方法是用压条进行处理。压条的材料有木线条和金属线条。木线条可直接钉在吊顶面上，如图 4-34(a)所示。

铝合金线条和不锈钢线条是用胶粘剂粘在小木方衬条上，如图 4-34(b)(c)所示。

四、常见施工缺陷及预防措施

1. 吊顶龙骨下表面的拱度不均匀，不平整，甚至形成波浪形

(1)主要原因如下：

①木材材质不好，施工中难于调整；木材含水率较大，产生收缩变形。

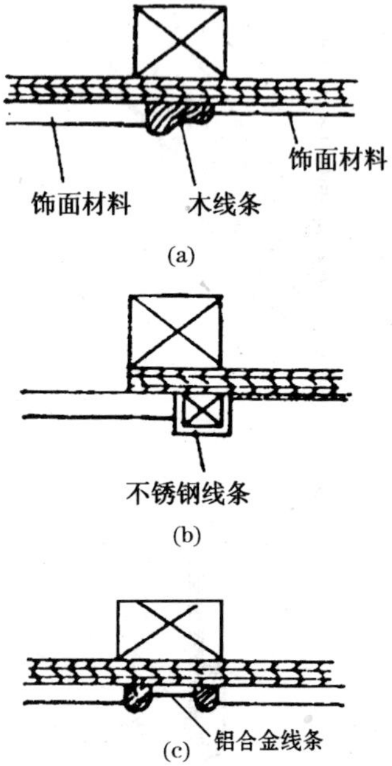

图 4-34　过渡处理方法

②施工中未按要求弹线起拱，形成拱度不均匀。

(2)预防措施如下：

①选用优质、软质木材，如松木、杉木。

②按设计要求起拱，纵横拱度应吊均匀。

2. 吊顶安装后，经短期使用即产生凹凸变形

(1)主要原因如下：

①龙骨断面尺寸过小或不直；吊杆间距过大；龙骨拱度未调匀，受力后产生不规则挠度。

②受力节点结合不严，受力后产生位移。

(2)预防措施如下：

①龙骨尺寸应符合设计要求，木材应顺直，遇有硬弯应锯断调直，并用双面夹板连接牢固，木材在两吊点间若稍有弯度，弯度应向上。受力节点应装钉严密、牢固，保证龙骨整体刚度。

②吊顶内应设通风窗，室内抹灰时应将吊顶入孔封严，使整个吊顶处于干燥环境之中。

3. 吊顶装钉完工后，部分纤维板或胶合板产生凹凸变形

(1)主要原因如下：

①板块接头未留空隙，板材吸湿膨胀易产生凹凸变形。

②当板块较大，装钉时板块与龙骨未全部贴紧就从四角或四周向中心排钉安装，致使板块凹凸变形。

③龙骨分格过大，板块易产生挠度变形。

(2)预防措施如下：

①选用优质木材，胶合板应选用五层以上的椴木胶合板；纤维板应选用硬质纤维板。

②纤维板应进行浸水处理，胶合板不得受潮，安装前应两面涂刷一道油漆，提高抗吸湿变形能力。

③轻质板块宜先加工成小块后再装钉。并应从中间向两端排钉，避免产生凹凸变形。接头拼缝留3～6mm间隙，适应膨胀变形要求。

④采用纤维板、胶合板吊顶时，龙骨分格间距不宜超过450mm，否则中间应加一根25×40(mm)的小龙骨横撑，以防止板块下翘。

⑤合理安排施工顺序，当室内湿度较大时，宜先安装吊顶木骨架，然后进行室内抹灰，待抹灰干燥后再装钉吊顶面层。周边吊顶龙骨应离开墙面20～30mm，以便安装板块及压条，并应保证压条与墙面接缝严密。

4. 轻质板材吊顶中，同一直线上的分格木压条或板块明拼缝，其边棱不在一条直线上、有错牙、弯曲等现象，纵横木压条和板块明拼缝分格不均匀、不方正。

(1)主要原因如下：

①龙骨安装时，拉线找直和归方控制不严，龙骨间距分得不均匀，且与板块尺寸不相符合等。

②未按先弹线再安装板块或木压条进行操作。

③明拼缝板块吊顶，板块裁截得不方正，或尺寸不准确等。

(2)预防措施如下：

①按龙骨弹线计算出板块拼缝间距或压条分格间距，准

确确定龙骨位置(注意扣除墙面抹灰厚度),保证分格均匀。安装龙骨时,按位置拉线找直、归方、固定和顶面起拱及平整。

②板材应按分格尺寸裁截成板块。板块尺寸等于吊顶龙骨间距,减去明拼缝宽度(8～10mm)。板块要方正,不得有棱角。板块应挺直光滑。

③板块装钉前,应在每条纵横龙骨上按所分位置弹出拼缝中心线及边线,然后沿弹线装钉板块,发生超线应予修整。

④应选用软质优材制作木压条,并按规格加工,表面应刨平整光滑。装钉时,先在板块上拉线,弹出压条分格线,沿线装钉压条,接头缝应严密。

五、施工质量要求及检验方法

本小节所述施工质量要求及检验标准和方法,适用本章除第一节外的各种类型的吊顶工程。

1. 吊顶龙骨安装

(1)钢木龙骨主梁、龙骨、横撑的规格及间距应符合设计要求,安装时必须位置正确,连接牢固,无松动。

(2)轻钢、铝合金龙骨安装,应符合设计和产品说明书的要求;吊筋必须牢固,位置正确,连接牢固,无松动。

2. 质量要求及检验方法

吊顶龙骨安装工程质量要求及检验方法见表 4-4。

吊顶龙骨安装允许偏差和检验方法见第 342 页表 4-5。

吊顶罩面板安装质量要求及检验方法见第 343 页表 4-6 和第 344 页表 4-7。

表 4-4 吊顶龙骨安装工程质量要求及检验方法

项次	项目	质量要求		检验方法
1	钢木龙骨的吊杆、主梁、搁栅(立筋、横撑)外观	合格	有轻度弯曲,但不影响安装,木吊杆无劈裂	观察检查
		优良	顺直、无弯曲、无变形,木吊杆无劈裂	
2	吊顶内填充料	合格	用料干燥、铺设厚度符合要求	观察、尺量检查
		优良	用料干燥、铺设厚度符合要求,且均匀一致	
3	轻钢龙骨、铝合金龙骨外观	合格	角缝吻合,表面平整,无翘曲,无锤印	观察检查
		优良	角缝吻合、表面平整、无翘曲、无锤印、接缝均匀一致,周围与墙面密合	

表 4-5　吊顶龙骨安装允许偏差和检验方法

项次	项		目	允许偏差(mm)	检查方法
1	钢木骨架	吊顶主筋截面尺寸	方木	−3	尺量
			原木(梢径)	−5	
2		吊顶搁栅(立筋、横撑)截面尺寸		−2	尺量(抽查3根)
3		吊顶起拱高度		短向跨度 1/200,±10	拉线、尺量
4		吊顶四周水平线		±5	尺量或水平仪检查(以墙面水准线为准)
5	轻钢、铝合金龙骨及其它形式龙骨	表面平整	开敞式	3	拉线、尺量
			隐蔽式 金属条板	3 3	
6		缝格平直	开敞式 隐蔽式 金属条板	2 1	拉线、尺量
7		接缝高低差	开敞式 隐蔽式 金属条板	1 1.5	直尺和塞尺
8		起拱高度	各类龙骨	短向跨度 1/200,±10	
9		四周水平标高	各类龙骨	±5	以水平线为准,尺量

注:检查数量,按有代表性的自然间(过道按10延长米,礼堂、厂房等大间可按两轴线为1间)抽查10%,但不低于3间。

表 4-6　吊顶罩面板安装质量要求及检验方法

项次	项　　目	质　量　要　求		检验方法
1	罩面板表面质量	合格	表面平整、清洁，无明显变色、污染、反锈、麻点和锤印	观察
		优良	表面平整、清洁，颜色一致，无污染、反锈、麻点和锤印	
2	罩面板的接缝或压条质量	合格	接缝宽窄均匀，压条顺直无翘曲	观察
		优良	接缝宽窄一致、整齐，压条宽窄一致、平直，接缝严密	
3	钢木骨架的吊杆、主梁、搁栅（立筋、横撑）	合格	有轻度弯曲，但不影响安装；木吊杆无劈裂	观察
		优良	顺直、无翘曲、无变形；木吊杆无劈裂	
4	顶棚内的填充料	合格	用料干燥，铺设厚度符合要求	观察或尺量
		优良	用料干燥，铺设厚度符合要求且均匀一致	
5	灰板条抹灰基层要求	合格	钉结牢固，接头在搁栅（立筋）上，间距及对头缝大小均基本符合要求	观察
		优良	钉结牢固，接头在搁栅（立筋）上，交错布置，间距及对头缝大小均基本符合要求	
6	金属网抹灰基层要求	合格	钉牢，接头在搁栅（立筋）上	观察
		优良	钉牢，钉平，接头在搁栅（立筋）上，无翘边	

注：吊顶罩面板安装必须牢固，无脱层、翘曲、折裂、缺楞、掉角等缺陷。

表 4-7　吊顶罩面板安装允许偏差及检验方法

项次	项目	允许偏差(mm)										检验方法
		石膏装饰板	深浮雕嵌式装饰石膏板	纸面石膏板	矿棉装饰吸声板	胶合板	纤维板	钙塑装饰板	聚氯乙烯塑料天花板	纤维水泥加压板	金属装饰板	
1	表面平整	3	3	3	2	2	3	3	2		2	2m 靠尺和楔形塞尺
2	接缝平直	3	3	3	3	3	3	4	3		<1.5	拉 5m 长或通线,尺量
3	压条平直	3	3	3	3	3	3	3	3	3	3	拉 5m 长或通线,尺量
4	接缝高低	1	1	1	1	0.5	0.5	1	1	1	1	直尺和楔形塞尺
5	压条间距	2	2	2	2	2	2	2	2	2	2	尺量

第三节　U 形轻钢龙骨吊顶

一、构造作法

1. U 形轻钢龙骨吊顶的组成

U 形轻钢龙骨吊顶由吊杆、大龙骨、中龙骨、小龙骨及支撑件和连接件等组成。其中,大龙骨的断面形状为 U 形。按其承载能力分为三级:轻型级不能承受上人荷载;中型级能承受偶然上人荷载,可在其上铺设简易检修马道;重型级能承受上人检修 800N 集中荷载,可在其上铺设永久性检修马道。大龙骨的断面高度分别为 30～38mm、45～50mm、60～100mm。中、小龙骨的断面形状也为 U 形。中龙骨断面宽度为 50mm 或 60mm;小龙骨的断面宽度为 25mm。U 形轻钢龙骨吊顶的组成如图 4-35 所示。

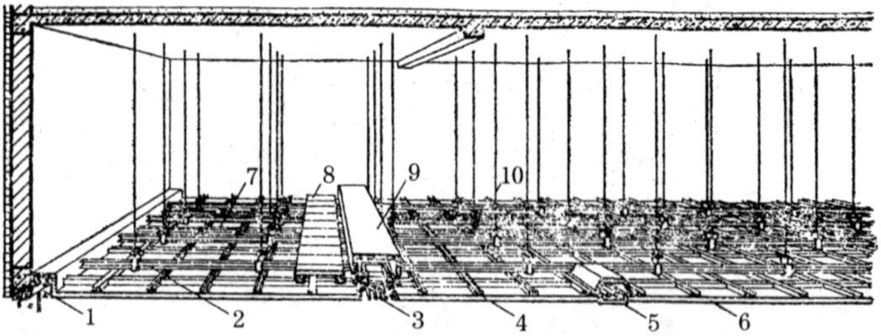

图 4-35 U 形轻钢龙骨吊顶的组成

1. 窗帘盒 2. 主龙骨 3. 出风口 4. 次龙骨 5. 灯具
6. 面层 7. 小龙骨 8. 检修马道 9. 风管 10. 吊筋

龙骨、配件及其组装示意，如图 4-36 所示。

大龙骨的间距，应根据龙骨生产厂家的产品说明及构造作法和罩面板尺寸确定，不应超过最大值。大龙骨的吊杆，一般采用圆钢制作，对于轻型系列可采用φ 6 钢筋，而中型和重型系列，可采用φ 8 钢筋，间距为 1200mm。如果吊顶荷载较大时，应经过结构受力计算，以确定钢吊杆的直径和间距大小。大龙骨及吊点的布置见图 4-37。

轻钢龙骨的吊杆与楼板的连接方法，同木龙骨吊顶。

轻钢龙骨吊顶的罩面板，可以分为单层板和双层板两种作法。单层板一般采用纸面石膏板或石棉水泥板。板材安装后，在板面喷涂或刷涂顶棚罩面涂料或贴壁纸。如果采用装饰石膏板或钙塑凹凸板等装饰板做单层板时，则不需做板面涂刷。双层板的作法，是采用纸面石膏板或石棉水泥板做基层板，在其表面再粘贴钙塑凹凸板或矿棉吸音板做罩面层。

2. 龙骨的安装作法

U 形轻钢龙骨吊顶的龙骨布置，分单层龙骨作法和双层

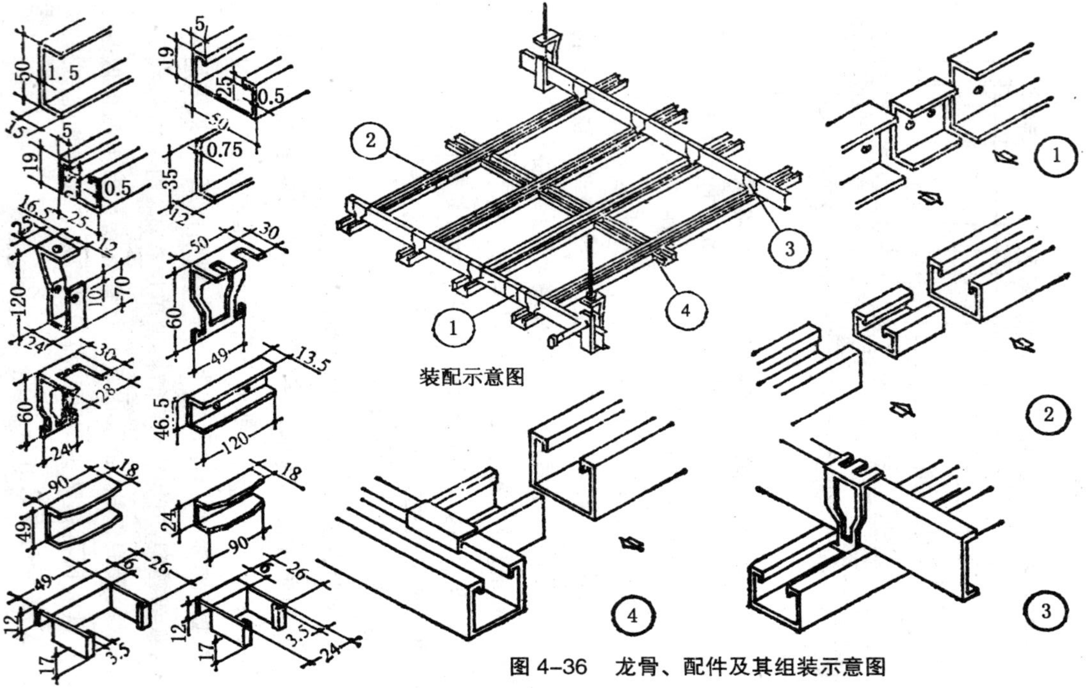

图 4-36　龙骨、配件及其组装示意图

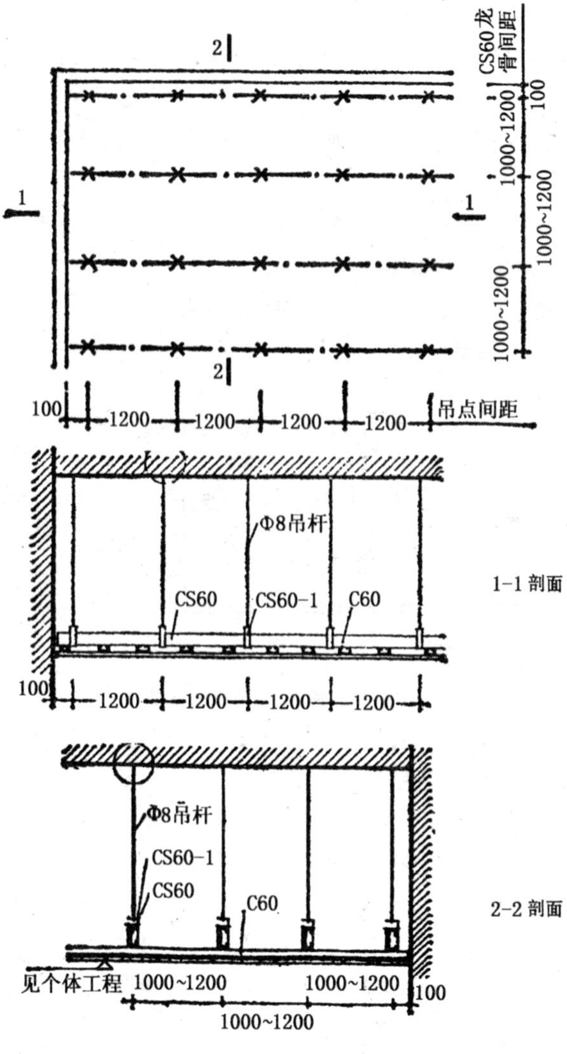

图 4-37　大龙骨及吊点布置

龙骨作法两种。

(1)单层龙骨作法。单层龙骨作法属于轻便作法,是用吊杆直接吊挂主龙骨,次龙骨与主龙骨垂直安装并在一个平面内。吊杆直径为φ6,大龙骨间距随罩面板尺寸而定,一般为500～600mm。

单层龙骨作法的吊顶示意图见图4-38。吊顶平面图见图4-39。节点详图如图4-40所示。

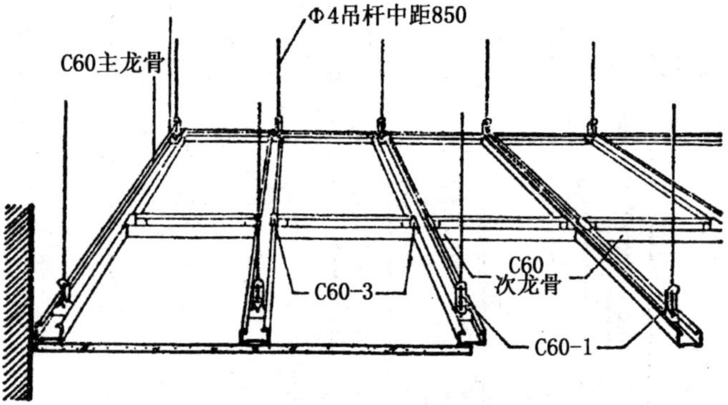

图4-38 单层龙骨作法示意图

(2)双层龙骨作法。为一般作法,它是用吊杆直接吊挂大龙骨,中龙骨紧贴大龙骨底部安装。在中龙骨平面内,垂直于中龙骨的方向加设中龙骨支撑。吊杆为φ6或φ8钢筋,间距1200mm;中龙骨和中龙骨支撑间距视板材尺寸而定,一般为400～600mm;中龙骨支撑与中龙骨底部要齐平,以保证吊顶面平整。双层龙骨作法的吊顶示意图见第351页图4-41。吊顶平面图见第352页图4-42。吊顶节点详图见第353页图4-43。

3. 检修马道构造

检修马道,即为吊顶中的上人通道,主要供安装、维修人

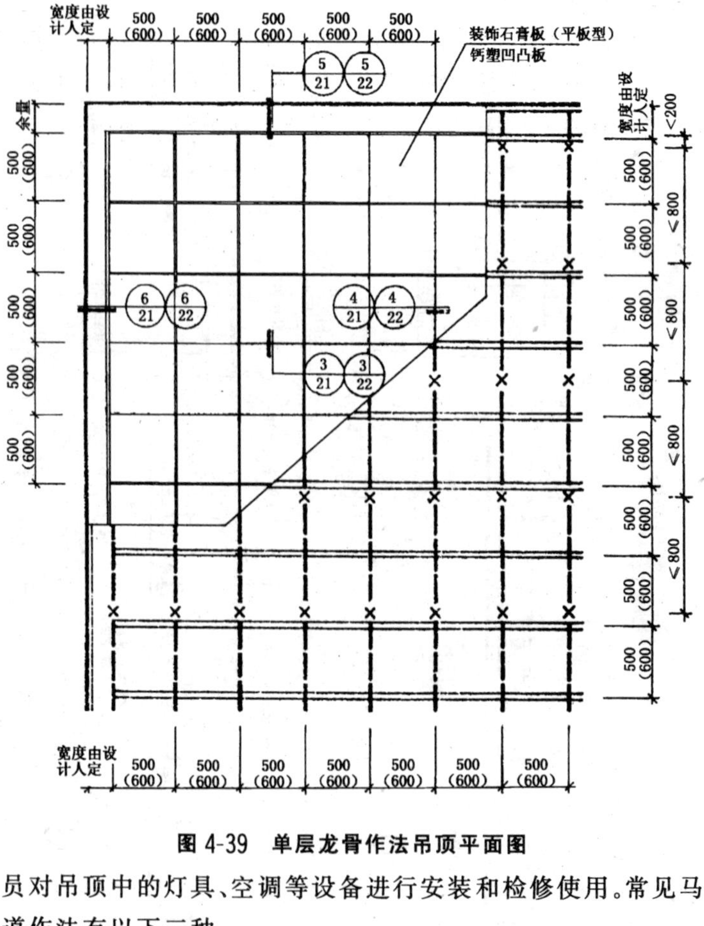

图 4-39　单层龙骨作法吊顶平面图

员对吊顶中的灯具、空调等设备进行安装和检修使用。常见马道作法有以下三种。

简易马道，供不经常上人检修的马道。这种马道的作法，如第 354 页图 4-44 所示。

上人马道，是一种供经常上人检修的马道。这种马道有两种作法：第一种作法，是用 4 根 30×60(mm)的 U 形龙骨，将

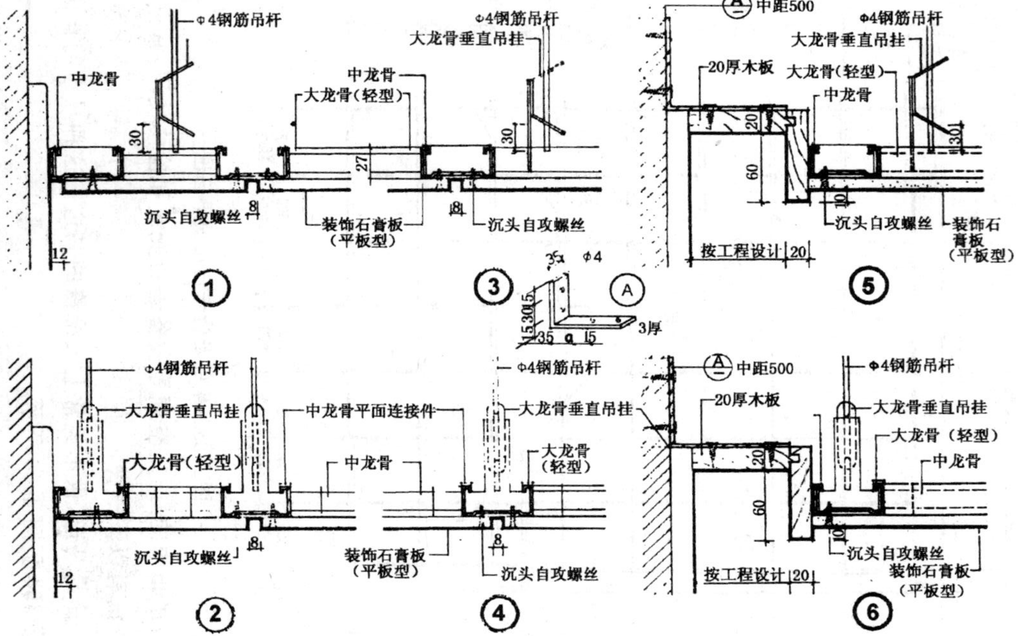

图 4-40　单层龙骨作法节点图

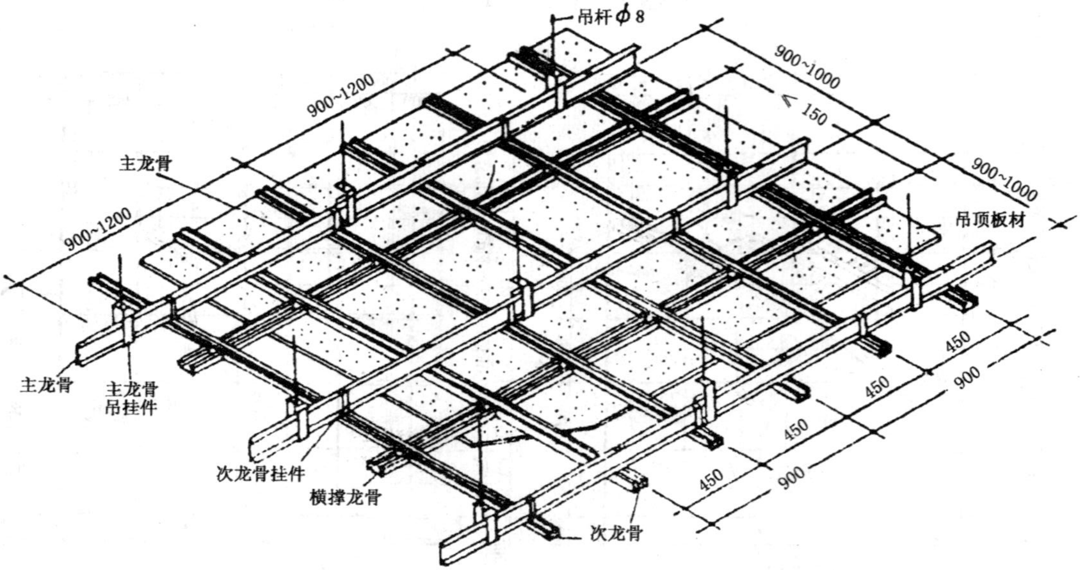

图 4-41　双层龙骨作法示意图

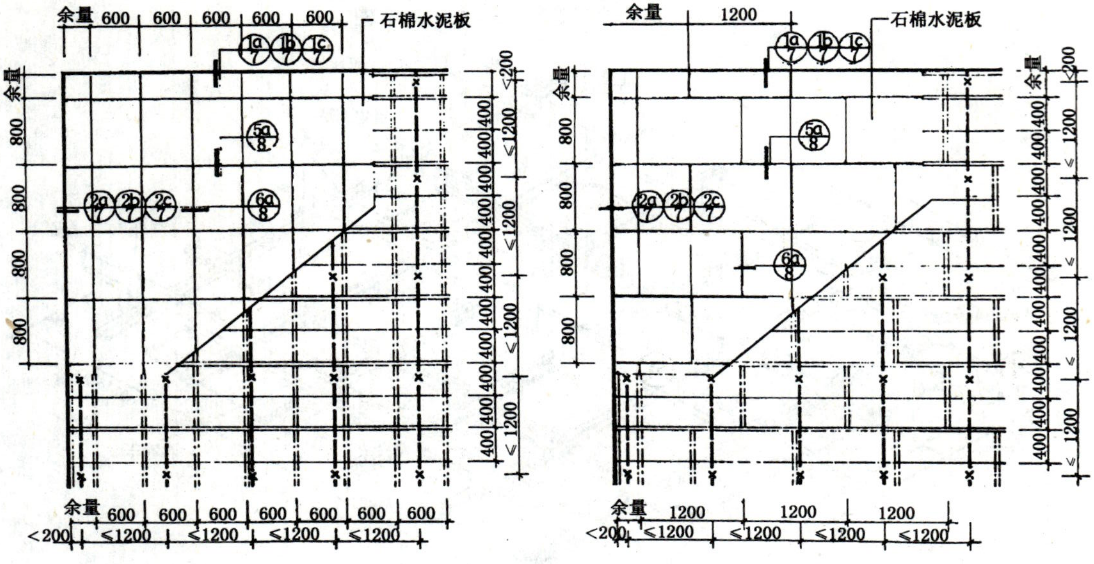

(a) 对缝排列　　(b) 错缝排列

图 4-42　双层龙骨作法吊顶平面示意图

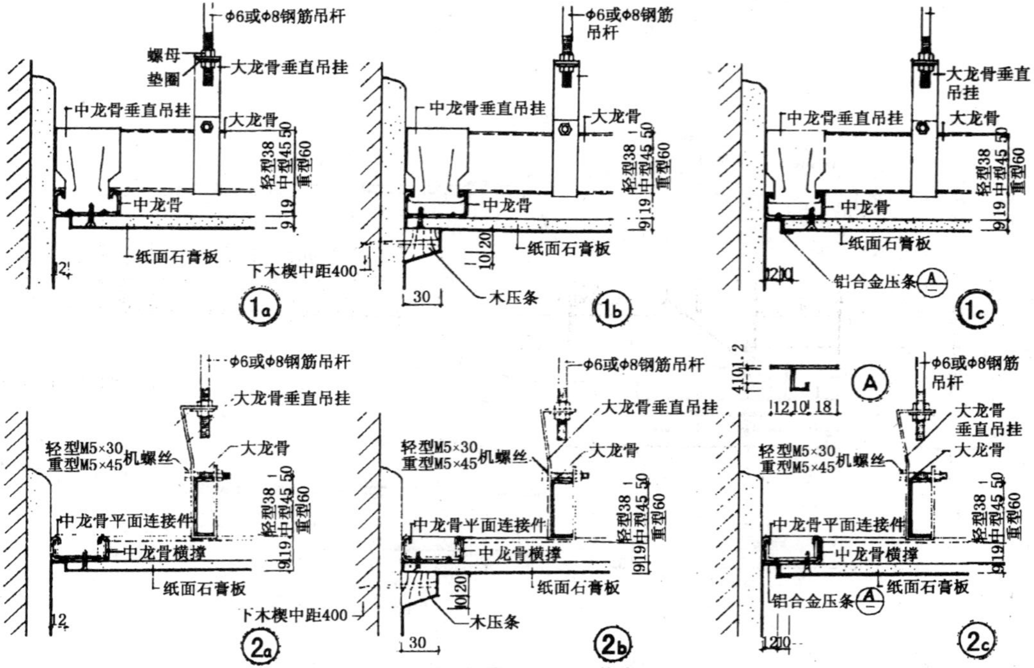

图 4-43　双层龙骨作法吊顶节点详图

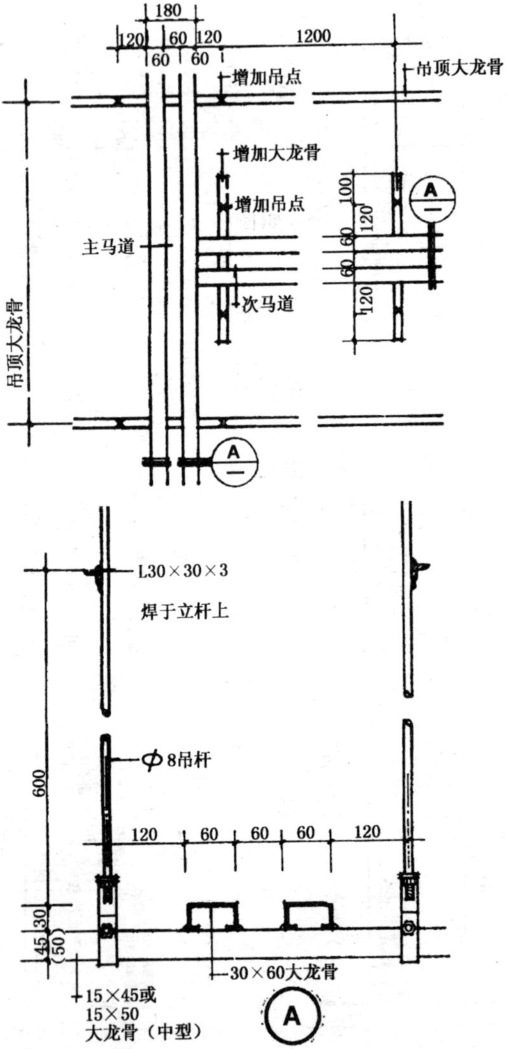
180
120
60
120
1200
60
60
增加吊点
吊顶大龙骨
增加大龙骨
增加吊点
100
120
60
60
120
A
主马道
次马道
吊顶大龙骨
A
L30×30×3
焊于立杆上
Φ8吊杆
600
120
60
60
60
120
30
45
(50)
30×60大龙骨
15×45或
15×50
大龙骨（中型）
A

图 4-44　简易马道构造

其槽口向下焊于吊顶大龙骨上，作为马道踏板。马道的栏杆与扶手，用大龙骨焊接，立杆间距为 1000mm。扶手距马道踏板高 600mm，如图 4-45 所示。第二种作法，是采用两根 L50×5mm 的角钢焊于大龙骨上，在角钢上焊φ 8 圆钢作为踏板，圆钢中距 60mm，栏杆的立柱及扶手采用 L30×3mm 的角钢焊接，扶手距踏板高 600mm，如图 4-46 所示。

4. 吊顶中的窗帘盒

有吊顶的房间，窗口上部多作暗窗帘盒，常见作法有以下三种。

第一种为独立式，即在窗口上部，将吊顶凹进去作为窗帘盒的长度要比窗口两侧长出 200mm。如图 4-47(a)所示。

第二种为连通式，在窗口所在墙边的吊顶全部凹进去，作为通长的窗帘盒，如图 4-47(b)所示。

第三种为周边式，在房间四周靠墙的吊顶边缘全部凹进去，作为窗帘盒，如图 4-47(c)所示。

窗帘盒中的轨道，有单轨与双轨之分。单轨窗帘盒的宽度为 140mm，双轨为 200mm；净高均为 120mm。采用 20mm 厚的木板制作，用木螺丝与角钢固定连接，角钢焊在结构的预埋铁件上；亦可通过木螺丝用特制的铁件先行固定后，再用射钉将其固定于主体结构上。其构造作法见图 4-48。

5. 吊顶与灯具

在吊顶中安装灯具，一般有三种安装方式：嵌入式、吸顶式和悬吊式。灯具的安装方法，视重量而定。

当灯具重量为 1～2kg 时，可以将灯具直接固定于吊顶板上。如图 4-49 所示。

当灯具重量≤4kg 时，可以将灯具固定于中龙骨和附加中龙骨上，如图 4-50 所示。

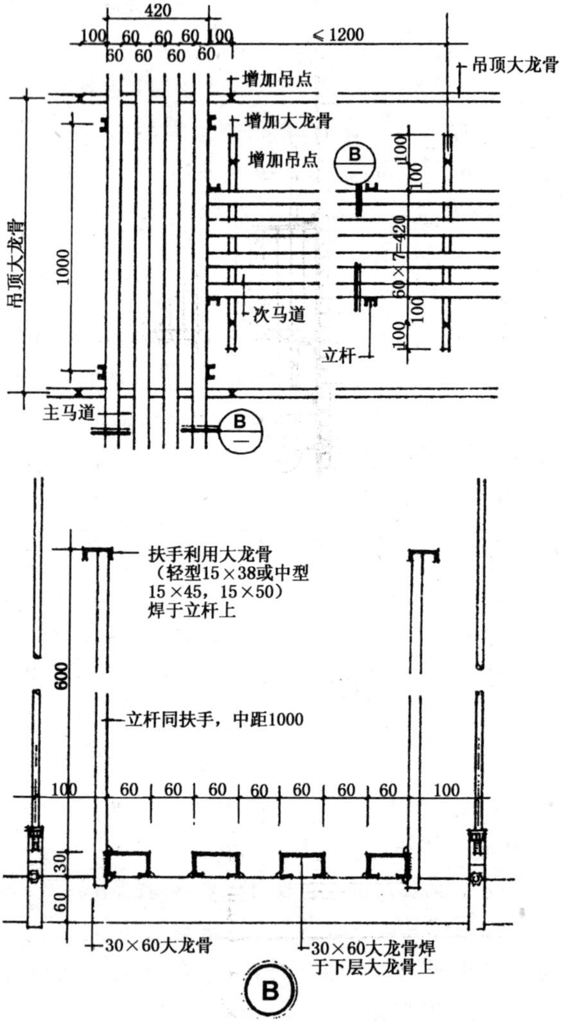

图 4-45　上人马道构造（第一种）

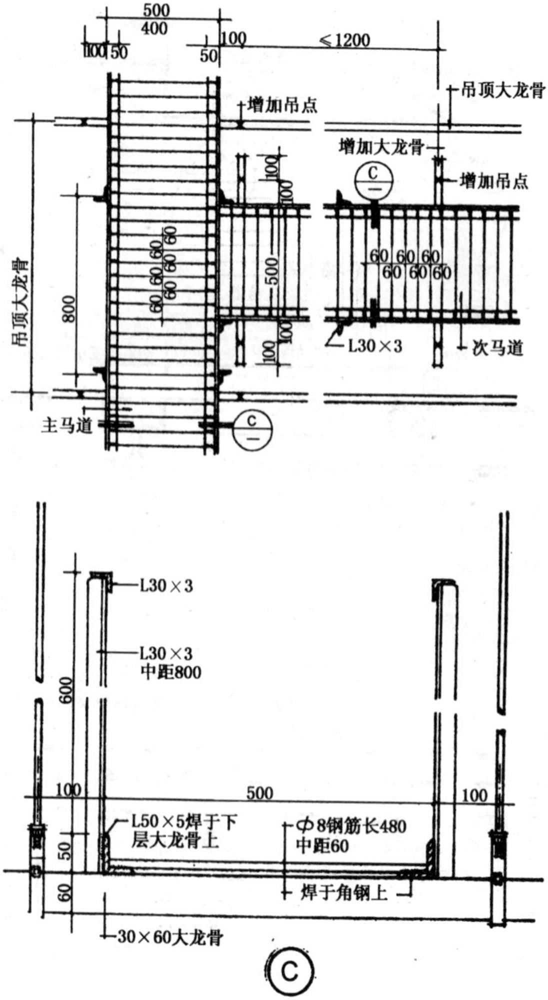

图 4-46　上人马道构造(第二种)

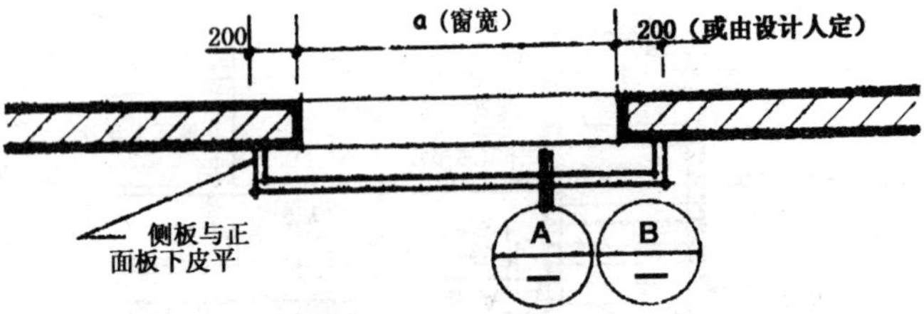

(a) 独立式

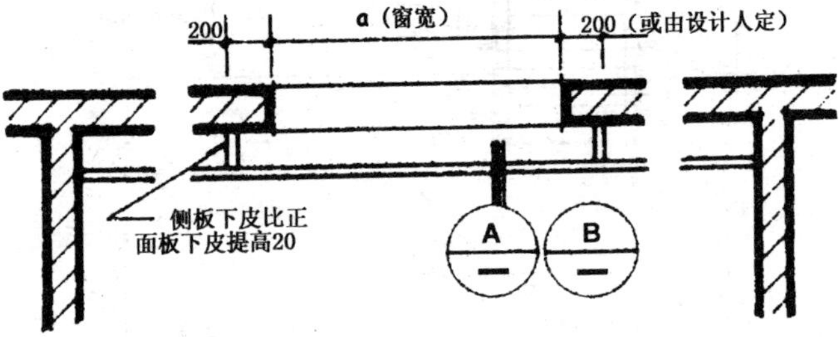

(b) 连通式

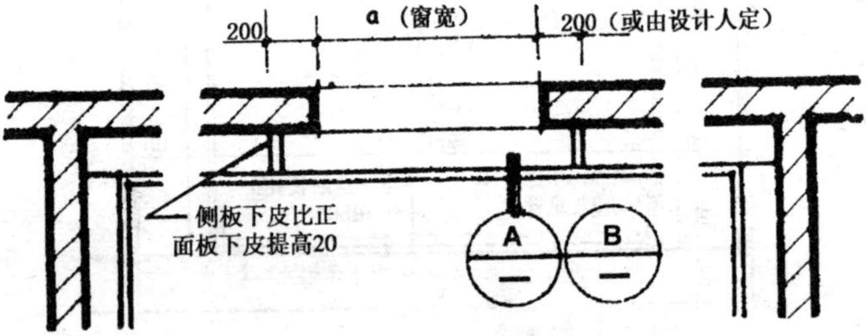

(c) 周边式

图 4-47　窗帘盒型式

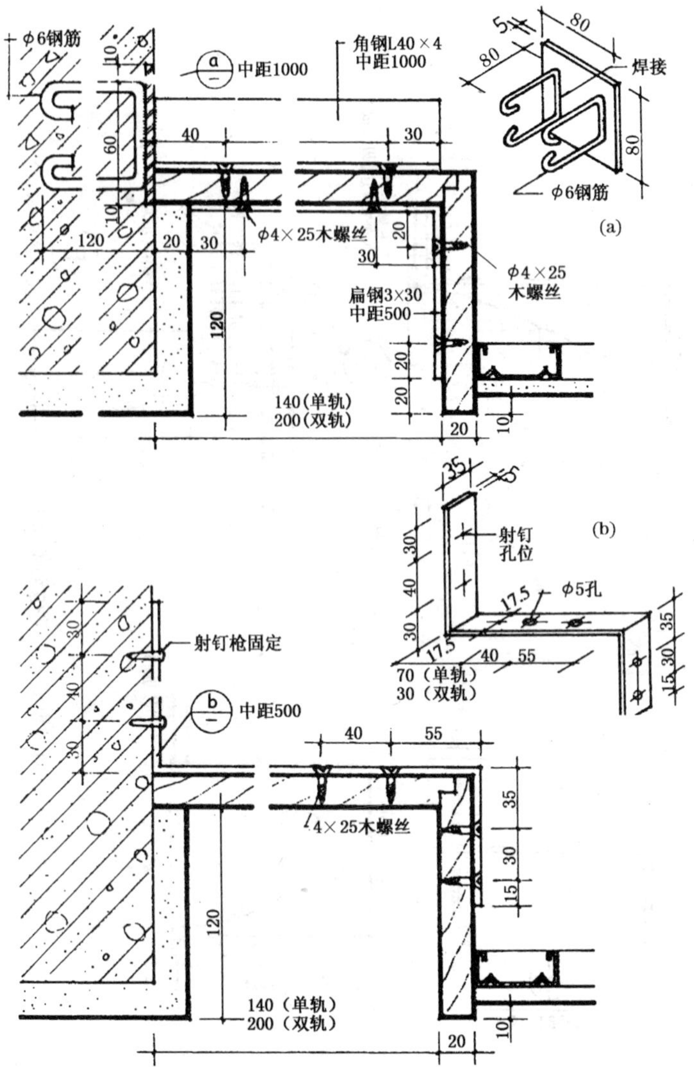
φ6钢筋
角钢L40×4
中距1000
a
中距1000
焊接
φ6钢筋
(a)
φ4×25木螺丝
φ4×25
木螺丝
扁钢3×30
中距500
140(单轨)
200(双轨)
(b)
射钉
孔位
φ5孔
70（单轨）
30（双轨）
射钉枪固定
b
中距500
4×25木螺丝
140（单轨）
200（双轨）

图 4-48　窗帘盒构造

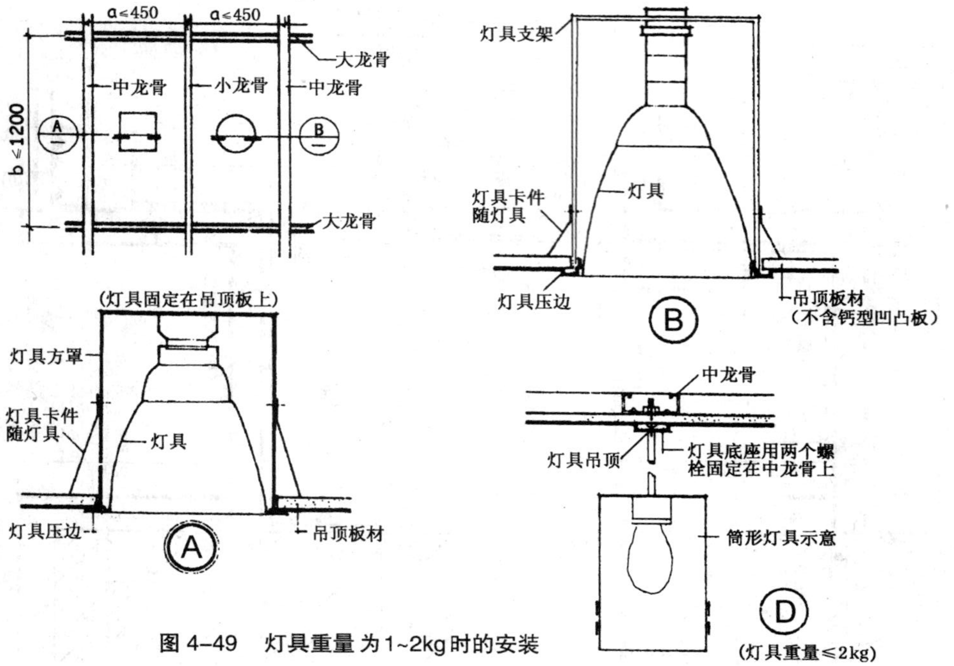

图 4-49　灯具重量为1~2kg时的安装

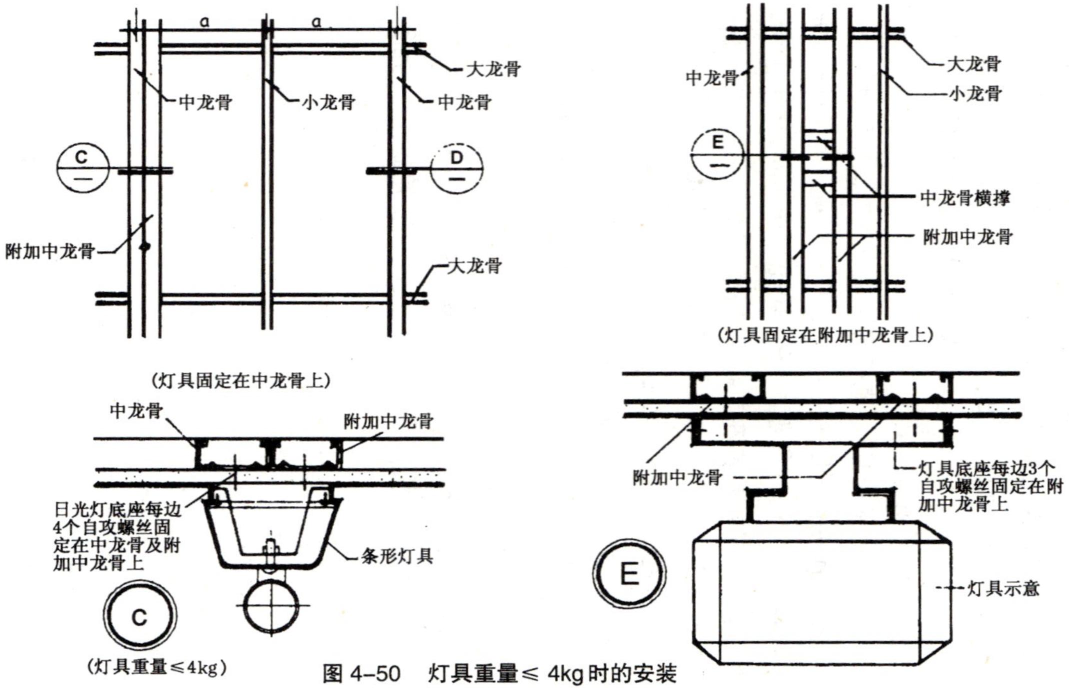

图 4-50　灯具重量≤ 4kg 时的安装

当灯具重量≤8kg时,必须在灯具位置附加大龙骨,将附加大龙骨焊在大龙骨上。灯具则安装在附加大龙骨上。如图4-51所示。

当灯具重量>8kg时,应为灯具作特制的吊杆,将吊杆固定在楼板或屋顶结构上。

筒体灯重量较轻,可直接安装在吊顶板上,应使灯具的底边与吊顶面齐平或略有突出。筒体灯口在顶棚上可以有方形、圆形多种,其直径(或边长)有140mm、165mm、180mm等多种尺寸。其镶嵌形式如图4-52所示。

吊顶中的日光灯,作嵌入式安装时,应做嵌入式管灯槽。它可以平行于中龙骨(此时切断大龙骨),也可以平行于大龙骨(此时切断中、小龙骨),若为方形灯槽时,应切断中、小龙骨。因灯槽位置应附加大龙骨,管灯灯具均固定在附加大龙骨上,如图4-53所示。

6. 吊顶与通风口

通风口应自行吊挂安装,与龙骨不发生受力关系,只有在必要时才可以切断中、小龙骨。通风口与吊顶面之间应用橡皮垫做减噪声处理。

通风口的构造如图4-54所示。

7. 吊顶中的检修上人孔

吊顶检修孔为500×500(mm)(不上人吊顶)或600×600(mm)(上人吊顶)的方形口。上人孔的周边应附加大龙骨并做成预制大龙骨格框,其构造见图4-55。

8. 特殊形式的吊顶

为了某些功能要求或装饰要求常将吊顶做成特殊形式,如带暗灯槽的高低吊顶、波形吊顶、折线形吊顶、藻井式吊顶等。

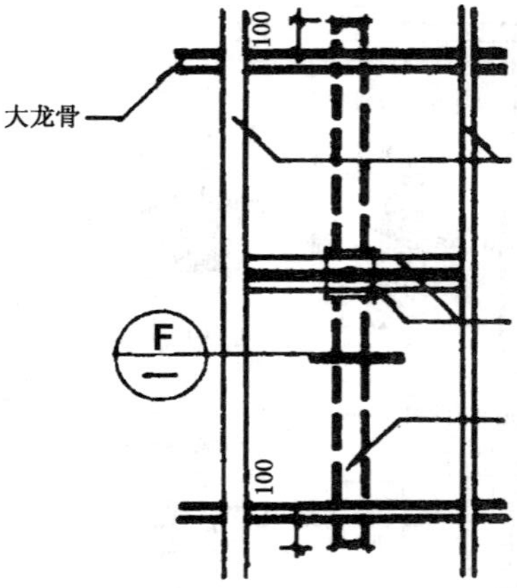

(灯具固定在附加大龙骨上)

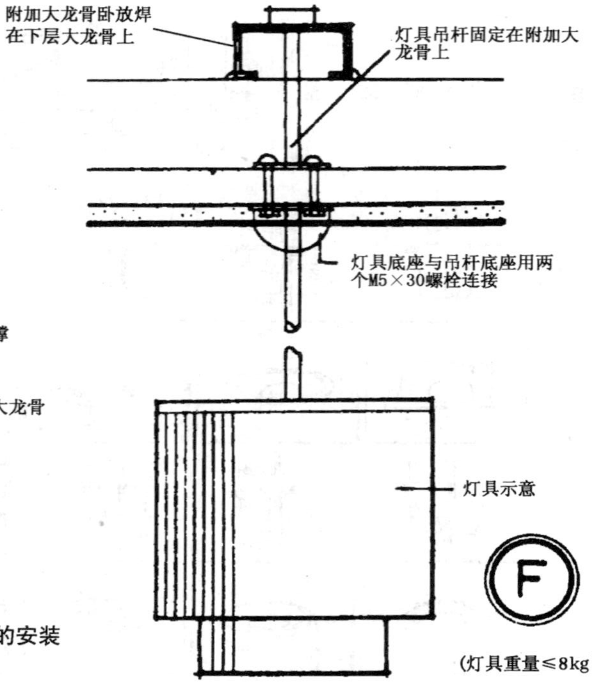

(灯具重量≤8kg)

图 4-51　灯具重量≤ 8kg 时的安装

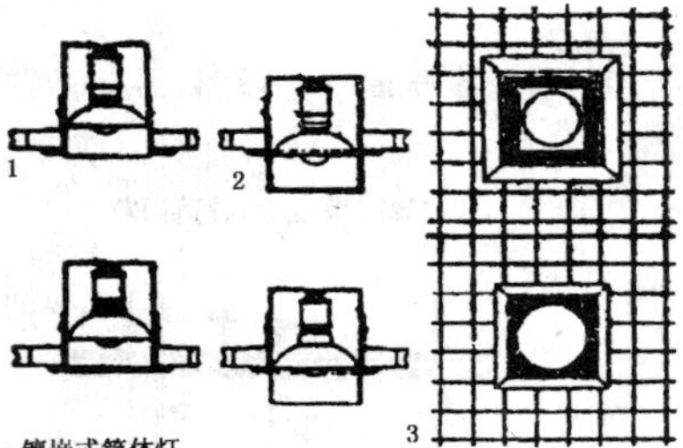

镶嵌式筒体灯

1. 嵌入式筒体灯　2. 平嵌入式筒体灯　3. 平面图

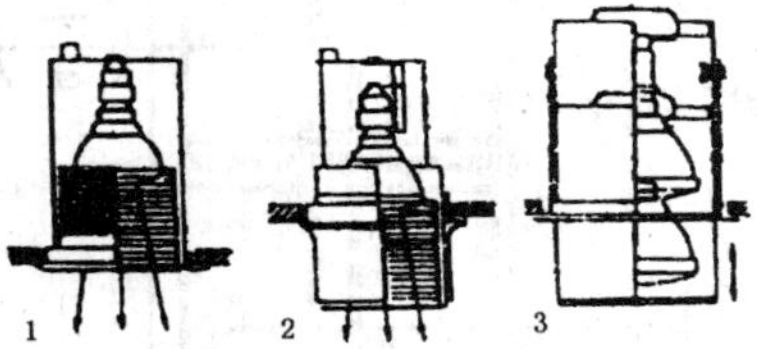

镶嵌式筒体灯

1. 全嵌入式 2. 平嵌入式 3. 上下可调节

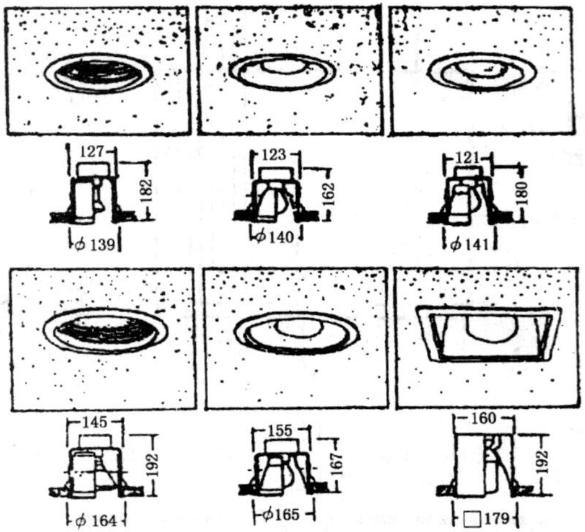

镶嵌式筒体灯类型

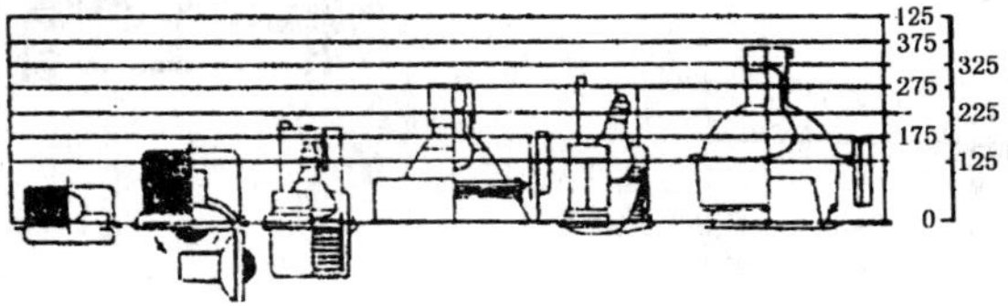

图 4-52　筒体灯的镶嵌形式

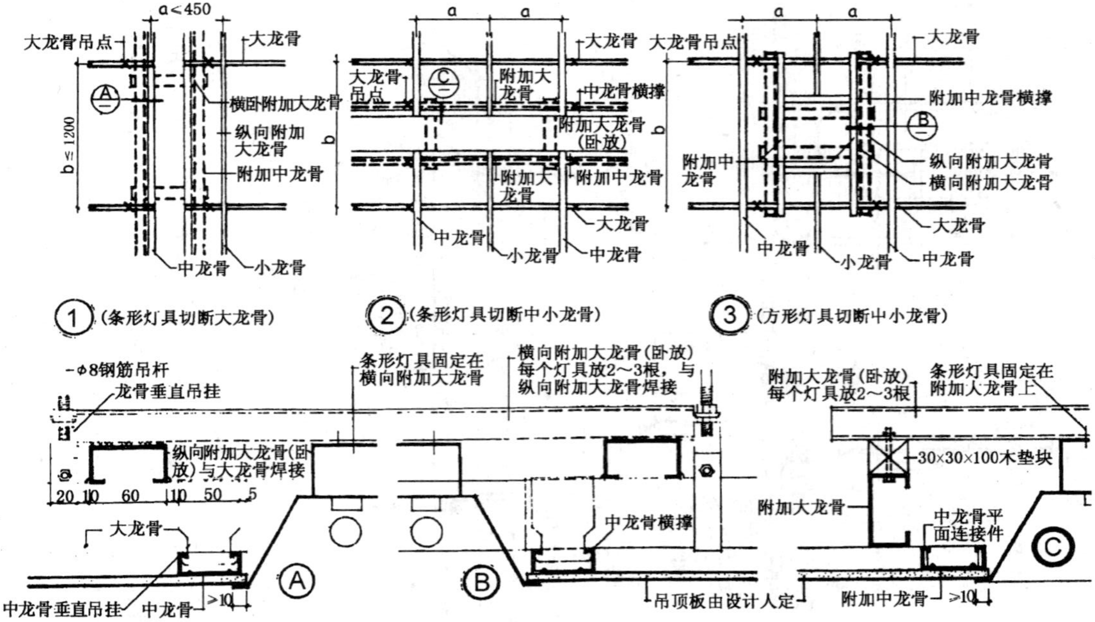

图 4-53　管灯的镶嵌构造

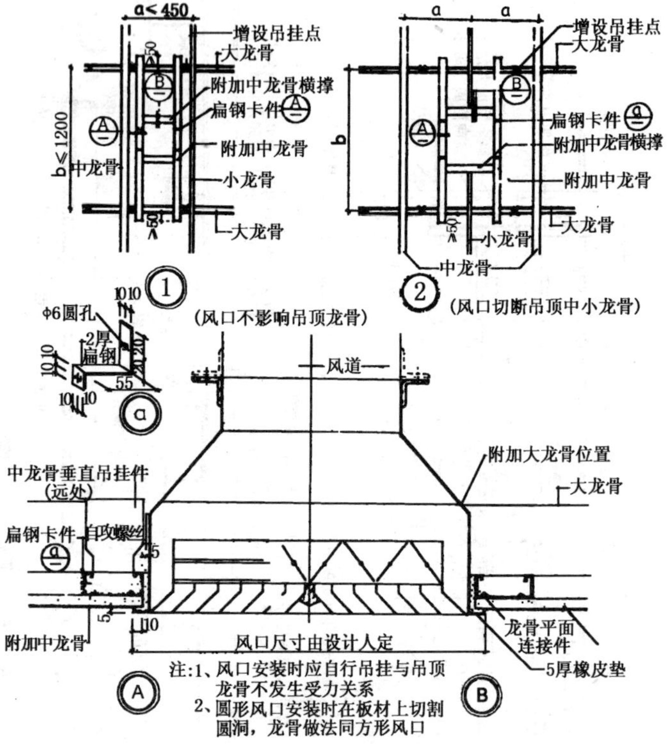

图 4-54　通风口的构造

(1)带暗灯槽的高低吊顶。在影院观众厅或舞厅等公共场所里的吊顶,常做成带灯槽的高低吊顶,按工程需要决定其高低差。灯槽由低处大龙骨挑出,高低处大龙骨之间,用垂直大龙骨在上下端与水平大龙骨焊接连接。灯具安装在阴角的通长木柱上。灯槽边部做封边板,用螺丝与槽边的长扁钢固定。其吊顶平面图见第 368 页图 4-56,吊顶节点详图见第 369 页图 4-57。

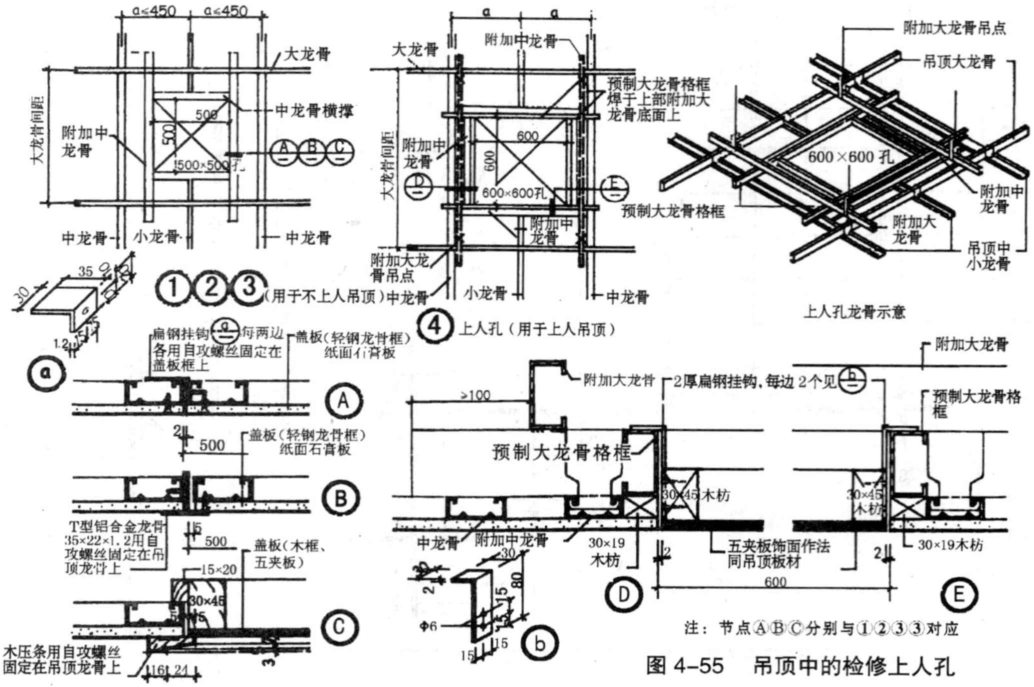

注：节点ⒶⒷⒸ分别与①②③③对应

图 4-55　吊顶中的检修上人孔

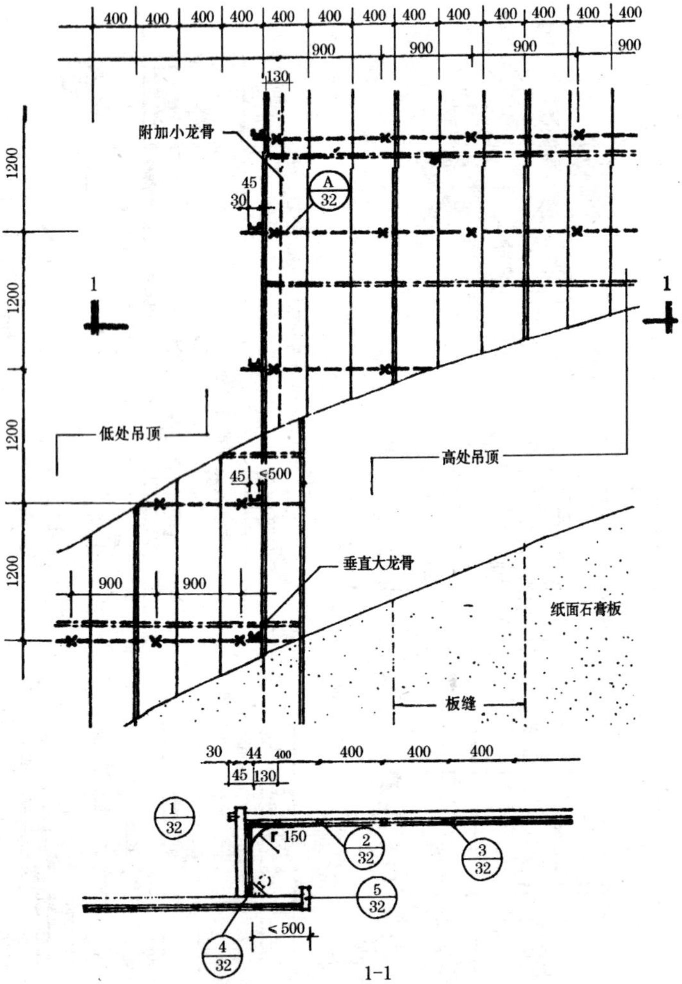

图 4-56　带暗灯槽的高低吊顶平面图

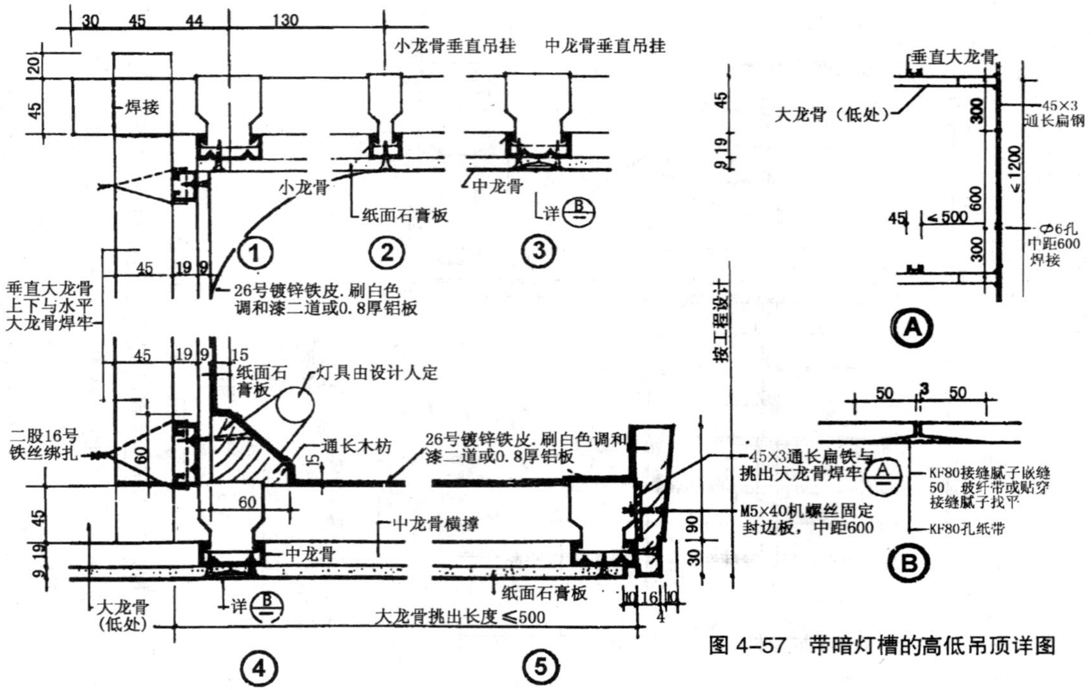

图 4-57 带暗灯槽的高低吊顶详图

(2)波形吊顶。波形吊顶是将吊顶做成高低起伏状，起伏转折变化而成。其吊顶平面图见图 4-58，吊顶详图如图 4-59 所示。

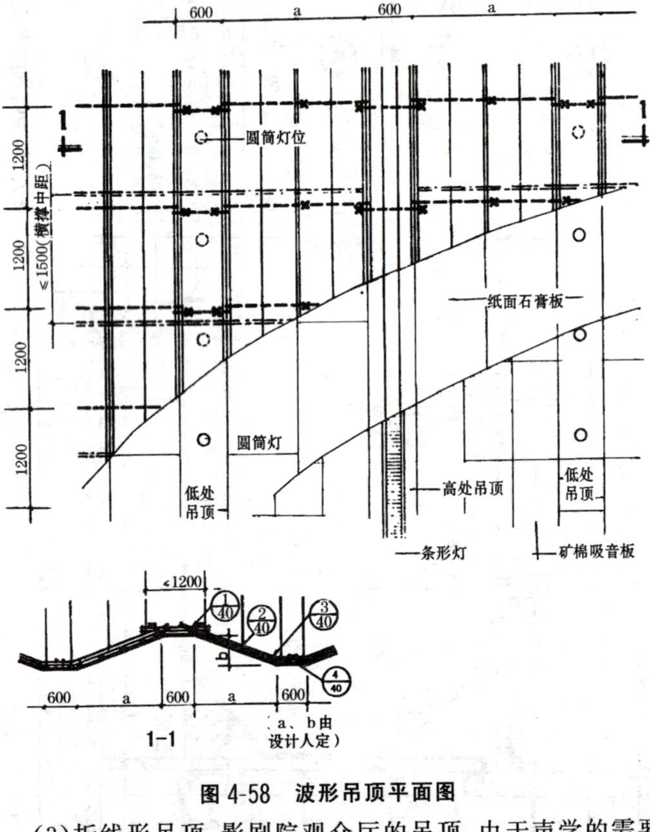

图 4-58　波形吊顶平面图

(3)折线形吊顶。影剧院观众厅的吊顶，由于声学的需要，常做成折线形，折线的形状和尺寸由声学设计确定，见图 4-60 及图 4-61。

(4)藻井式吊顶。在现代建筑的吊顶中，也常仿照我国古

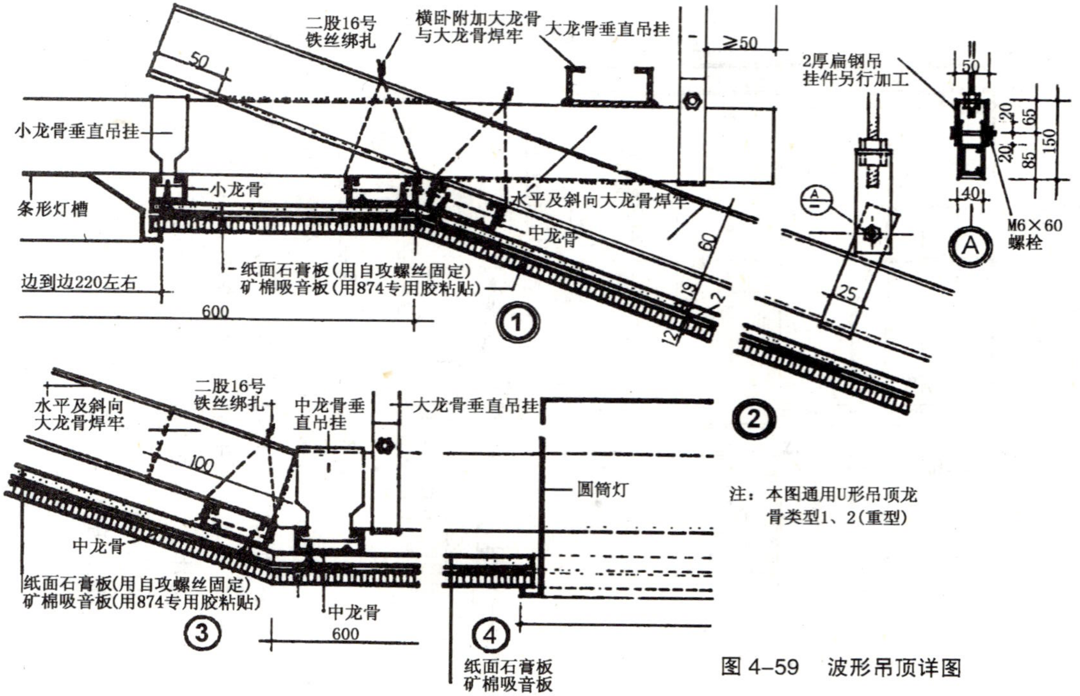

注：本图通用U形吊顶龙骨类型1、2(重型)

图 4-59　波形吊顶详图

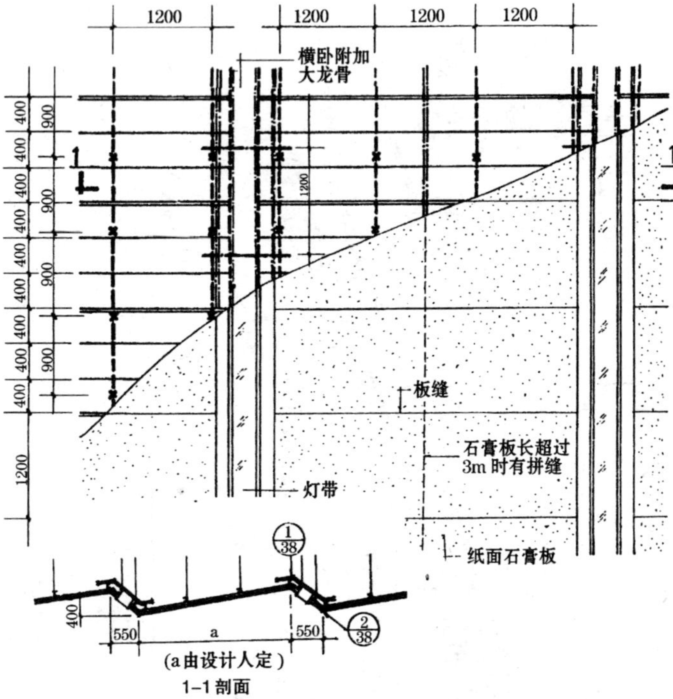

图 4-60　折线形吊顶平面图

代建筑的顶棚形式，即藻井式顶棚。在灯具周围，可做沥粉彩画，画面外形为方块状，与其他形式的吊顶交叉排列组合，形成藻井。每一方块用中龙骨做成预制框格，再用附加大龙骨支撑在大龙骨上。框格凹进 60mm。其吊顶平面图见图 4-62，吊顶详图见图 4-63。

二、施工前的准备工作

1. 施工机具

U 形轻钢龙骨吊顶施工，常用的手工工具有锯割工具，如框锯、单刃与双刃锯、类背刀锯、侧锯、板锯、钬手锯、钢丝锯

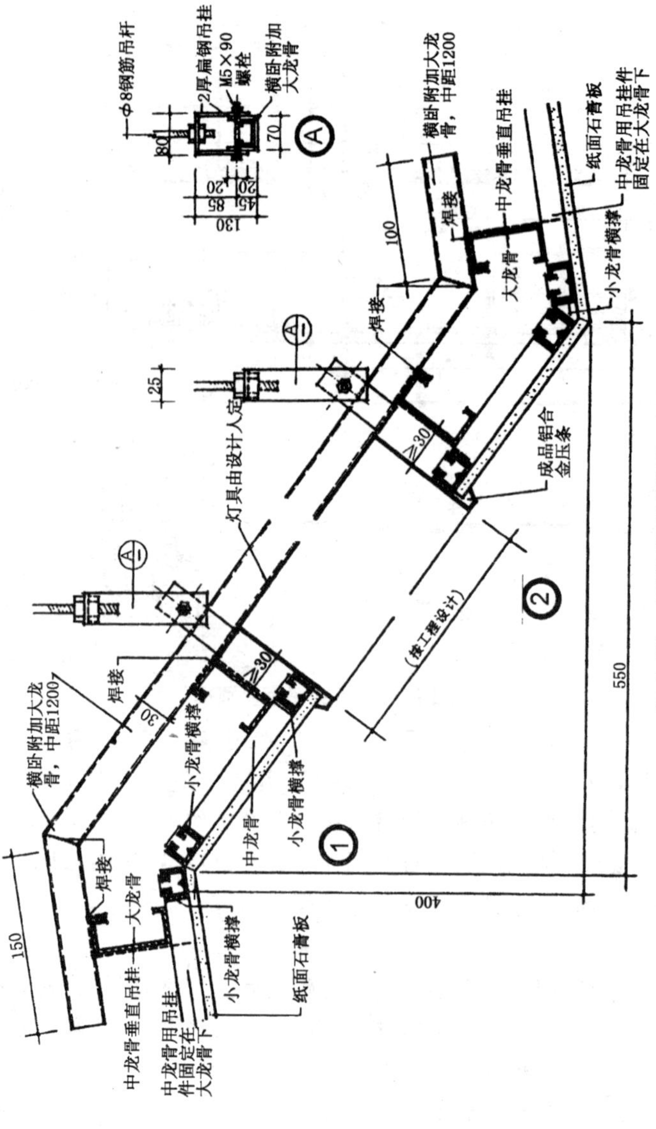

图 4-61　折线形吊顶详图

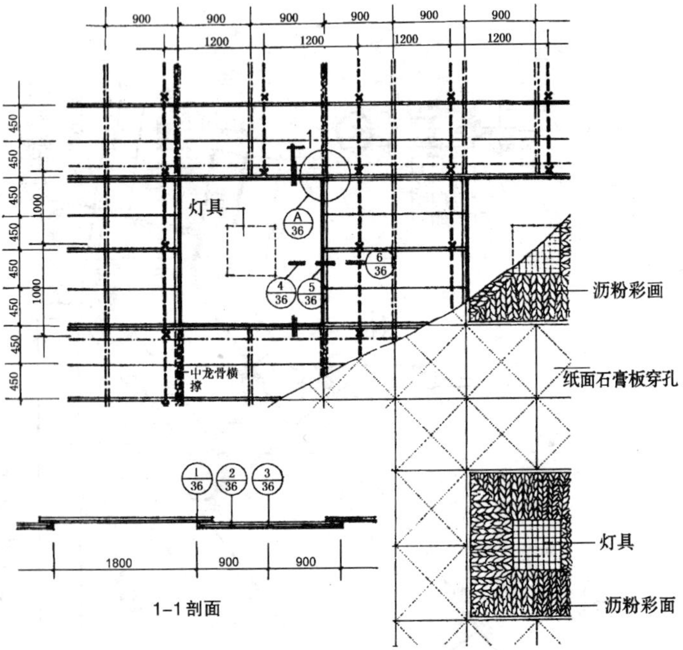

图 4-62　藻井式吊顶平面图

及多用刀;刨制工具,如手刨、边刨、槽刨、线刨等;划线工具及量具,如划线笔、墨斗、量尺、角尺、水平尺、三角尺等;铁锤及起钉工具,如羊角锤、平头锤、起钉器及螺丝刀等。常用机械有手电钻、电锤、砂轮机、自攻螺丝钉钻和射钉枪。专用工具和机械有电动剪、小型无齿锯和电动螺丝刀等。

2. 材料

吊顶用板材(罩面材料),轻钢龙骨及配件,固结材料如射钉、射钉弹、JX 型击芯铝铆钉、自攻螺钉、水泥钉、金属膨胀螺栓、塑料膨胀螺栓等。

3. 对基层的要求

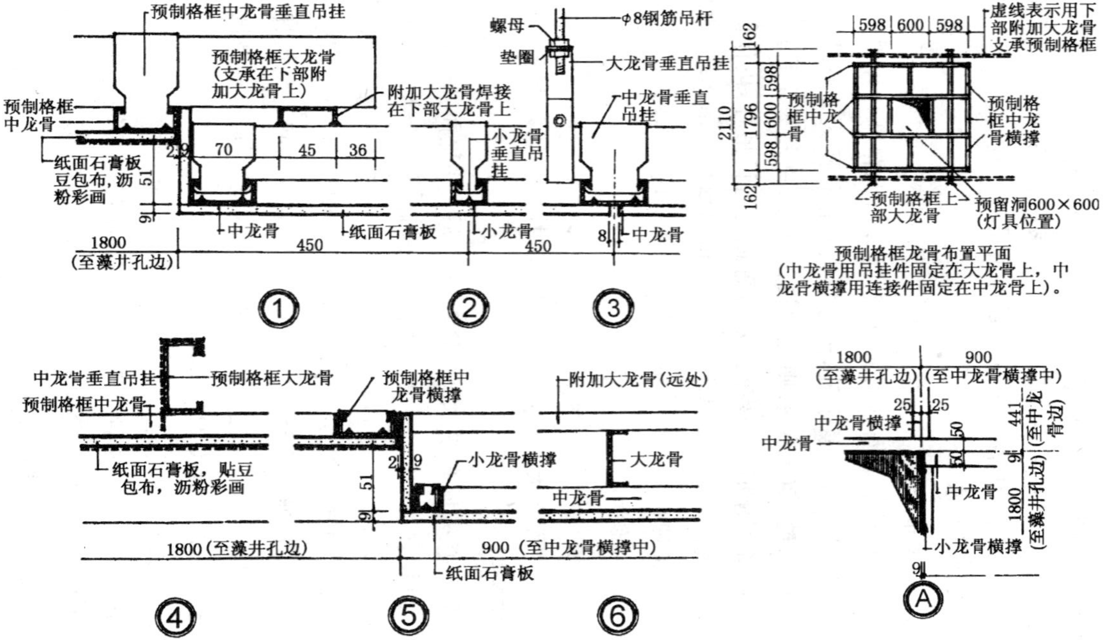

图 4-63　藻井式吊顶详图

根据墙面上 50cm 水平线在墙的四周弹出吊顶面标高线，按照龙骨的间距弹出大龙骨中心线，找出吊顶中心，弹出中心线。复核预埋件与吊点位置弹出吊点位置线。

三、施工方法

1. 安装吊杆

安装前，应计算好吊杆尺寸，注意吊杆与吊挂件连接端的套丝长度，并留有松紧余量，配好螺帽。吊杆距大龙骨端部的距离不得超过 300mm，否则应增设吊杆，以免大龙骨下坠。当吊杆与设备相碰时，应调整吊点位置或者增设吊杆，以保证吊顶的安装质量。检查与调整无误后，可根据吊点中心线，将吊杆固定在预埋件上。预埋的吊杆需要接长时，必须搭接焊牢，焊缝应均匀饱满。

2. 安装大龙骨

用吊挂件将大龙骨连接在吊杆上，拧紧螺丝并卡牢，如图 4-64 所示。

当整个房间的大龙骨安装完毕后，用断面为 60×60(mm)的长方木(其一面钉一排圆钉，圆钉间距分别为大龙骨的净距和龙骨宽度)横放在大龙骨上，使铁钉卡住每个房间的吊顶龙骨。可用几根长方木临时固定，如图 4-65 所示。然后，按龙骨标高拉通十字线或对角水平线。调平时可拧动吊杆螺栓，使吊顶面平整，并应考虑顶棚的起拱要求。起拱的高度不应小于房间短向跨度的 1/200。

3. 安装中、小龙骨

中龙骨应与大龙骨垂直，用吊挂件固定在大龙骨的下面。吊挂件的上端要与大龙骨卡住，并用钳子将 U 形脚插入大龙骨内，见第 378 页图 4-66。

中龙骨的间距应按施工图规定的尺寸来安排，当间距大

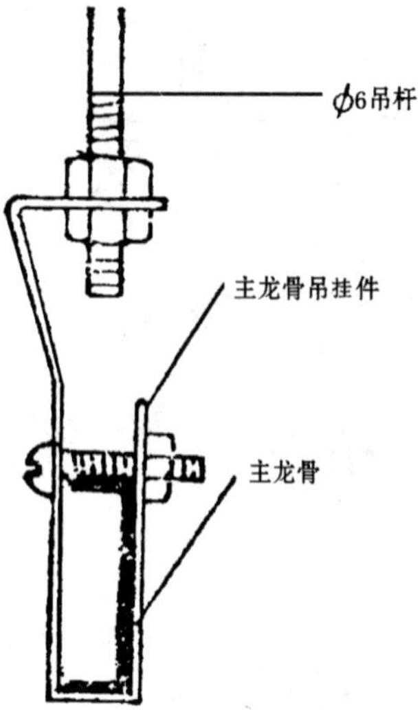

图 4-64　主龙骨与吊杆连接

于 900mm 时，应在中龙骨之间增加小龙骨。小龙骨要与中龙骨平行，并用小龙骨吊挂件固定。中、小龙骨必须与大龙骨的底面紧贴（单层龙骨作法除外），并在安装垂直吊挂件时用钳子夹紧，以防止因受力不均所造成的局部应力集中，从而导致变形甚至破坏。

4. 安装横撑龙骨

横撑龙骨应与中、小龙骨相垂直地安装在罩面板的拼接处，并使它们处于同一个水平面内。在横撑龙骨的端头插入接插件，将横撑龙骨与中、小龙骨连在一起。安装时，应保证横撑龙骨与中、小龙骨的底面平顺，以便安装罩面板。

横撑龙骨可以用中、小龙骨截取。

5. 其他部件安装

对于灯具口、检修口、空调口等吊顶上的孔洞，应根据其尺寸大小，事先将封边的横撑龙骨安装好。

6. 龙骨安装质量检查

龙骨安装完毕后，应对安装质量进行检查，检查内容包括上人龙骨的荷载试验，重点是检查吊顶的设备检修口周围，以及检修人员在吊顶上部活动机会较多部位的受力状况，用加载的方法检查吊顶的强度和刚度，观察加载后有无明显的翘曲和颤动。检查吊顶的各吊杆、吊点、连接点有无虚接、漏连接

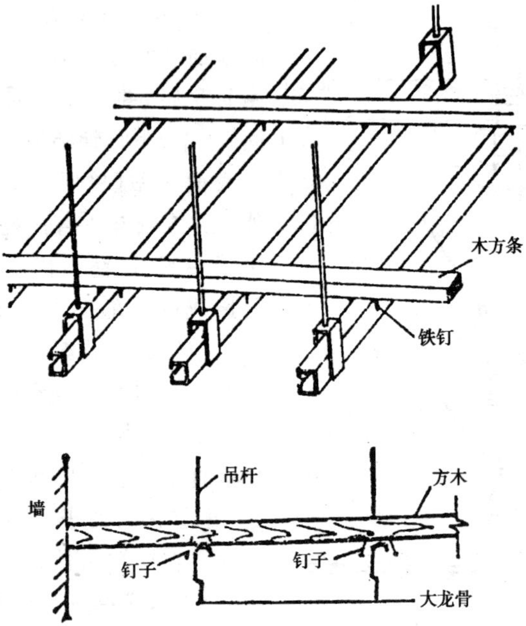

图 4-65　主龙骨定位调平

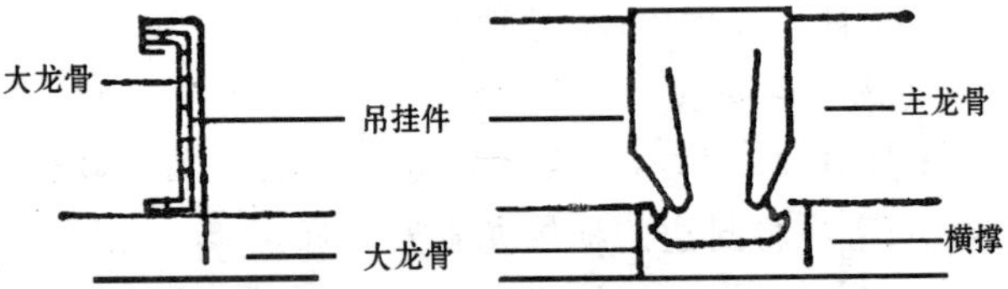

图 4-66　中龙骨的安装

的地方。检查龙骨的外形有无翘曲、扭曲现象。如果发现质量问题,应及时进行修整、补装或者加固处理。

7. 罩面板装饰

在安装罩面板之前,应对罩面板的质量进行检查。用作基层板的板材，应剔除破损、裂缝、受潮、变形的板，把合格的板材托起平放，防止受潮、变质。用于装饰的面层板，多为定形的饰面板，除了剔除上述缺陷的板块外，还应对板的花纹色彩进行检查，如果花纹不同和色彩差别较大，应分别放置。

罩面板与龙骨的连接有不同的方法，如钉接、粘接、卡紧等等。

基层板的安装，一般用自攻螺钉将基层板固定于龙骨上。安装时，先将板材就位用电钻钻通板材和龙骨，然后用自攻螺钉拧紧，钻头的直径应略小于自攻螺钉的直径，螺钉间距一般为 150～200mm，钉头应沉入板面 2～3mm，钉眼用腻子抹平。

板块的接缝应交错布置，以减少吊顶的变形和板缝的集中。

定型饰面板的安装，一般是用自攻螺钉固定在 U 形龙骨上，螺钉的数量以能固定住板材为宜，钉眼可以用与饰面板色彩相同或略浅的涂料点涂，如为有色饰面板，则用油漆点涂。对于塑料凹凸板，应在安装前切去飞边，用定型钢模框或木模框将钙塑凹凸板套在其中，再用刀裁切成尺寸一致、边棱整齐的板块。钙塑凹凸板的固定，可用粘贴、压条、钉子、塑料花等方法。

用粘贴方法固定钙塑凹凸板时，应检查基层板和小龙骨的安装是否符合要求，并应按板的尺寸和接缝宽度，在基层或小龙骨上弹出纵横分块的控制线条。粘贴板块时，须先将龙骨的粘贴面清扫干净，再将胶粘液均匀地涂刷在龙骨和钙塑板上，静停 3～4 分钟后，即可用手托起板块，对准控制线进行粘贴。每张板块粘贴后，应沿周边均匀按压一遍，再用小木条托压，使板能紧密粘牢。挤出的胶液，应及时擦净。待全部板块粘贴完毕后，用胶粘剂拌石膏粉调成腻子，把板缝、坑洼和麻面补实、刮平；如果板面有污迹，须用肥皂水洗擦除污，再用清水抹净。

用压条法固定钙塑凹凸板时，压条可以采用木条、金属条、硬质塑料条等。在钉压条之前，要先用钉子将钙塑凹凸板固定就位。钙塑凹凸板全部就位后，在板缝处弹出压条控制线，然后按控制线的位置钉压条，钉距应小于200mm。

用钉子固定钙塑凹凸板时，须采用镀锌圆钉。钉距小于150mm，排列整齐；钉帽应与板面齐平，并用与板面颜色相近的油漆涂盖。

用塑料花固定钙塑凹凸板时，可以用镀锌木螺钉将塑料花钉压在板块的四角部位，同时沿着板边缘用镀锌圆钉进行固定，露明的钉帽要用与板面颜色相近的油漆涂盖。

四、常见的施工缺陷及预防措施

1. 吊顶龙骨拱度不均匀；吊顶轻质板材面层变形；轻质板材面层同一直线上的分格木压条或板块明拼缝，其边棱不在同一条直线上，有错牙、弯曲等现象；纵横木压条或板块明拼缝分格不均匀、不方正。

以上缺陷的产生原因及预防措施，参见本章第二节“四”中相关内容。

2. 吸音板面层的孔距排列不均匀，孔眼从不同方向看不成直线，并有弯曲错位现象。

(1)主要原因如下：

①未按设计要求制作板块样板；或因板块及孔位加工精度不高，偏差大而使孔距排列不均。

②装钉板块时，操作不当，致使拼缝不直，分格不均匀、不方正等。

(2)预防措施如下：

①板块应装匣钻孔。即用5mm钢板做成样板，放在被钻板块上面，用夹具螺栓夹紧，垂直钻孔，每匣放12～15块，第一匣加工后试拼，合格后继续加工。

②板块装钉前，应在每条纵横龙骨上按所分位置弹出拼缝中心线及边线，然后沿弹线装钉板块，如发生超越应予修整。

第四节　T形金属龙骨吊顶

一、构造作法

1. T形金属龙骨吊顶的组成

T形金属龙骨吊顶由吊杆、大龙骨、中龙骨（靠墙的又称边龙骨）、小龙骨，以及各种附件组成。大龙骨的截面呈U形，分轻型、中型和重型三种系列：轻型系列的截面高度为30mm和38mm，中型系列的截面高度为45mm和50mm，重型系列截面高度为60mm。中型中龙骨的截面呈T形（安装时倒置），在靠墙边上的中龙骨，截面为L形，截面高度为32mm和35mm。小龙骨的截面亦为T形（安装时倒置），截面高度为22mm和32mm。吊杆一般采用φ6或φ8钢筋，其一端套丝。各种T形金属龙骨系列的尺寸及配件见表4-8。

T形金属龙骨吊顶的饰面层，通常使用矿棉板、玻璃纤维板、装饰石膏板、钙塑装饰板、泡沫塑料装饰板等轻质板材；亦可使用经切割的纸面石膏板或石棉水泥板，但需要做饰面涂层。

2. 龙骨的安装方法

T形金属龙骨吊顶，龙骨的安装方法有两种：即一般安装

表 4-8　T形金属吊顶龙骨及配件 (2)(铝合金龙骨)

名称	主件			配件						
	龙骨			垂直吊挂件			纵向连接件			平面连接件
	轻型	中型	重型	轻型	中型	重型	轻型	中型	重型	
大龙骨	 0.45kg/m	 0.67kg/m	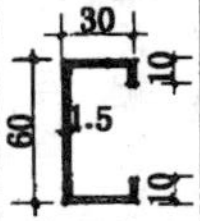 1.52kg/m	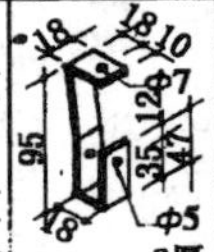 2厚	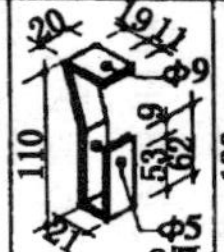 2厚	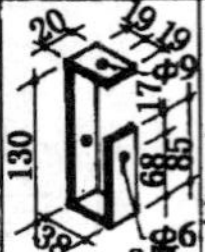 3厚	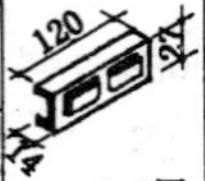 1.2厚	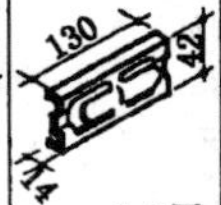 1.2厚	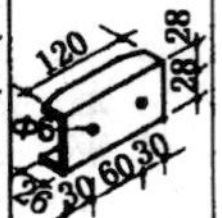 1.2厚	
中龙骨	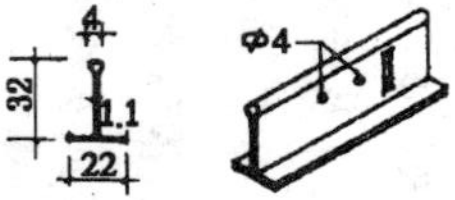 0.2kg/m				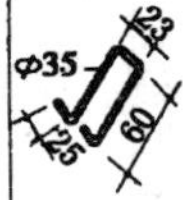	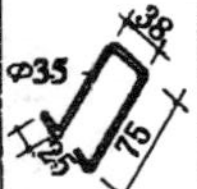	 0.8厚			
小龙骨	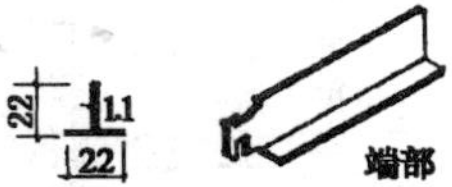 0.15kg/m									
边龙骨	 0.15kg/m	 0.24kg/m								

方法和轻便安装方法。前者适用于中型、重型吊顶，后者适用于轻型不上人的吊顶。

一般安装作法是用双层龙骨：大龙骨为U形轻钢龙骨，间距1000～1200mm；中、小龙骨多采用T形龙骨，中龙骨应紧贴大龙骨底面安装，并与大龙骨垂直，其间距随面板尺寸而定，一般为500mm或600mm；小龙骨与中龙骨安装在一个平面上，并且在中龙骨的翼缘上。一般安装作法示意图见图4-67，吊顶平面图见图4-68，其节点详图见图4-69。

轻便安装作法是用单层龙骨，大、中龙骨均为T形（倒置），吊杆可用8#铁丝。直接悬吊大龙骨（或称主龙骨），大龙骨与中龙骨安装在同一平面上，其间距均取决于吊顶板材的尺寸，吊顶板材可以直接放在大、中龙骨组成的框格内，从而使龙骨露明。或将小龙骨插入吊顶板材边缘的凹槽内，而使小龙骨暗装。轻便安装作法的示意图见图4-70。吊顶平面图见图4-71。吊顶的节点详图见图4-72。

3. 吊顶中的窗帘盒

T形金属龙骨吊顶中的暗窗帘盒，与U形轻钢龙骨吊顶相同，通常的作法有三种，即独立式、连通式、周边式。亦有单轨窗帘盒与双轨窗帘盒之分，其宽度不同。盒体用20mm木板材制作，再用特制的钢连接件一边用木螺钉固定在盒顶板上，另一边用射钉固定在墙上，如图4-73所示。

4. 吊顶中的风口的安装

T形金属龙骨吊顶中的风口，应自行吊挂。根据风口尺寸，在风口两侧应附加大龙骨，用风口固定铁件将风口与附加大龙骨连接固定，如图4-74所示。

5. 吊顶中灯具的安装

T形金属龙骨吊顶中的吸顶灯具的安装，需要根据灯座

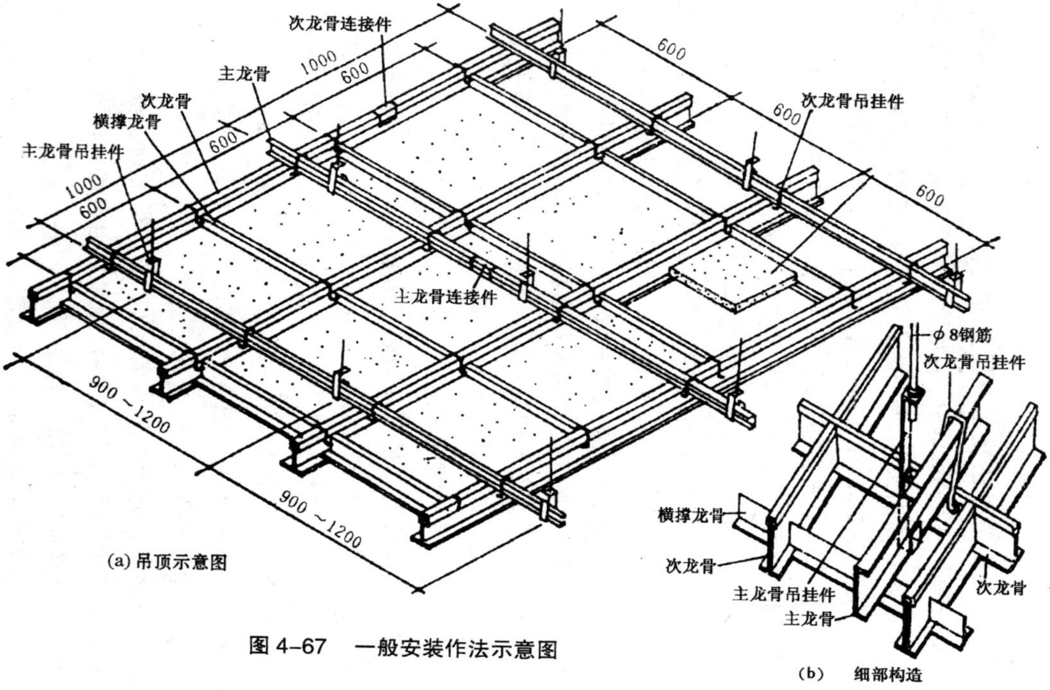

图 4–67　一般安装作法示意图

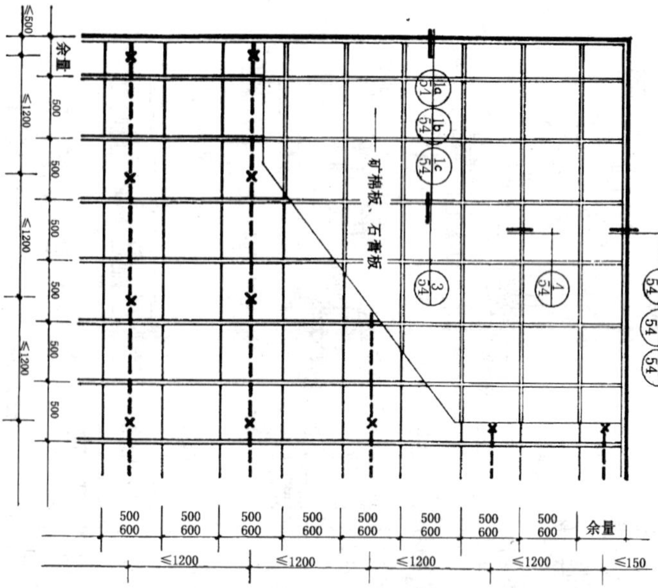

图 4-68　一般安装平面图

的尺寸，在大龙骨上与大龙骨垂直方向附加两根大龙骨，在附加大龙骨下面固定 50×50(mm)的木方，长度视实际需要而定，在木方下固定垫木，使灯座与垫木连接固定。如第 392 页图 4-75 所示。

吊顶中的嵌顶灯具，亦应根据灯槽尺寸，在大龙骨上并与大龙骨垂直安装两根附加大龙骨，在另两侧再附加两根大龙骨，支承在前述附加大龙骨上，而组成龙骨框格，再用固定铁件将槽固定。如第 393 页图 4-76 所示。

6. 吊顶中的光带

吊顶中的光带，一般是用日光灯作光源组合成长条的灯槽，亦可与风口、烟感器、自动喷洒头、事故照明、喇叭等组合

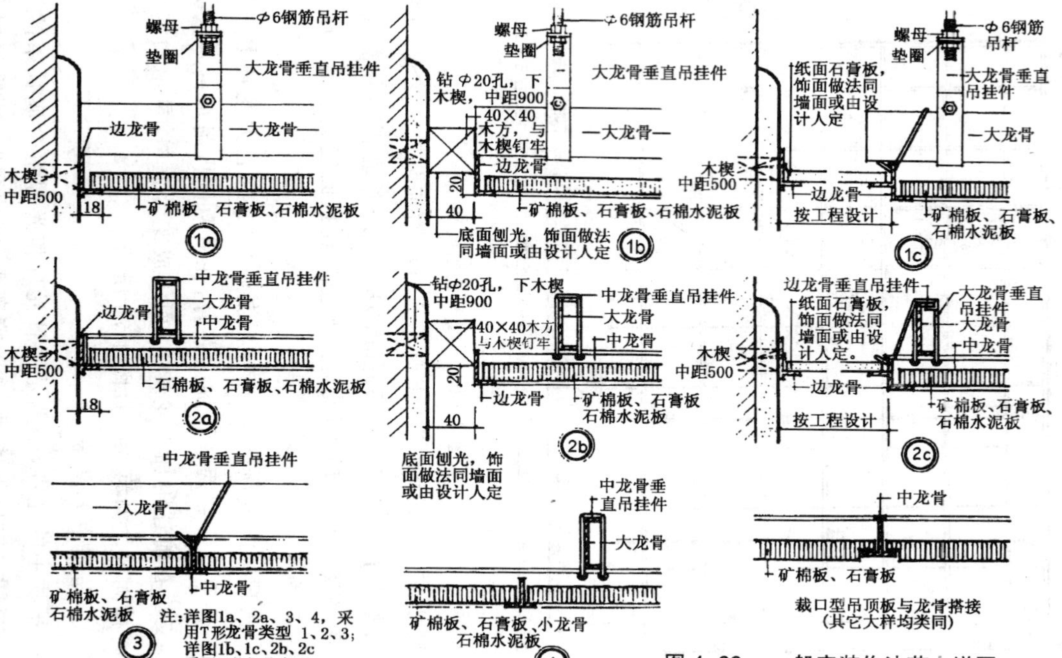

图 4-69　一般安装作法节点详图

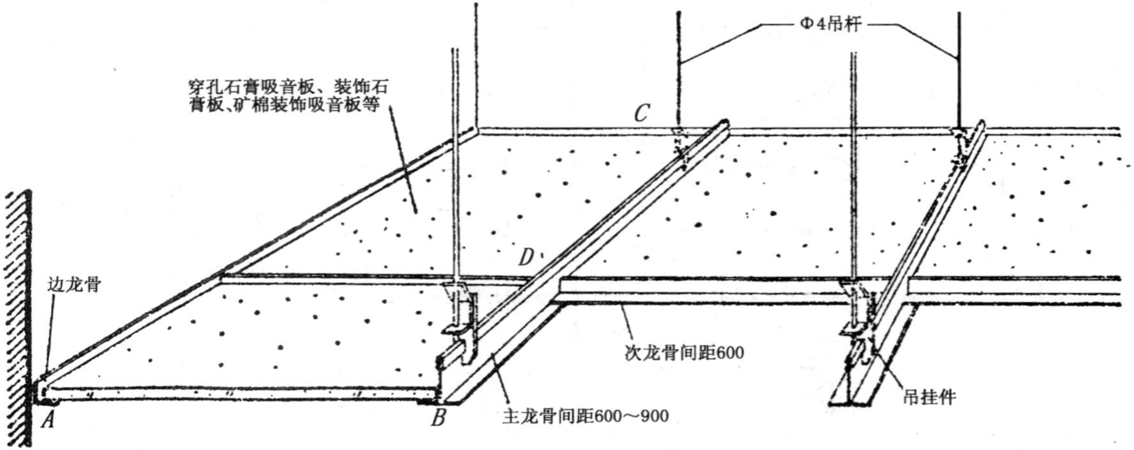

图 4-70　轻便安装作法示意图

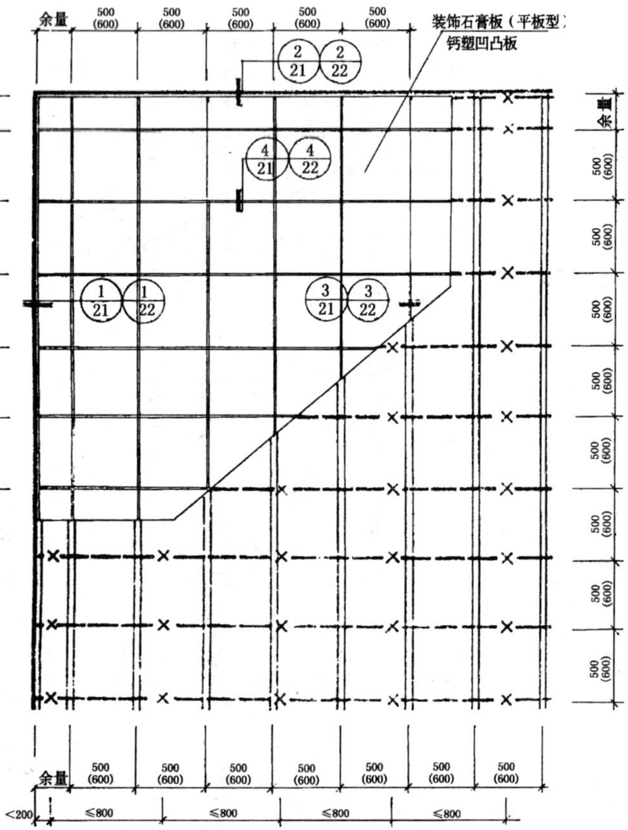

图 4-71　轻便安装作法平面图

布置。当灯槽切断大龙骨时，应在切断处附加大龙骨，附加大龙骨焊在大龙骨上，再用灯具吊挂件将灯槽吊挂在附加大龙骨上。灯槽两边由 T 形龙骨翼缘托起。灯槽宽度为 330mm，或者按设计要求尺寸决定。光带的遮光板可以用有机玻璃。光带平面图见第 394 页图 4-77，详图见第 395 页图 4-78。

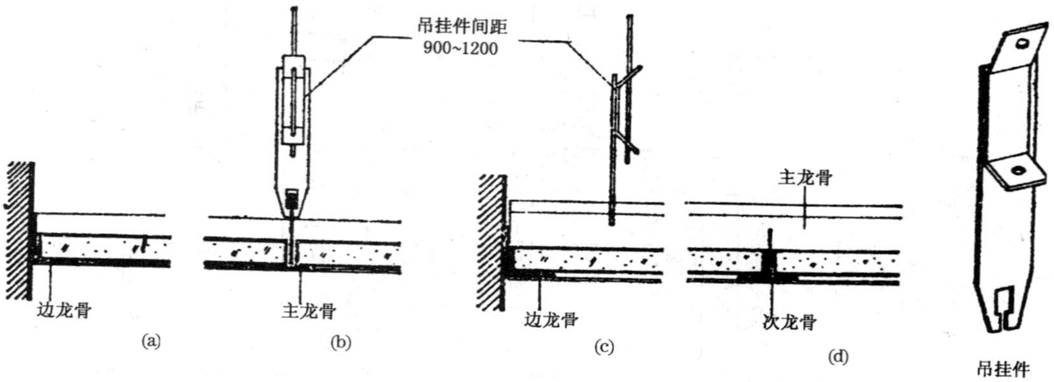

图 4-72　轻便安装作法节点详图

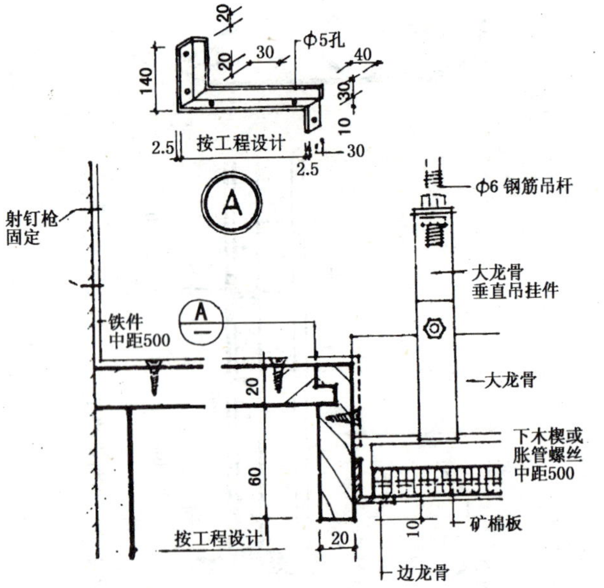

(a)

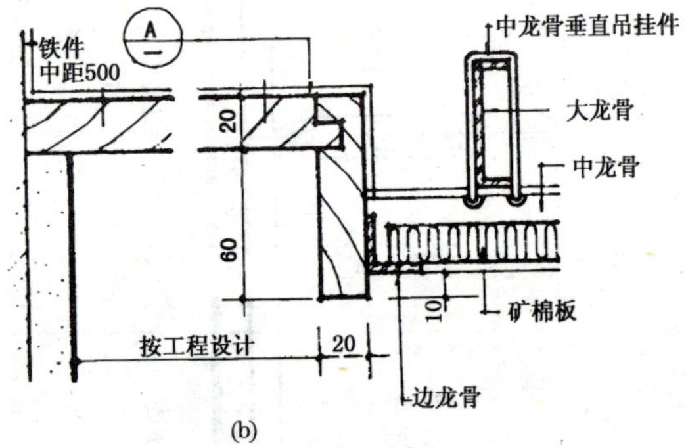

(b)

图 4-73　窗帘盒的构造

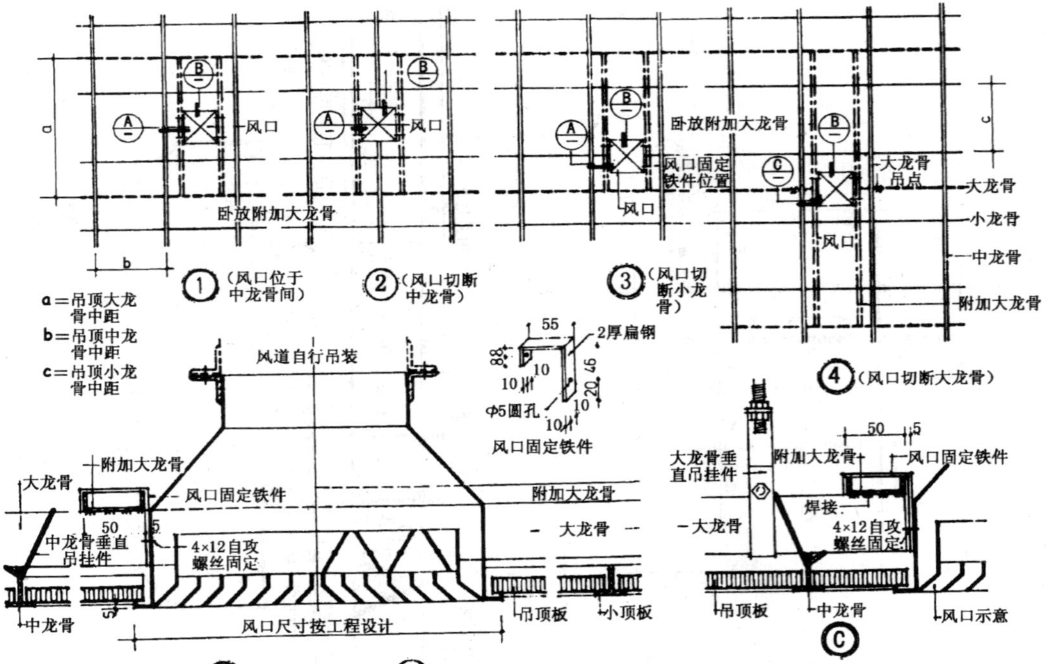
风口
卧放附加大龙骨
①（风口位于中龙骨间）
②（风口切断中龙骨）
③（风口切断小龙骨）
风口固定铁件位置
大龙骨吊点
大龙骨
小龙骨
中龙骨
附加大龙骨
④（风口切断大龙骨）
a＝吊顶大龙骨中距
b＝吊顶中龙骨中距
c＝吊顶小龙骨中距
风道自行吊装
附加大龙骨
大龙骨
风口固定铁件
中龙骨垂直吊挂件
4×12自攻螺丝固定
风口尺寸按工程设计
吊顶板
小顶板
55
2厚扁钢
Φ5圆孔
风口固定铁件
大龙骨垂直吊挂件
焊接
风口示意
Ⓐ
Ⓑ
Ⓒ

图 4-74　风口的安装

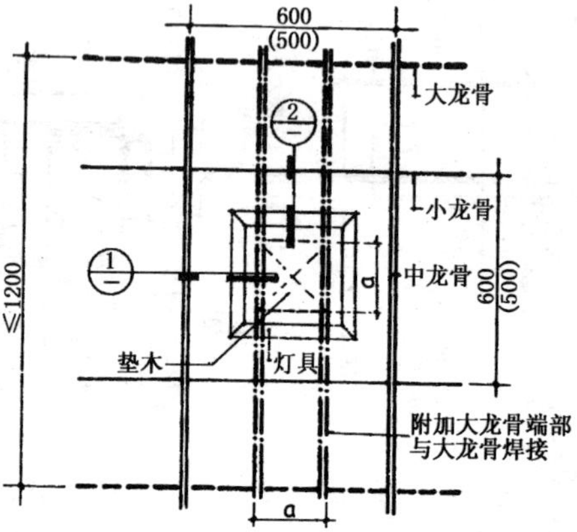

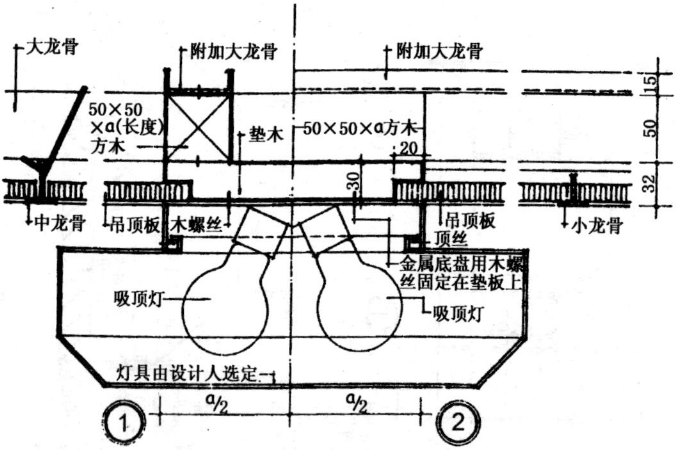

吸顶灯具安装平面

图 4-75　吸顶灯具的安装

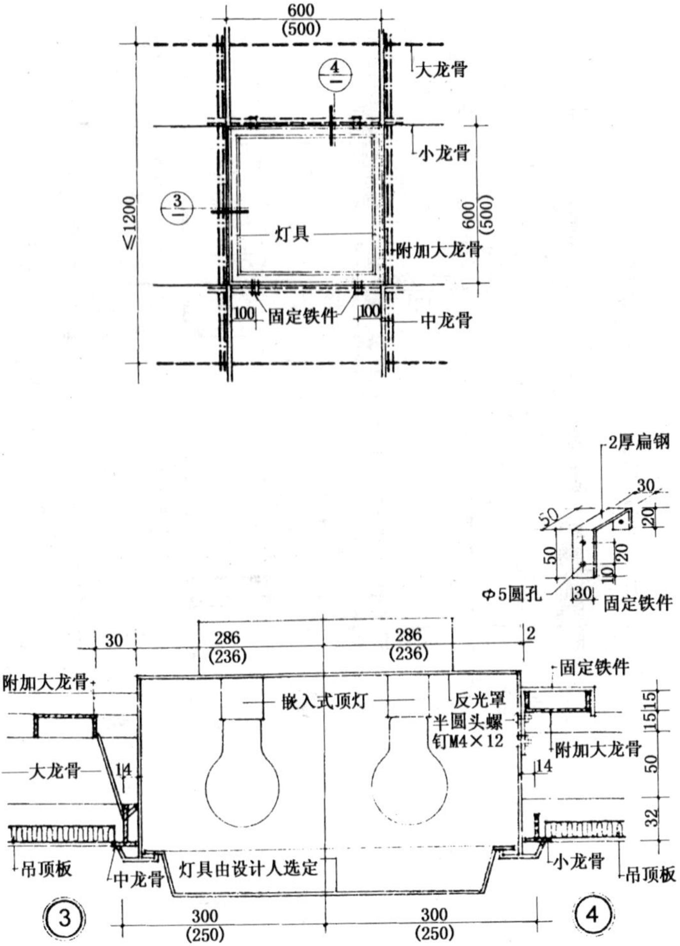

图 4-76　嵌顶灯具的安装

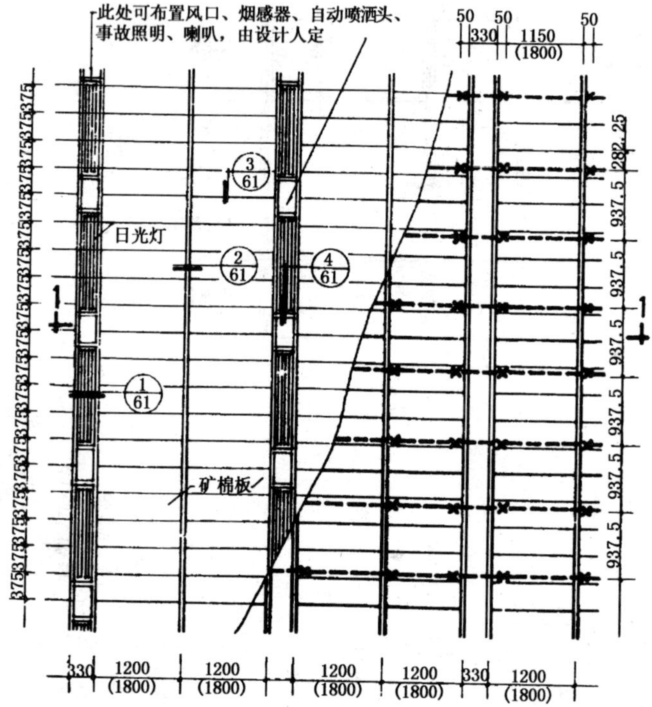

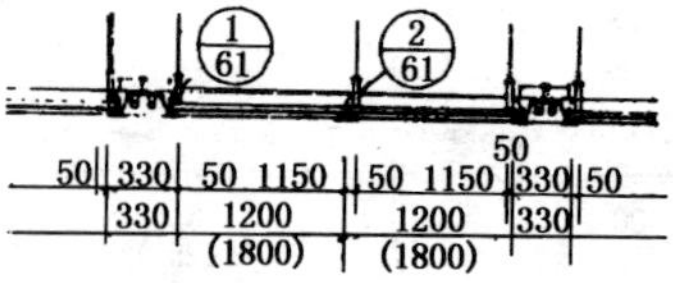

1-1 剖面

图 4-77 光带平面图

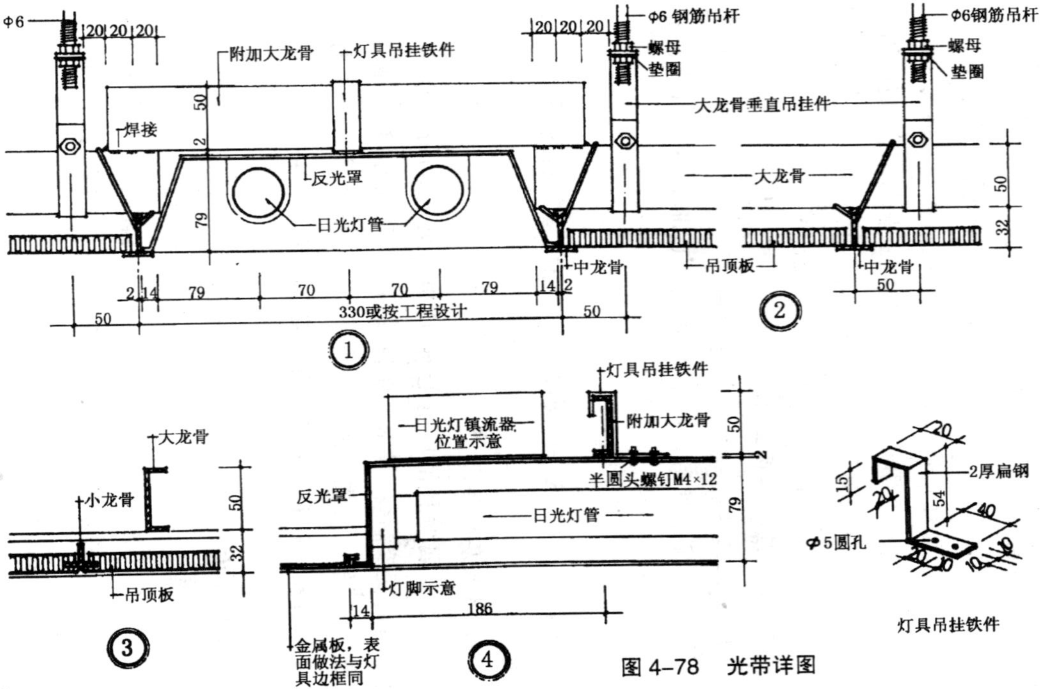
Φ6
20 20 20
附加大龙骨
灯具吊挂铁件
50
焊接
2
反光罩
79
日光灯管
2 14 79 70 70 79 14 2
330或按工程设计
50
50
①
20 20 20
Φ6 钢筋吊杆
螺母
垫圈
Φ6钢筋吊杆
螺母
垫圈
大龙骨垂直吊挂件
大龙骨
50
32
吊顶板
中龙骨
中龙骨
50
②
大龙骨
小龙骨
50
32
吊顶板
③
灯具吊挂铁件
日光灯镇流器
位置示意
附加大龙骨
50
2
半圆头螺钉M4×12
反光罩
79
日光灯管
灯脚示意
14
186
金属板，表
面做法与灯
具边框同
④
20
2厚扁钢
15
20
54
40
Φ5圆孔
20 10
12 10
灯具吊挂铁件

图 4-78　光带详图

7. 高低错台吊顶

T 形金属龙骨吊顶中有高低错台时，不宜采用直接吊挂中龙骨，而要采用高处吊顶龙骨与低处吊顶龙骨分别吊挂的方法。在高、低处吊顶的交接处垂直面，应附加竖向大龙骨并与大龙骨焊牢。在阳角处焊接 L50×4 通长角钢，以便于固定 32×84(mm)通长木阳角条。高低错台吊顶平面图和剖面图见图 4-79。其详图见图 4-80。

二、施工前的准备工作

1. 施工工具

T 形金属龙骨吊顶的施工机具与 U 形轻钢龙骨吊顶相同。

2. 材料

吊顶用板材，大、中、小龙骨及配件，固结材料同 U 形轻钢龙骨。

3. 对基层的要求

T 形金属龙骨吊顶施工前，应根据墙上 50cm 标高线弹出吊顶高度控制线。根据饰面板及吊顶平面尺寸，合理地布置龙骨，保证吊顶有规整的装饰效果。在分格时，如出现非标准尺寸的分格，应将非标准分格布置在四周或吊顶的不显眼部位。

为便于安装，龙骨净距应大于饰面板尺寸 2mm 左右。饰面板尺寸通常为 600×600、600×1200(mm)。

为了准确地安装吊杆，应弹出吊点位置线。铝合金龙骨的吊点间距，应考虑吊顶荷载及平整度需要，一般间距为1000～1200mm。

三、施工方法

1. 吊件

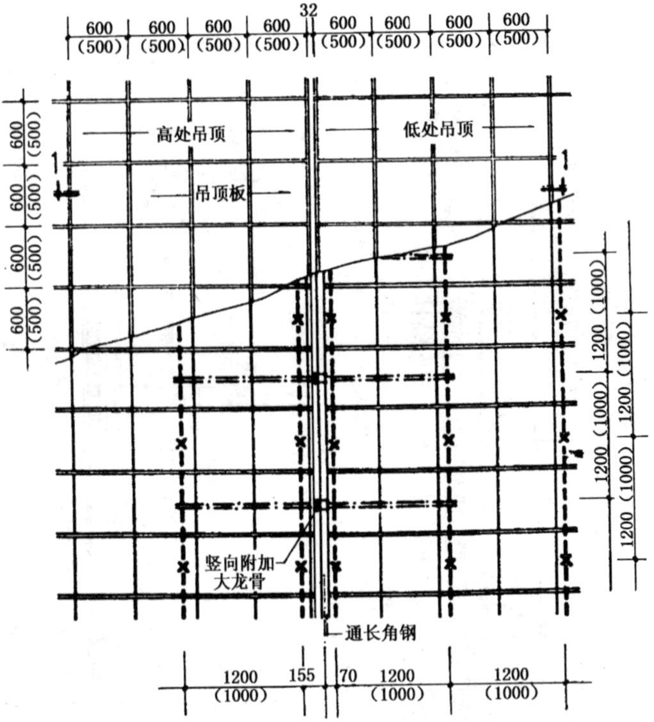

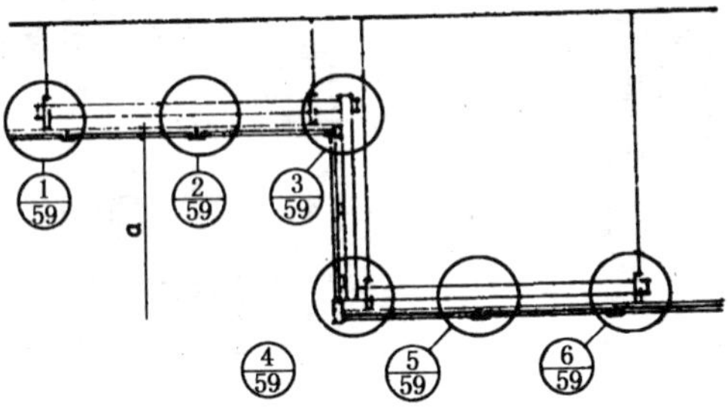

1-1剖面

图 4-79　高低错台吊顶平面图、剖面图

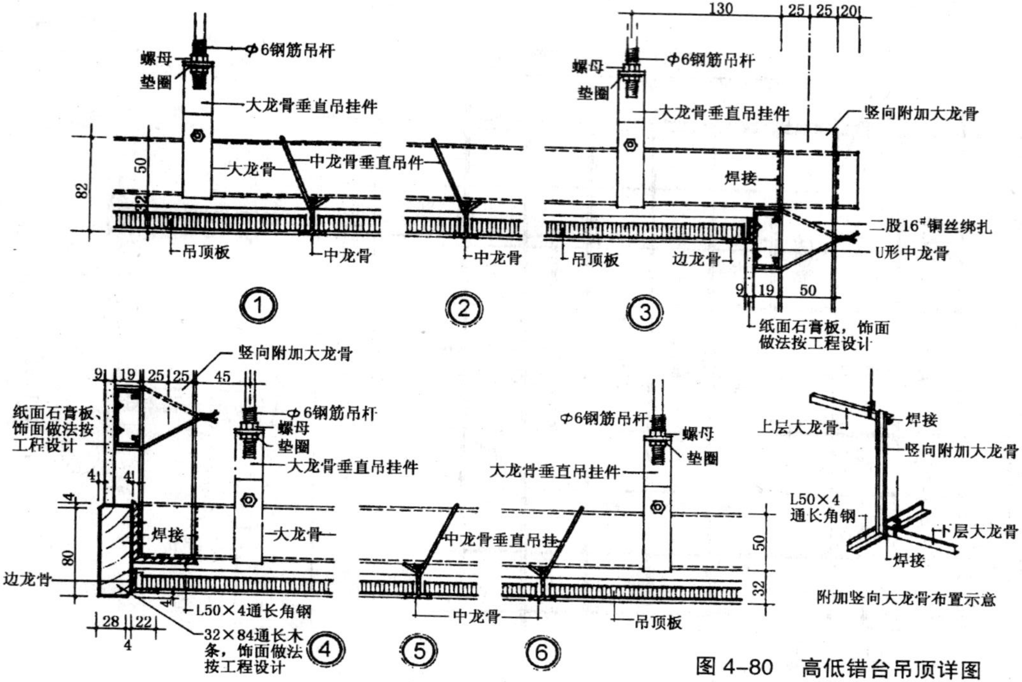

图 4-80　高低错台吊顶详图

T 形金属龙骨吊顶的吊件，通常使用膨胀螺钉或射钉固定的角铁件。镀锌铁丝吊杆，可以用双股 18# 铁丝，如用单股铁丝，其直径不应小于 14 号铁丝的直径。钢筋吊杆的直径可采用ϕ 6。

2. 安装龙骨

安装龙骨时，首先是沿着墙面上的标高线固定边龙骨，边龙骨的底面应与吊顶标高线齐平。固定的方法，是先在墙上用 ϕ 20 的钻头钻孔，孔距 500mm，然后将木楔打入孔内，用木螺丝将边龙骨固定于木楔上。

安装中、小龙骨时，为了保证龙骨间距的准确性，应事先制作一个标准尺杆，安装时将其卡在两龙骨之间，用来控制龙骨间距。由于中、小龙骨露于板外，因此，对龙骨的安装质量要求应高些，保证平直一致。

3. 安装饰面板

T 形金属龙骨吊顶的表面有明龙骨安装和小龙骨暗装两种型式。

明龙骨安装时，将饰面板安装在中、小龙骨的格框内，不需固定，龙骨露于板外，应注意龙骨调直。

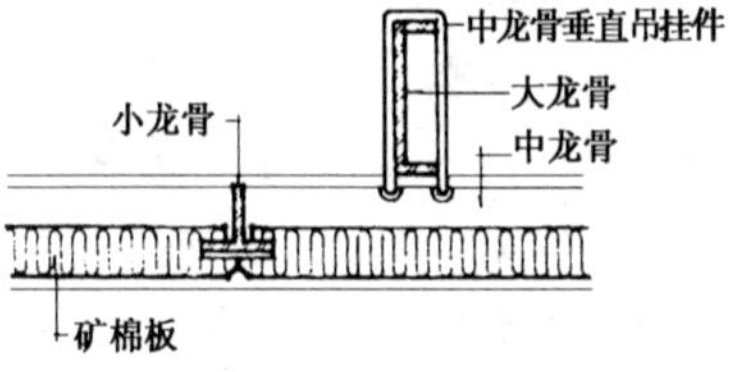

图 4-81 小龙骨暗装节点图

小龙骨暗装时，采用企口饰面板，利用板边的企口槽插入放在 T 形小龙骨上，如图 4-81 所示。安装时，应注意龙骨的调直，按顺序依次进行接插企口，用力要轻，避免硬插硬撬使企口开裂。

第五节　铝合金装饰板吊顶

用于吊顶工程的铝合金装饰板，其品种和规格较多。按表面处理的方法分类，有阳极化、喷漆、烤漆装饰板，常见的颜色有银白色、古铜色、金黄色、红色、天蓝色等；按板的形状分类，有铝合金花纹板、铝合金微穿孔吸声板、铝质浅花纹板、铝合金波纹板、铝合金压型板等。

铝合金装饰板吊顶具有强度高、质量轻、结构简单、拆装方便、耐燃防火、耐腐蚀等优点。各种形式的铝合金吊顶板能够满足各类建筑物的功能要求，装饰效果也独具特色。由于它具有耐室外气候环境的特色，这种吊顶还可以延伸到室外，作悬挑雨篷的吊顶，可以取得室内外色调与图案统一的效果。对于吸声、隔音要求较高的体育馆、剧场等，可采用铝合金-岩棉复合吸声板，也可以在吊顶板上铺设岩棉毡，以提高吸声、隔音效果。

一、构造作法

1. 铝合金方板吊顶

铝合金方板的固定方法有自攻螺钉固定、浮搁式、卡口式三种。由于固定方法不同，其吊顶龙骨亦不同。

自攻螺钉固定铝合金方板，其吊顶的基层与 U 形轻钢龙骨吊顶相同，中、小龙骨的间距应考虑铝合金方板的尺寸，用自攻螺钉将铝合金方板固定在中、小龙骨上。

浮搁式安装铝合金方板，是将铝合金方板浮搁在 T 形中、小龙骨组成的框格内。这种吊顶的基层与 T 形金属龙骨吊顶相同，安装后龙骨露明，形成方格。铝合金方板吊顶的平面图见图 4-82。节点构造图见图 4-83。

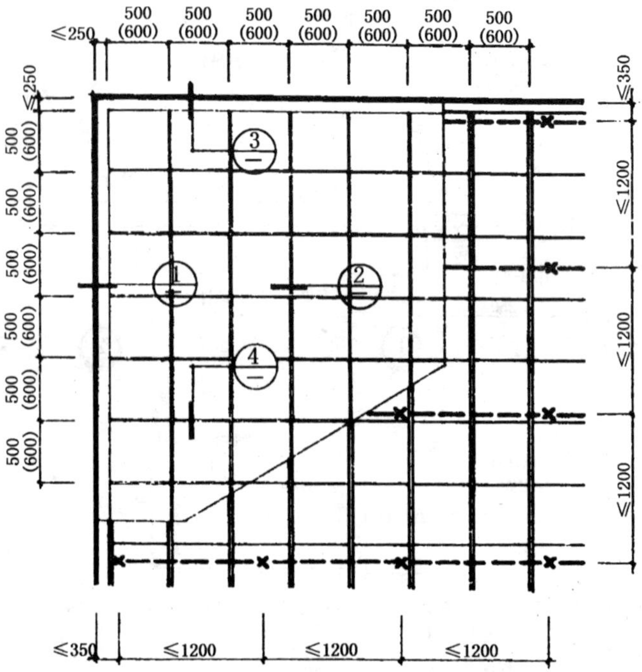

吊顶平面

图 4-82　铝合金方板吊顶平面图

卡口式安装铝合金方板，是将铝合金方板的翼缘卡在特制的中龙骨上。吊顶的基层由吊杆、大龙骨和中龙骨组成。大龙骨的断面为 U 形，分轻型、中型、重型三种，其高度分别为 30mm、45mm、60mm。中龙骨为特制的卡口型断面，安装时槽口向下。龙骨、配件和方板见第 403 页表 4-9。

龙骨的安装作法为双层安装，大龙骨间距不超过 1200mm，用吊杆吊挂于结构上，吊杆间距亦不超过 1200mm；中龙骨紧贴大龙骨底面安装，间距视板材尺寸而定，一般为

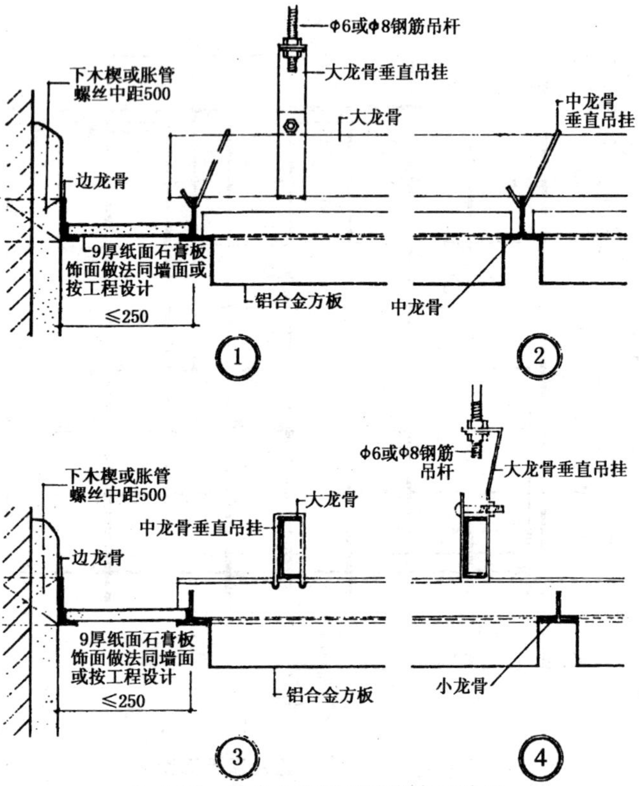

图 4-83　铝合金方板吊顶节点构造图

500～600mm。卡口式安装见第 404 页图 4-84，吊顶平面图见第 405 页图 4-85，吊顶节点构造图见第 406 页图 4-86。

2. 铝合金条板吊顶

铝合金条板吊顶的龙骨分为大龙骨和条板龙骨两种。大龙骨为 U 形龙骨，龙骨高度 38mm；条板龙骨为专用龙骨，其形式随板条的断面及安装方法而异。条板龙骨及配件见第 407 页表 4-10。

表 4-9　龙骨、配件和方板

	龙　　骨	吊挂件	连　接　件	方型板（下为靠墙板）
主龙骨	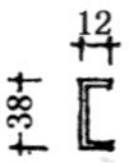 1.2厚	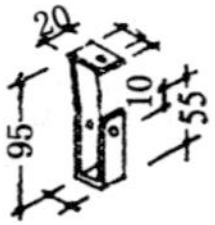 2厚	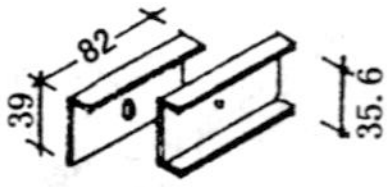 1.2厚	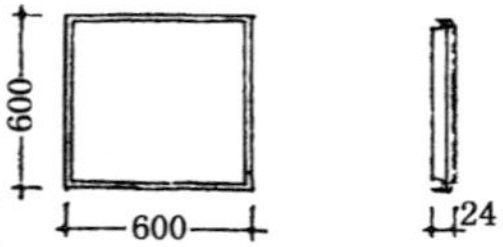
中龙骨	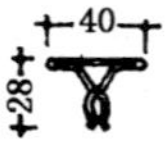 0.8厚	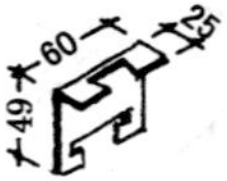 0.8厚	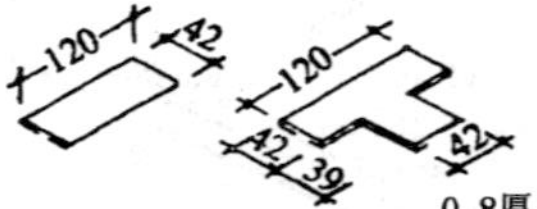 0.8厚	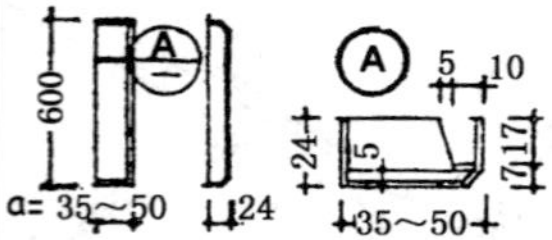

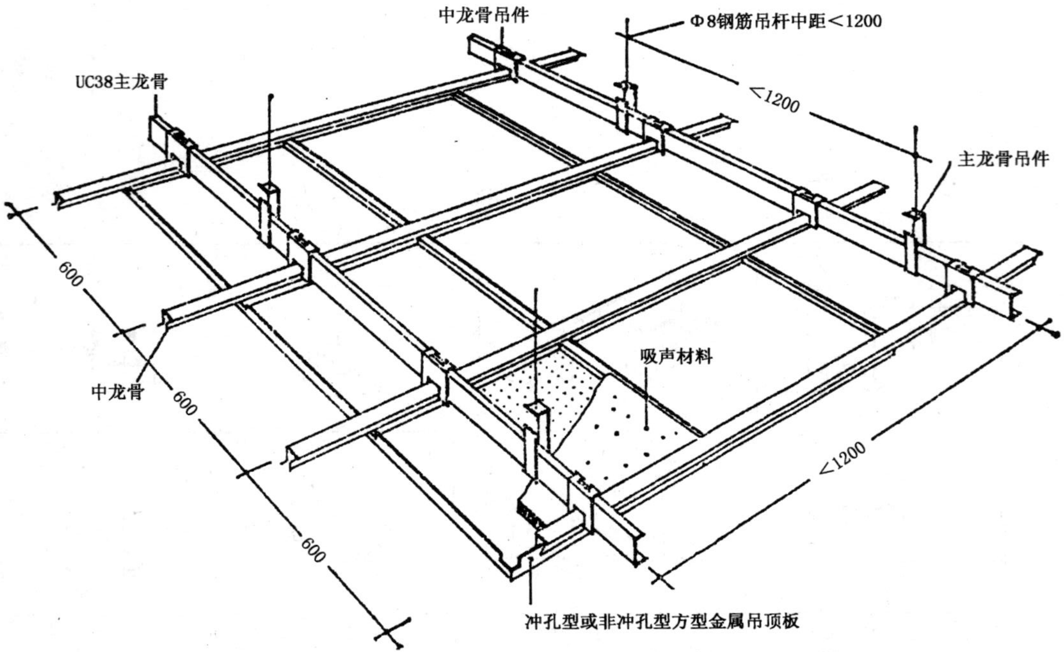

图 4-84　卡口式安装构造示意图

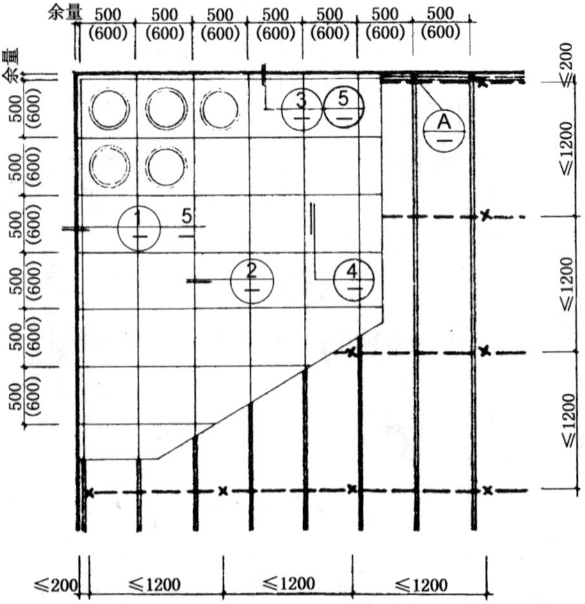

图 4-85 吊顶平面图

铝合金条板是铝合金条板吊顶的面层板，它由铝合金板经过挤压成型制成，其长度多在 6m 左右，厚度为 0.5～1.5mm，宽度在 200mm 以下。常见的条板断面形状和组合形式见第 408 页表 4-11。

铝合金条板吊顶龙骨的安装作法，可采用双层龙骨作法和单层龙骨作法两种。

双层龙骨作法的铝合金条板吊顶，其基层由吊杆、大龙骨和条板龙骨组成。大龙骨的间距不应超过 1500mm，用φ 6 钢筋吊挂，吊杆间距不超过 1200mm，条板龙骨紧贴大龙骨安装，间距不超过 1500mm。双层龙骨作法的吊顶平面图见第 409 页图 4-87。条板与龙骨的连接多为嵌卡式，吊顶的节点构

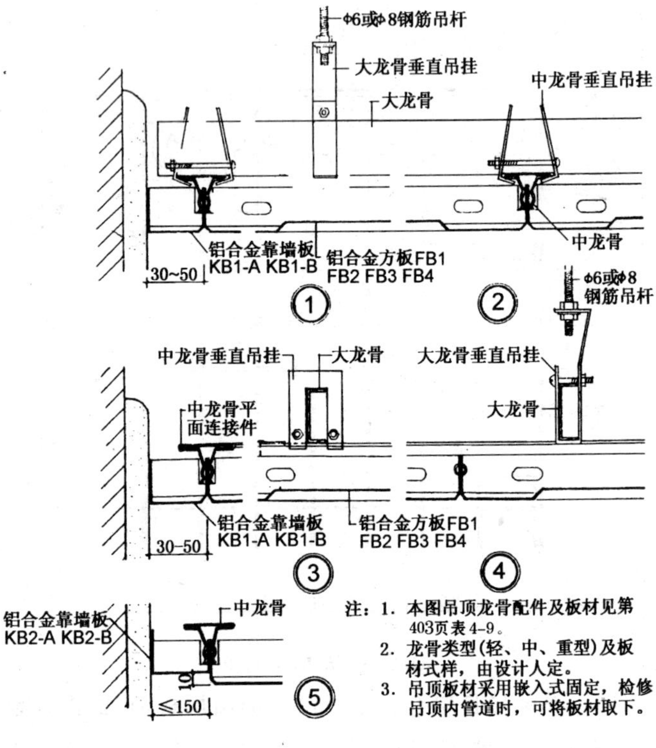

图 4-86 吊顶节点构造图

造图见第 410 页图 4-88。

单层龙骨作法的铝合金条板吊顶为轻型作法，用φ 4 吊杆直接吊挂条板龙骨，吊点间距不超过 1500mm，端部吊点距墙不应超过 300mm，条板龙骨的间距不超过 1500mm，条板直接嵌卡在条板龙骨上。其吊顶平面图见第 411 页图 4-89，节点构造图见第 412 页图 4-90。

二、施工前的准备工作

1. 施工机具

表 4-10　铝合金条板吊顶龙骨及配件

	条板龙骨 TG		大龙骨及配件
TG1	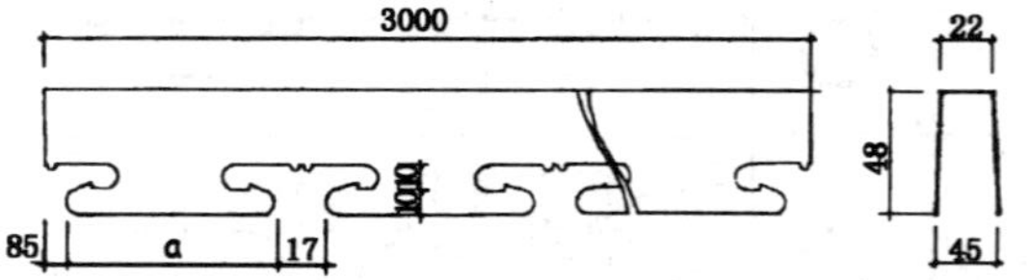 0.3kg/m　1厚	DG 大龙骨	
	适用于条板 TB1　TB2　TB3　TB4	DJ 大龙骨吊挂件	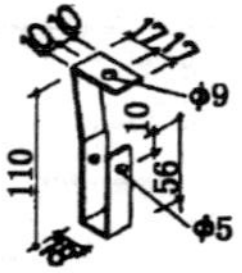 2厚
TG2	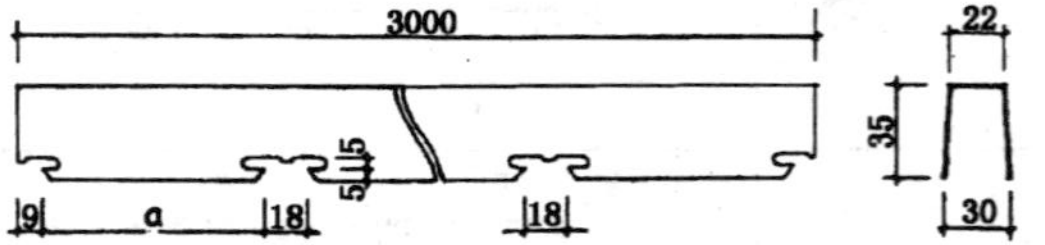 0.25kg/m　1厚	TJ1 条板龙骨吊挂件（有大龙骨时用）	 0.8厚
	适用于条板 TB5　TB6		
		TJ2 条板龙骨吊挂件（无大龙骨时用）	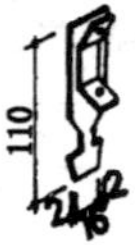 1厚

注：a为铝合金条板宽度。

表 4-11 铝合金条板吊顶的组合形式

透缝吊顶		闭缝吊顶	
①	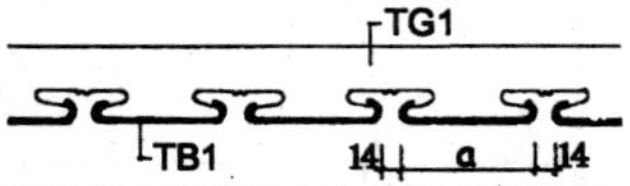	②	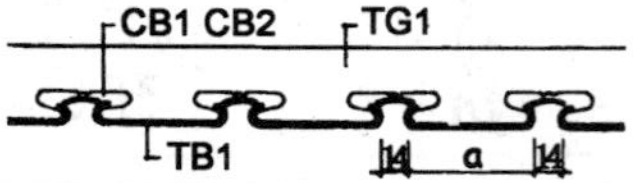
③	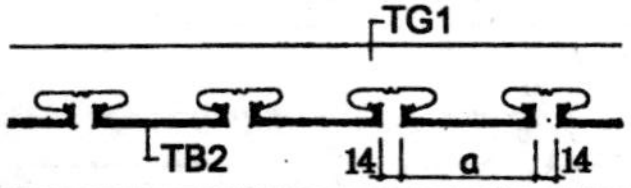	④	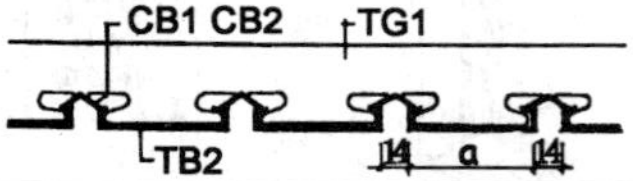
⑤	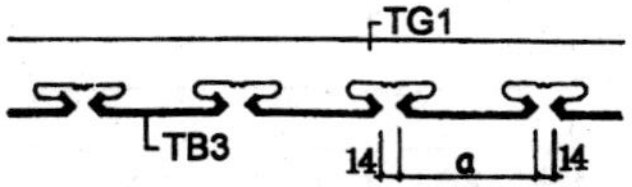	⑥	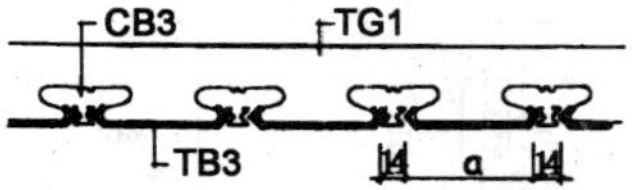
⑦	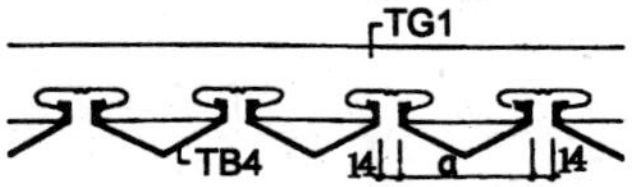	⑧	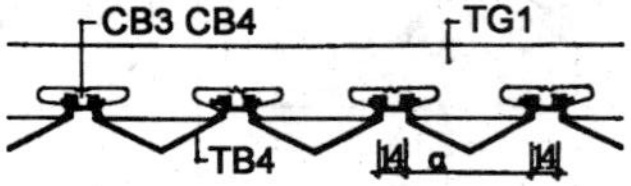
⑨	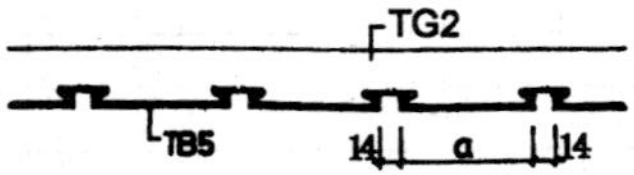	⑩	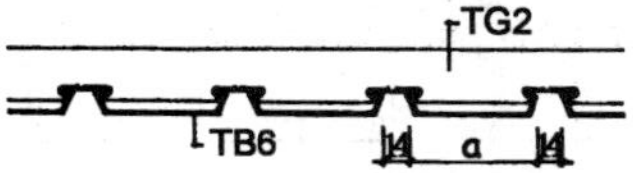

注：组合形式①③⑤⑦为条板透缝吊顶，组合形式②④⑥⑧⑨⑩为条板闭缝吊顶。

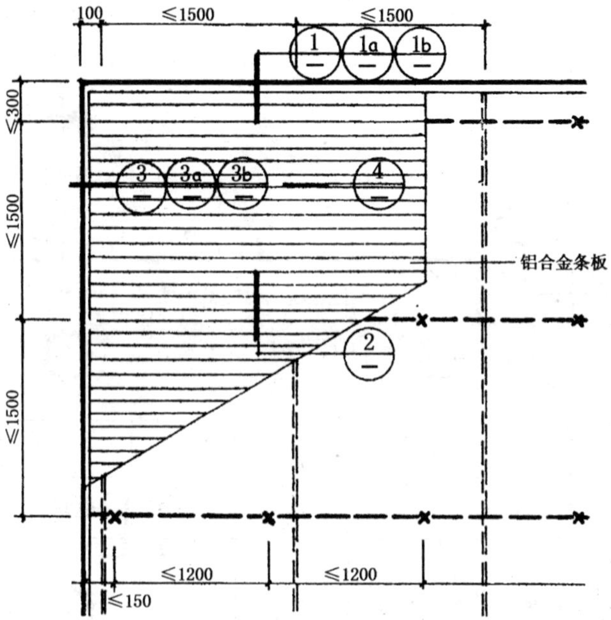

图 4-87 铝合金条板吊顶双层作法平面图

铝合金方板和条板吊顶的施工机具有手电钻、电锤、砂轮机、自攻螺钉钻和电动螺丝刀、电动剪、小型无齿锯、射钉枪。手工工具有框锯、单刃和双刃锯、夹背刀锯、铡锯、板锯、铁手锯、钢丝锯、多用刀、手刨、边刨、槽刨、线刨、划线笔、墨斗、量尺、角尺、水平尺、三角尺、铁锤、羊角锤、平头锤、起钉器、螺丝刀等。

2. 材料

铝合金方板和条板吊顶的主要材料是:方板或条板、龙骨及配件、固结材料。

3. 对基层的要求

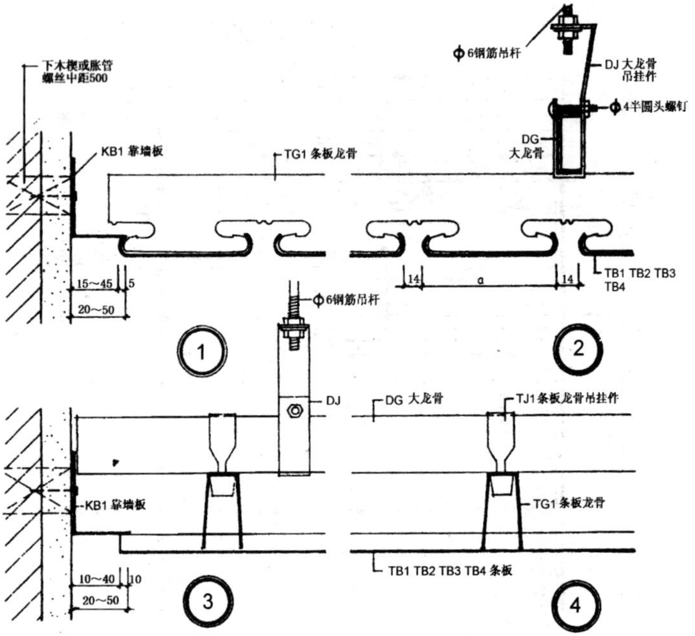

图 4-88 铝合金条板吊顶双层龙骨作法节点构造

根据墙上 50cm 水平线，在墙顶的四周弹出吊顶面标高线；按照龙骨间距弹出大龙骨中心线（或条板龙骨中心线）；复核预埋件与吊点间距，弹出吊点位置线。

三、施工方法

铝合金方板和条板吊顶的吊杆、龙骨的安装方法与 U 形轻钢龙骨吊顶相同。

安装铝合金方板时，应按已弹好的板块布置线，从一个方向开始依次安装，轻拿轻放，以保护板面不受碰伤或刮伤。用自攻螺钉固定时，应先用手电钻打孔，再穿螺钉，孔径应小于螺钉直径，如用 M5 螺钉，打孔直径应为 4.2mm。

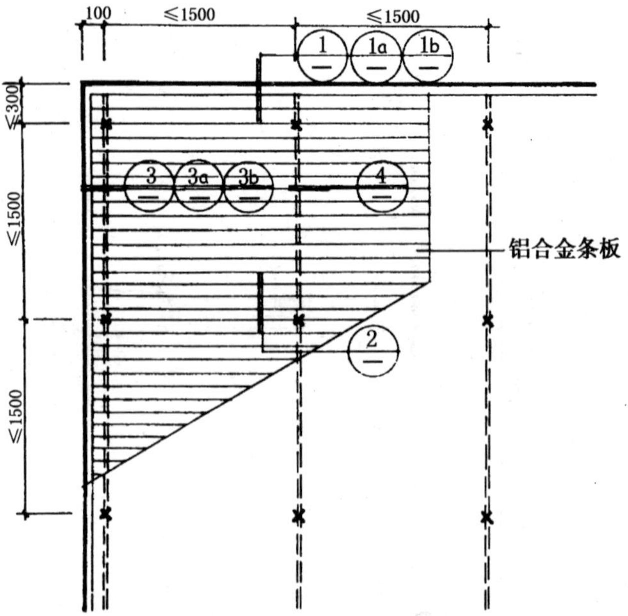

图 4-89 铝合金条板吊顶单层作法平面图

铝合金条板的安装，应从边上开始，有搭口缝的条板，应顺搭口缝的方向逐块进行，安装时用力将条板插入齿口内，使其啮合，并用木锤将条板轻击平整。如吊顶内有保温层时，其保温材料应与铝合金条板同时安装。

四、常见施工缺陷及预防措施

1. 铝合金板安装后，明显不平，甚至产生波浪形状

(1)主要原因如下：

①水平标高线控制不好，误差过大。

②安装铝合金条板时，龙骨未调平就进行安装，再进行调平，使板条受力不均匀。

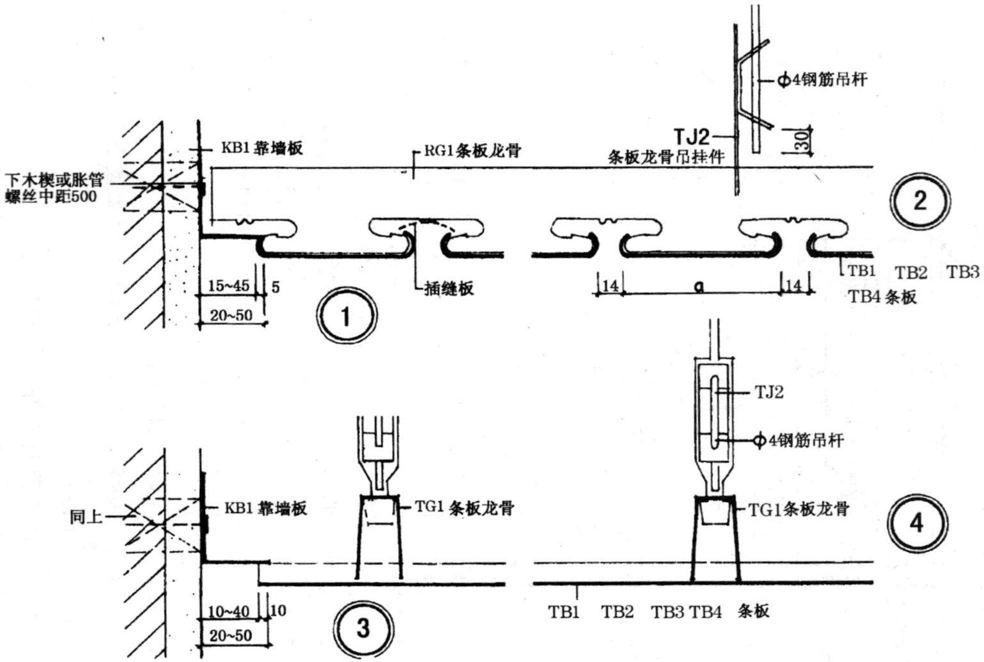

图 4-90　铝合金条板吊顶单层作法节点构造图

③龙骨上直接悬吊重物，承受不住而发生局部变形。

④吊杆固定不牢，引起局部下沉。

⑤条板变形，未加矫正就安装，易产生不平。

(2)预防措施如下：

①标高线应准确弹到墙上，并控制其误差不大于±5mm。跨度较大时，应在中间适当位置加设标高控制点。

②铝合金条板安装前，应先将龙骨调平方能安装。

③当龙骨兼卡具时，不能直接悬吊的设备，应直接与结构固定。

④吊杆应固定牢固，施工中应加强保护。

⑤长形条板，安装前应检查板条平直情况，不平处应进行调整。

2. 铝合金板吊顶接缝明显，接缝处接口露白茬；接缝不平，接缝处产生错台

(1)主要原因如下：

①条板切割时，切割角度控制不好。

②切口部位未经修整。

(2)预防措施如下：

①做好条板下料工作，控制好切割角度。

②切口部位应用锉刀修平，并将毛边修整好。

③用同色硅胶对接口部位修补，使安装密合，并遮掩白边。

第六节　开敞式吊顶

开敞式吊顶是将一定形状的单元体(简称单体)或单元组合体悬吊于顶板结构上，使室内顶棚饰面既遮又透，既是吊顶

装饰形式而又开敞，空间活泼而生动，形成独特的顶棚艺术效果，具有一定的韵律感。当开敞式吊顶采用板状单元体时，还可以取得声场反射效果。因此，这种吊顶常被用作影剧院、音乐厅、餐厅、茶室、商店、舞厅等室内吊顶。另外，开敞式吊顶可悬吊各种透明玻璃体、金属物、织物等，使人们产生特殊的美感情趣。

一、构造作法

开敞式吊顶主要由吊杆、骨架和单体构件组成。吊杆的材料和吊点的固定方法，与轻钢龙骨吊顶相同。当单体构件或组合体较重时，应对吊杆进行验算。骨架材料可用钢管、角钢或槽钢。

1. 开敞式吊顶的单体构件

开敞式吊顶的单体构件具有造型别致、花样繁多的特点。大部分单体构件是用木材、塑料、金属等材料制成的，特别是铝合金材料，具有重量轻、容易加工成型、抗震、防火等优点，故应用较多。单体构件的形式有：格栅式、X 形、框形等。

格栅式单体构件是开敞式吊顶中应用较多的一种形式，如铝合金格栅单体构件。其组合尺寸一般为 610×610(mm)，格栅用双层 0.5mm 厚的薄板加工而成，表面经阳极氧化处理或漆膜处理，色彩按设计要求，可有不同颜色。格栅式单体构件安装示意图如图 4-91 所示。

由 X 形单体构件组合而成的吊顶形式见图 4-92。

框形单体构件有多角框和方框之分，多角框与方框组合吊顶的形式见图 4-93。

由于开敞式吊顶面开敞，在吊顶安装前，应对吊顶上的结构底面进行处理。一般作法是对吊顶以上部分的结构表面和设备表面进行涂黑处理。

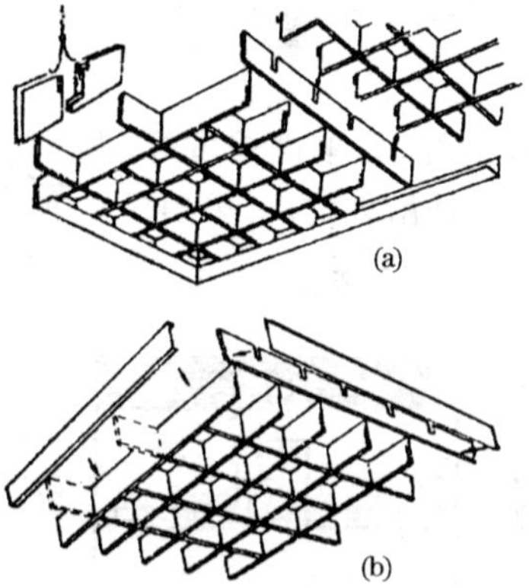

图 4-91　格栅式单体构件安装示意图

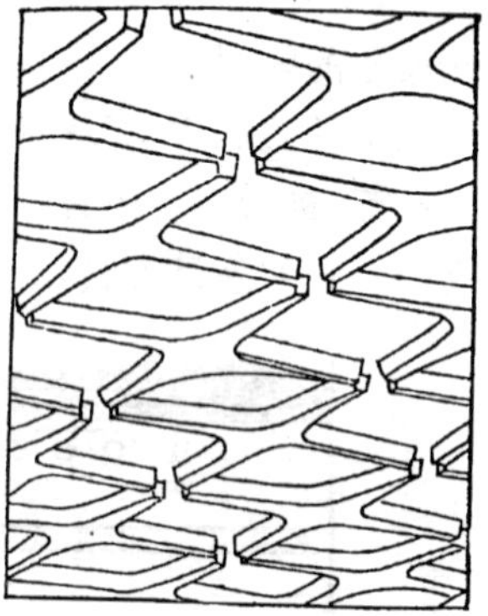

图 4-92　X 形单体构件组合的吊顶

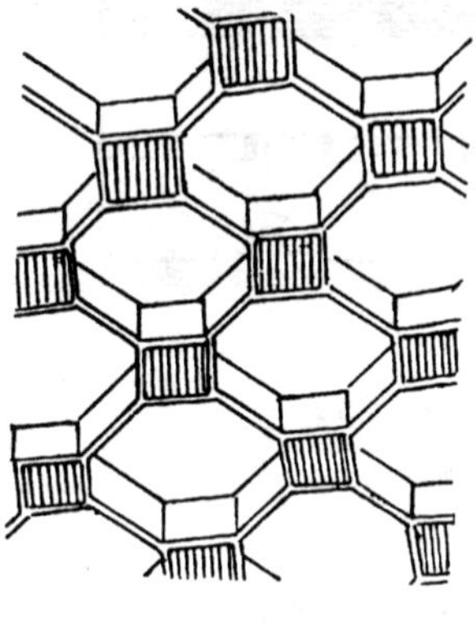

图 4-93　多角框与方框组合吊顶

2. 灯具的布置

开敞式吊顶的灯具布置，通常采用以下四种形式：

隐蔽式布置，是将灯具布置在吊顶上部，并与吊顶保持一定的距离。这种作法，不能使灯光集中照射，而由于单体构件的遮挡，形成了漫射光，如图 4-94(a)所示。

嵌入式布置，是将灯具嵌入单体构件中，使灯具下端与吊顶平面保持齐平。嵌入式灯具的形式可以是筒式或其他形式。如图 4-94(b)所示。

吸顶式布置，是将成组的灯具直接固定在吊顶的下面，灯具可以是行列式排列，也可以是交错式排列，如图 4-94(c)所示。由于灯具在吊顶面以下，故对灯具的选择可以不受单体构件尺寸的限制。

吊挂式布置，是选用各种吊灯，如单筒式吊灯、多头艺术吊灯等，进行多种组合。灯具的悬吊方式，可采用吊链直吊式或斜杆式的悬吊方式，如图 4-94(d)所示。

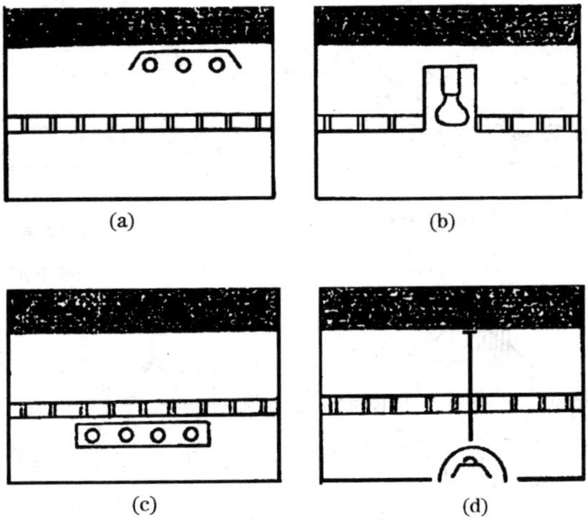

图 4-94　开敞式吊顶的灯具布置

(a)隐蔽式　(b)嵌入式　(c)吸顶式　(d)吊挂式

3. 空调风口的布置

空调风口的选型与布置，与开敞式吊顶有着密切的关系，通常采用以下三种布置形式：

布置在吊顶的上部，使空调风口与吊顶保持一定的距离。这种布置使空调风口比较隐蔽，同时可以降低风口篦子的材质标准，安装比较简单，如图 4-95(a)(b)所示。

嵌入在单体构件内，使风口篦子与单体构件齐平，如图

4-95(c)所示。由于风口篦子是显露的，所以对其造型、材质、色彩均要求较高。

4. 吸声材料的布置

对于有吸声要求的房间，在吊顶时须布置吸声材料，为使吊顶既具有装饰美感，又能满足声学方面的要求，吸声材料的布置有以下三种方法：

第一种方法，在单体构件内装填吸声材料，组成吸声吊顶。如将两块穿孔吸声板中间夹上吸声材料，组成复合吸声板，用这样的夹芯复合板组成不同造型的单体构件，使开敞式吊顶具有一定的吸声性能。

第二种方法，是在开敞式吊顶的上面平铺吸声材料，可以满铺，也可以局部铺设，铺放的面积应根据声学设计所要求的面积来决定。为了不影响吊灯的装饰效果，通常是将吸声材料用纱网布包裹起来，以防止吸声材料的纤维四处扩散。

第三种方法，在吊顶与楼板之间悬吊吸声材料。为此，应先将吸声材料辊压成平板式吸

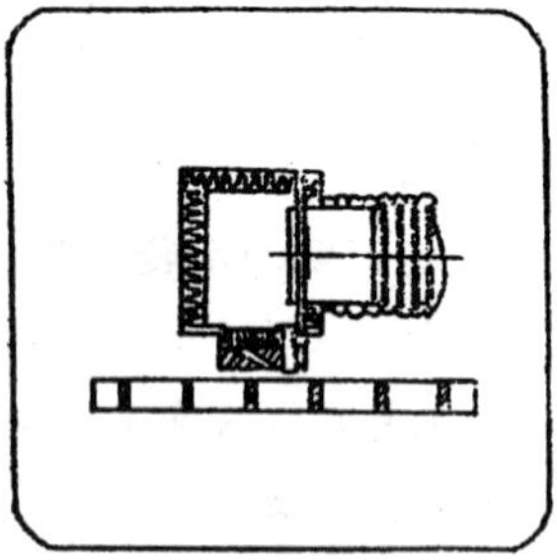

(a)

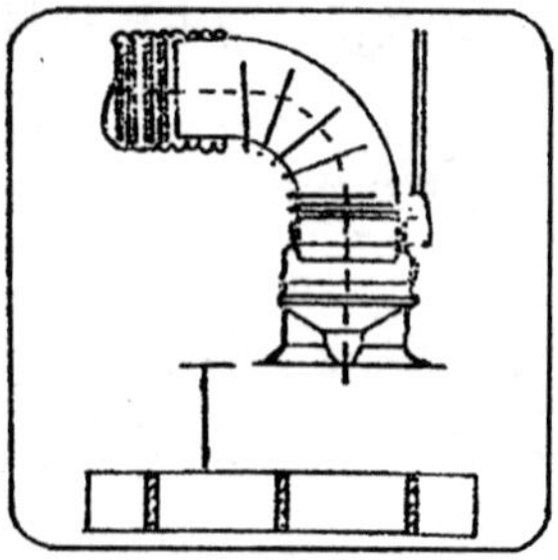

(b)

(c)

图 4-95　空调风口布置形式

(a)(b)在吊顶上部

(c)嵌入单体构件内

声体,然后将其逐块悬吊。这种作法因其与吊顶相脱离,故其悬吊形式及数量不受吊顶的限制,较为机动灵活,其吸声效果也比较显著。

二、施工前的准备工作

1. 施工机具

开敞式吊顶的施工机具与木吊顶和轻钢龙骨吊顶基本相同。

2. 材料

开敞式吊顶的主要材料有:单体构件、吊杆、骨架材料、固结材料、吸声材料、结构面涂料等。

3. 基层处理

对吊顶上的结构和设备表面,用涂料进行涂黑处理。

根据墙面上 50cm 水平线,在墙上部弹出吊顶高度控制线;根据吊点布置弹出吊点布置线;检查吊杆是否与设备相碰。

三、施工方法

1. 单体或组合体构件的固定

有直接固定和骨架固定两种方法。前者是当构件本身具有一定刚度时,可以直接用吊杆吊挂在结构上,不用骨架支持;后者是将单体构件固定在骨架上,再用吊杆将承重骨架吊起与结构连接,如图 4-96 所示。当构件自身刚度不够,或者直接吊挂容易变形,或者吊点太多费工费时,通常采用骨架固定。

2. 开敞式吊顶的安装

通常是事先在地面上对吊顶的单体构件进行加工,使之成型并拼装成片,然后再分片吊装、整体拼装。吊装时,一般从墙角开始,分片起吊,在高度略高于吊顶标高线位置临时固定。然后拉通线进行调平校正,分片固定。最后,将各分片的连接处找准对齐,用连接件固定,如图 4-97 所示。

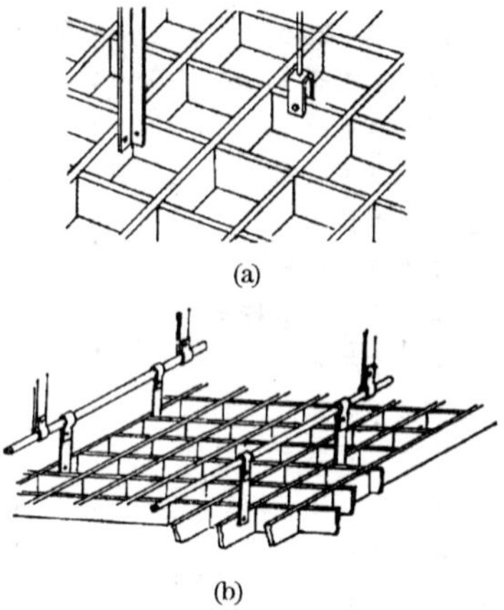

图 4-96 单体构件的吊挂固定

(a)直接固定 (b)骨架固定

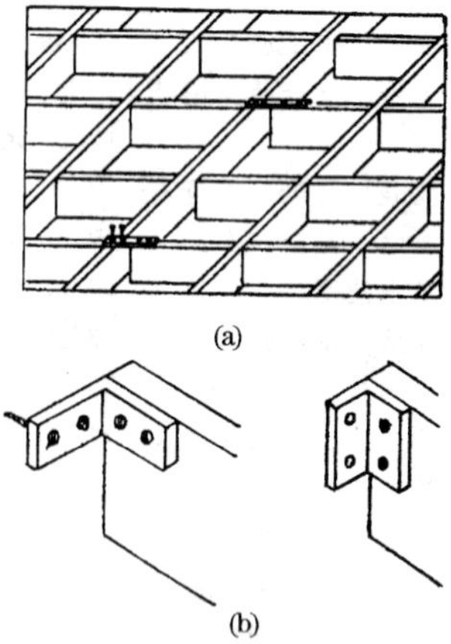

图 4-97 吊顶的连接

(a)分片间的连接 (b)端头连接

104 种实用化工产品配方与制造 7.50 元
50 种实用化工产品的制造技术(第二版) 6.50 元
49 种实用化工产品制造技术 7.00 元
45 种农用化工产品制造技术 5.00 元
41 种生物化学产品生产技术 9.00 元
实用化妆品制造技术 14.50 元
农村太阳能实用技术 6.00 元
农村小水电实用技术 3.10 元
农家沼气实用技术 3.20 元
新编汽车驾驶员自学读本 24.80 元
新编小客车驾驶员自学读本 20.00 元
汽车驾驶员 1000 个怎么办(第四版) 17.00 元
汽车驾驶常识图解 7.00 元
汽车故障检修技术 10.00 元
汽车电气故障的判断与排除 5.80 元
汽车声响与故障判断排除 14.00 元
汽车故障简易判断方法 222 例 8.70 元
汽车使用保养与故障排除 555 问 9.50 元
汽车电控燃油喷射系统结构与检修 8.40 元
微型汽车使用与维修(第二版) 16.00 元
轻型汽车使用与维修(第二版) 11.00 元
解放、东风汽车使用保养指南 7.00 元
解放 CA1091 型汽车结构与使用维修 19.00 元
柴油汽车使用与维修(第二版) 13.50 元
奥迪轿车结构与使用维修 7.90 元
丰田汽车结构与使用维修 11.50 元
日产汽车结构与使用维修 10.00 元
斯太尔 91 系列汽车结构与使用维修 12.50 元
南京依维柯轻型汽车结构与使用维修 9.90 元
捷达轿车结构与使用维修 9.50 元
标致轿车结构与使用维修 9.80 元
桑塔纳轿车结构与使用维修(第二版) 8.50 元
富康轿车结构与使用维修 6.30 元
奥拓微型轿车结构与使用维修 9.30 元
伏尔加、拉达、波罗乃兹、菲亚特轿车结构与使用维修 12.00 元
天津华利微型汽车结构与使用维修 10.50 元
天津夏利轿车结构与使用维修 11.80 元
出租汽车驾驶员运营指南 9.50 元
初级汽车修理工自学读本 28.00 元
中级汽车修理工自学